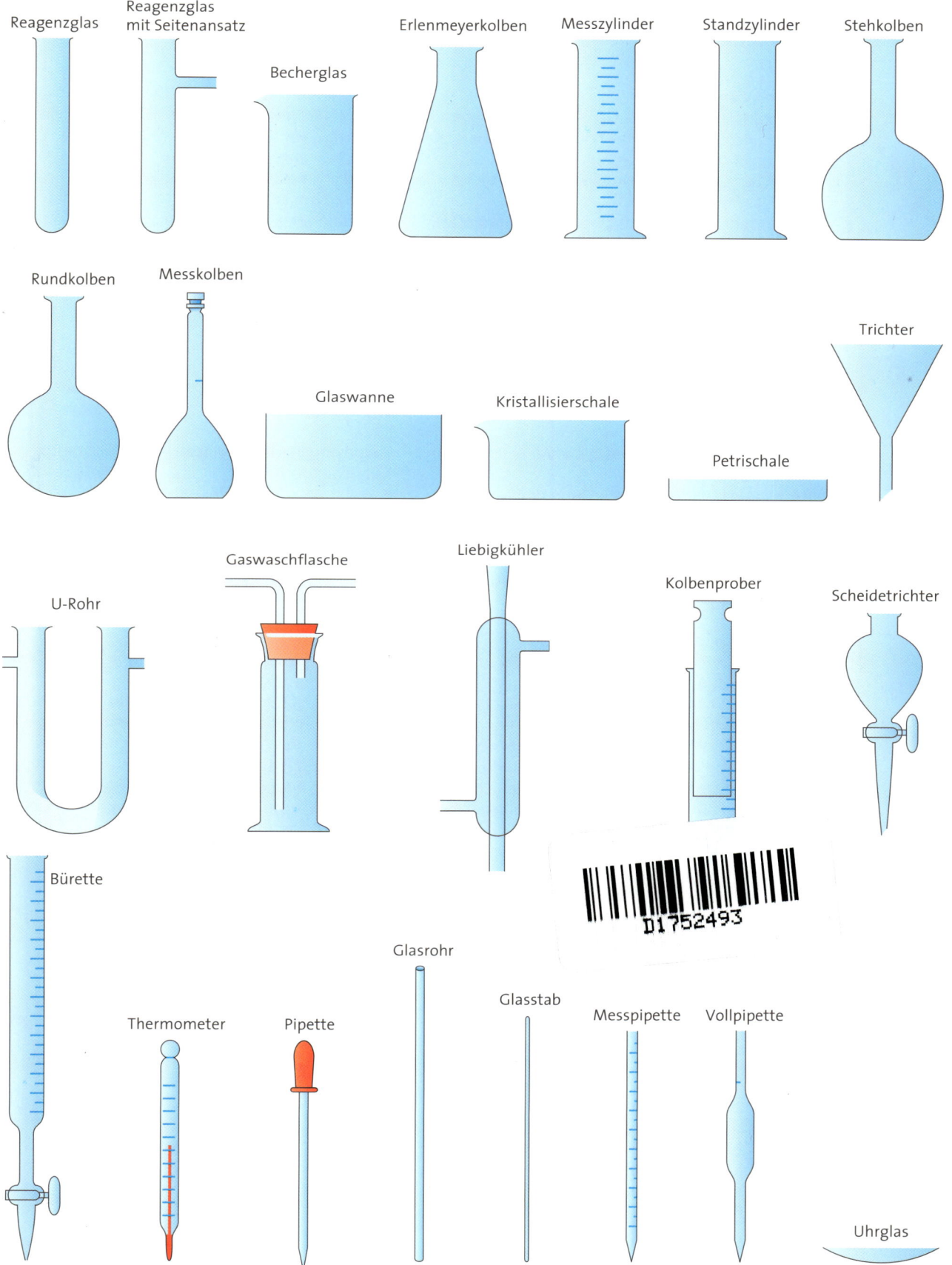

**ERSTE HILFE**

Die Hinweise sind für Lehrerinnen und Lehrer gedacht, die als Ersthelfer ausgebildet sind.
Sie ersetzen keinen Erste-Hilfe-Kurs.

### Grundsätze
- Verunglückte aus der Gefahrenzone bringen.
- Verunglückte wegen Schockgefahr nicht alleine zum Arzt gehen lassen.
- Bei Bedarf über Rettungsleitstelle ärztliche Hilfe anfordern.
- Inkorporierte oder kontaktierte Gefahrstoffe sind dem Arzt zur Kenntnis zu bringen, z. B. ist das Etikett mit Sicherheitsratschlägen vorzulegen.

### Verätzungen und Verletzungen am Auge
- Das verätzte Auge ausgiebig (mindestens 10 min bis 15 min) unter Schutz des unverletzten Auges spülen (kein scharfer Wasserstrahl). Handbrause oder ein anderes geeignetes Hilfsmittel (Augenwaschflasche) benutzen.
- Augenlider weit spreizen, das Auge nach allen Seiten bewegen lassen.
- Ins Auge eingedrungene Fremdkörper nicht entfernen.
- Bei Prellungen und Verletzungen einen trockenen keimfreien Verband anlegen.
- Verätzten oder Verletzten in augenärztliche Behandlung bringen.

### Verätzungen am Körper
- Duchtränkte oder benetzte Kleidung und Unterkleidung sofort entfernen.
- Verätzte Körperstellen sofort mindestens 10 min bis 15 min mit viel Wasser spülen.
- Die verätzten Körperstellen keimfrei verbinden, keine Watte verwenden. Keine Öle, Salben oder Puder auf die verätzte Stelle auftragen.
- Über Rettungsleitstelle ärztliche Hilfe anfordern.

### Wunden
- Verletzten hinsetzen oder hinlegen.
- Wunde nicht berühren und nicht auswaschen.
- Wunde mit keimfreiem Verbandmaterial aus unbeschädigter Verpackung verbinden.
- Bei starker Blutung betroffene Gliedmaßen hochlagern, bei fortbestehender Blutung Druckverband anlegen. Dabei Einmalhandschuhe verwenden.
- Wird der Verband stark durchblutet, zuführende Schlagader abdrücken. Nur im äußersten Fall die Schlagader abbinden. Dafür zusammengedrehtes Dreiecktuch, breiten Gummischlauch, Krawatte o. ä. (keine Schnur oder Draht) verwenden. Zeitpunkt der Abbindung festhalten und schriftlich für den Arzt mitgeben.
- Über Rettungsleitstelle ärztliche Hilfe anfordern.

### Vergiftungen nach Verschlucken
- Nach Verschlucken giftiger Stoffe möglichst mehrmals reichlich Wasser trinken lassen. Erbrechen anregen.
- Kein Erbrechen bei Lösemitteln, Säuren und Laugen auslösen.
- Nach innerer Verätzung durch Verschlucken von Säuren und Laugen viel Wasser in kleinen Schlucken (auf keinen Fall Milch) trinken lassen.
- Bewusstlosen nichts einflößen oder eingeben.
- Verletzten ruhig lagern, mit Decke vor Wärmeverlust schützen.
- Über Rettungsleitstelle ärztliche Hilfe holen. Giftstoff und Art der Aufnahme mitteilen. Evtl. Informationen telefonisch bei der Giftzentrale einholen.

### Vergiftungen nach Einatmen oder Aufnahme durch die Haut
- Verletzten unter Selbstschutz an die frische Luft bringen.
- Mit Gefahrstoffen durchtränkte Kleidungsstücke entfernen.
- Benetzte Hautstellen sorgfältig reinigen (heißes Wasser und heftiges Reiben sind zu vermeiden).
- Verletzten ruhig lagern, mit Decke vor Wärmeverlust schützen.
- Bewusstlosen nichts einflößen.
- Bei Atemstillstand sofort mit der Atemspende beginnen. Wiederbelebung so lange durchführen, bis der Arzt eintrifft.
- Bei Herzstillstand äußere Herzmassage durch darin besonders ausgebildete Helfer.
- Über Rettungsleitstelle ärztliche Hilfe anfordern. Giftstoff und Art der Aufnahme mitteilen. Evtl. Informationen telefonisch bei der Giftzentrale einholen.

### Verbrennungen, Verbrühungen
- Brennende Kleider sofort mit Wasser oder durch Umwickeln mit Löschdecke löschen, notfalls Feuerlöscher verwenden.
- Kleidung im Bereich der Verbrennung entfernen, sofern sie nicht festklebt. Bei Verbrühungen müssen alle Kleider rasch entfernt werden, da sonst durch heiße Kleidung weitere Schädigungen verursacht werden.
- Bei Verbrennungen der Gliedmaßen mit kaltem Wasser spülen bis der Schmerz nachlässt.
- Verbrannte und verbrühte Körperteile sofort steril abdecken. Keine Salben, Öle oder Puder auf die Wunde auftragen.
- Verunglückten durch Bedecken mit einer Wolldecke vor Wärmeverlust schützen.
- Ärztliche Hilfe anfordern.

# Natürlich! CHEMIE 9 SG

Herausgegeben von Horst Deißenberger

Bearbeitet von
Karl Bögler · Horst Deißenberger · Waltraud Habelitz-Tkotz

C.C. BUCHNER
DUDEN PAETEC

**Natürlich! Chemie 9**SG

Chemie für die 9. Jahrgangsstufe an sprachlichen,
musischen und wirtschaftswissenschaftlichen Gymnasien

Herausgegeben von HORST DEIẞENBERGER
Bearbeitet von KARL BÖGLER, HORST DEIẞENBERGER, WALTRAUD HABELITZ-TKOTZ

Die Versuchsvorschriften in diesem Buch wurden sorgfältig, auf praktischen
Erfahrungen beruhend, entwickelt. Da Fehler aber nie ganz ausgeschlossen werden
können, übernehmen der Verlag und die Autoren keine Haftung für Folgen,
die auf beschriebene Experimente zurückzuführen sind.
Mitteilungen über eventuelle Fehler und Vorschläge zur Verbesserung sind
erwünscht und werden dankbar angenommen.

Dieses Werk folgt der reformierten Rechtschreibung und Zeichensetzung.
Ausnahmen bilden Texte, bei denen künstlerische, philologische und lizenzrechtliche
Gründe einer Änderung entgegenstehen.

Auflage: 1 5 4 3 2 1  2015 13 11 09 07
Die letzte Zahl bedeutet das Jahr des Druckes.
Alle Drucke dieser Auflage sind, weil untereinander unverändert,
nebeneinander benutzbar.

© C. C. Buchners Verlag, Bamberg 2007
Das Werk und seine Teile sind urheberrechtlich geschützt. Jede Nutzung in
anderen als den gesetzlich zugelassenen Fällen bedarf der vorherigen schriftlichen
Einwilligung des Verlages. Das gilt insbesondere auch für Vervielfältigungen,
Übersetzungen und Mikroverfilmungen. Hinweis zu § 52 a UrhG: Weder das Werk
noch seine Teile dürfen ohne eine solche Einwilligung eingescannt und in ein
Netzwerk eingestellt werden. Dies gilt auch für Intranets von Schulen und sonstigen
Bildungseinrichtungen.

Gestaltung: Artbox Grafik & Satz GmbH, Bremen
Druck- und Bindearbeiten: Stürtz GmbH, Würzburg

www.ccbuchner.de

ISBN Buchner           978-3-7661-**3461**-5

ISBN Duden-Paetec     978-3-8355-**4039**-2

# Inhalt

| | | |
|---|---|---|
| | Vorwort – Liebe Schüler | 1 |
| | Vorwort – Zum Umgang mit diesem Buch | 2 |

## 1 Stoffe und ihre Eigenschaften — 3

| | | |
|---|---|---|
| 1.1 | Womit sich die Chemie beschäftigt<br>**Stoffe und ihr Aufbau aus Teilchen** | 4 |
| 1.2 | Gucken, schnuppern, kosten – erkannt?<br>**Heterogene Stoffgemische** | 6 |
| 1.3 | Einheitlich – und doch verschieden<br>**Homogene Stoffgemische und Reinstoffe** | 8 |
| 1.4 | Rein oder nicht rein? Das ist hier die Frage!<br>**Kenneigenschaften von Reinstoffen** | 10 |
| 1.5 | Stoffeigenschaften werden erklärbar<br>**Das Teilchenmodell** | 12 |
| → | Exkurs: Wie Naturwissenschaftler zu Erkenntnissen kommen | 14 |
| | Grundwissen | 16 |
| | Prüfe dein Wissen | 17 |

## 2 Chemische Reaktionen — 21

| | | |
|---|---|---|
| 2.1 | Stoffe verschwinden und neue entstehen<br>**Die chemische Reaktion** | 22 |
| 2.2 | Stoffumwandlung – und sonst nichts?<br>**Die Reaktion als Stoff- und Energieumwandlung** | 24 |
| 2.3 | Zersetzbar oder nicht<br>**Verbindungen und Elemente** | 26 |
| 2.4 | Reaktionsbedingungen kann man ändern<br>**Elektrolyse und Katalysator** | 28 |
| 2.5 | Reaktionen – verfolgt mit der Waage<br>**Die Erhaltung der Masse** | 30 |
| 2.6 | Bausteine der Reinstoffe<br>**Atome, Moleküle und Ionen** | 32 |
| 2.7 | Die Sprache der Chemie<br>**Die chemische Formel** | 34 |
| 2.8 | Eine Kurzschrift auch für Reaktionen<br>**Die Reaktionsgleichung** | 36 |
| → | Exkurs: Von der Alchemie zur Chemie | 38 |
| | Grundwissen | 39 |
| | Prüfe dein Wissen | 40 |

## 3 Atombau und Periodensystem — 43

| | | |
|---|---|---|
| 3.1 | Das Innere der Atome<br>**Das Kern-Hülle-Modell** | 44 |
| 3.2 | Das Unsichtbare wird vermessen<br>**Die Ionisierungsenergie** | 46 |
| 3.3 | Elektron ist nicht gleich Elektron<br>**Das Energiestufenmodell der Atomhülle** | 48 |
| 3.4 | Ein Navigationssystem für die Welt der Atome<br>**Atombau und Periodensystem** | 50 |
| | Grundwissen | 62 |
| | Prüfe dein Wissen | 63 |

## 4 Bau und Eigenschaften der Salze — 55

| | | |
|---|---|---|
| 4.1 | Den Ionen elektrisch nachgespürt<br>Wanderung und Entladung von Ionen | 56 |
| 4.2 | Kochsalz kann man auch anders gewinnen!<br>Die Bildung von Ionen aus Atomen | 58 |
| 4.3 | Die Ordnungskraft hinter den Kristallen<br>Ionenbindung und Ionengitter | 60 |
| 4.4 | Ab- und Zuneigung für Elektronen<br>Elektronenübergänge bei der Salzbildung | 62 |
| → | Exkurs: Salze und Ionen in Natur und Technik | 64 |
| | Grundwissen | 66 |
| | Prüfe dein Wissen | 67 |

## 5 Bau und Eigenschaften der Metalle — 69

| | | |
|---|---|---|
| 5.1 | Metalle aus Metalloxiden<br>Die Darstellung von Eisen | 70 |
| 5.2 | Was die Metalle zusammenhält<br>Die Metallbindung | 72 |
| 5.3 | Edle und Gemeine<br>Edle und unedle Metalle | 74 |
| → | Exkurs: Kupfer – das älteste Gebrauchsmetall | 76 |
| → | Exkurs: Das ist Aluminium – leicht, schön, praktisch und recycelbar! | 77 |
| | Grundwissen | 78 |
| | Prüfe dein Wissen | 79 |

## 6 Moleküle und Elektronenpaarbindung — 81

| | | |
|---|---|---|
| 6.1 | Aggressiv, unbeliebt – aber unentbehrlich<br>Nichtmetall: Chlor | 82 |
| 6.2 | Moleküle und Edelgaskonfiguration<br>Die Valenzstrichformel | 84 |
| 6.3 | Baustein Nummer Eins: das Molekül<br>Die Vielfalt molekular gebauter Stoffe | 86 |
| | Grundwissen | 88 |
| | Prüfe dein Wissen | 89 |

## 7 Stoffumsatz chemischer Reaktionen — 91

| | | |
|---|---|---|
| 7.1 | Die Masse eines Teilchens? Unvorstellbar winzig!<br>Atommasse und atomare Masseneinheit | 92 |
| 7.2 | Die Anzahl der Teilchen in einer Stoffportion? Unvorstellbar groß!<br>Stoffmenge und Avogadro-Konstante | 94 |
| 7.3 | Zählen? Wer schlau ist, wiegt und misst!<br>Molare Masse und molares Volumen | 96 |
| 7.4 | Wie viel wovon? Und wie viel entsteht?<br>Die Berechnung von Stoffumsätzen | 98 |
| | Grundwissen | 100 |
| | Prüfe dein Wissen | 101 |
| | Anhang (Gefahrensymbole/Liste der gefährlichen Stoffe zu den Versuchen/Versuchsprotokoll-Muster/Kleines Lexikon der Chemie/Stichwortverzeichnis/Bildquellen/Tabellen) | 105 |

# Vorwort

## Liebe Schülerinnen und Schüler,

### Chemie – was ist das?

Sicher kennst du den Spruch „Chemie ist, wenn es stinkt und kracht". Stimmt das immer? Du weißt wahrscheinlich schon, dass Chemie, genau wie Biologie oder Physik, eine Naturwissenschaft ist. Aber kannst du auch erklären,

- was Chemie ist?
- womit sich Chemiker beschäftigen?
- wodurch sich die Chemie von den anderen Naturwissenschaften unterscheidet?
- weshalb du etwas über Chemie lernen solltest?

### Natürlich! Chemie

Klar, wir alle brauchen und nutzen Chemie, du denkst bestimmt sofort an Industrie, Technik oder Kunststoffe. Aber auch in dir selbst, in deinen Medikamenten oder gar in „Bio"-Lebensmitteln steckt „ganz natürlich" Chemie, laufen chemische Vorgänge ab.

Wir leben in einer Welt, die aus Stoffen besteht. Die Chemie untersucht den Aufbau der stofflichen Welt und die stofflichen Änderungen in ihr. Somit kannst du viel über die Welt, also über dich und deine Umwelt, lernen, wenn du auch etwas von Chemie verstehst. Das ist wichtig, damit du dich in deiner Umgebung zurechtfindest und später als mündiger Bürger die richtigen Entscheidungen für dich und die Gesellschaft mit treffen kannst. Du siehst, die Chemie spielt nicht nur für das Naturverständnis und in der Wirtschaft, sondern auch in unserer Zivilisation eine Rolle und ist ihr eine wertvolle Stütze.

Einmal ganz praktisch gesehen: **„Ohne" Chemie ...**

... käme es zu einem totalen Stromausfall, auch der Straßenverkehr käme zum Erliegen genau wie die Produktion nahezu aller Güter. Grund dafür ist, dass elektrische Energie heute und wohl auch in naher Zukunft aus Energie gewonnen wird, die in Kohle, Erdöl oder Erdgas steckt. Diese Rohstoffe werden dabei verbrannt, also einem chemischen Vorgang unterworfen. Dieselben Stoffe können aber genauso gut als Ausgangsstoffe z.B. für die Herstellung verschiedenster Kunststoffe dienen.

... wären Hungersnöte auch bei uns in Mitteleuropa wieder an der Tagesordnung, denn erst durch Anwendung von Düngern und Pflanzenschutzmitteln konnten und können die Ernteerträge deutlich gesteigert werden. Beachte, dass auch die „natürliche" Schädlingsbekämpfung auf dem Einsatz chemischer Stoffe (in der Fachsprache Naturstoffe genannt) beruht. Beispielsweise stellt man zum Schutz des Waldes Borkenkäferfallen auf, in denen sich ein Lockstoff des schädlichen Käfers selbst befindet!

... wären viele Krankheiten nicht heilbar. Da es aber selbst heutzutage für die meisten bekannten Krankheiten noch immer keine Medikamente gibt, ist die Entwicklung von Arzneimitteln weiterhin eine der hohen Anforderungen an die Chemie.

... würde auch vieles fehlen, was dir den Tag erleichtert und dich passend wärmt oder auch schick kleidet. Weder hättest du Turnschuhe, Jeans, flotte Sommertops noch farbenfrohe Fleece-Pullover oder dicke Ski-Jacken. Alle Kleidungsstücke müssten aus naturbelassener Wolle, aus Baumwolle, Leinen, Seide oder Leder gefertigt werden. Und: Auch diese Materialien von Lebewesen entstehen nur durch lauter chemische Reaktionen!

Letztlich ist eben alles Chemie – viel Spaß dabei!

# Vorwort

## Zum Umgang mit diesem Buch

Du hältst gerade dein erstes Chemie-Schulbuch in der Hand. Damit du dich im Buch zurechtfindest, geben wir dir einige Hinweise, wie es aufgebaut ist.

Die sieben Hauptkapitel sind
1 **Stoffe und ihre Eigenschaften**
2 **Chemische Reaktionen**
3 **Atombau und Periodensystem**
4 **Bau und Eigenschaften der Salze**
5 **Bau und Eigenschaften der Metalle**
6 **Moleküle und Elektronenpaarbindung**
7 **Stoffumsatz chemischer Reaktionen**

Jedes dieser Hauptkapitel wird mit einer bebilderten Seite und thematisch passenden, grundsätzlichen Fragen eröffnet, sodass du einen Ausblick auf die wesentlichen Inhalte des Kapitels erhältst.

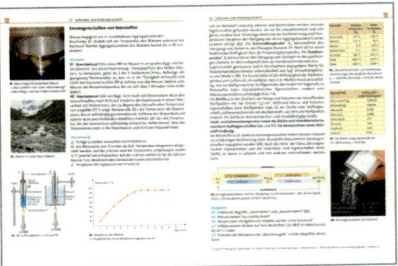

*Arbeitsseite*     *Informationsseite*

Die einzelnen Themen werden auf **Doppelseiten** behandelt. Dabei findest du in der Regel links eine Arbeits- und rechts eine Informationsseite. Auf der **Arbeitsseite** werden Beobachtungen und Fragen zu Stoffen und Stoffumwandlungen aus deiner Umwelt aufgestellt. Sie werden im Folgenden nach Methoden untersucht, die für die Naturwissenschaften typisch und dir aus dem Unterrichtsfach Natur und Technik schon bekannt sind. So findest du **Versuche**, die mit **LV** (Lehrerversuch) oder **V** (Schülerversuch) gekennzeichnet sind. Dabei sind alle gefährlichen Stoffe mit * gekennzeichnet. Auf S. 107, 108 findest du dann die dazugehörigen Gefahrstoff- und Gefahrenhinweise (R-Sätze), Sicherheits- (S-Sätze) und Entsorgungsratschläge (E-Sätze). **Auswertungsfragen** sollen dich zur Auseinandersetzung mit den Versuchsbeobachtungen auffordern.

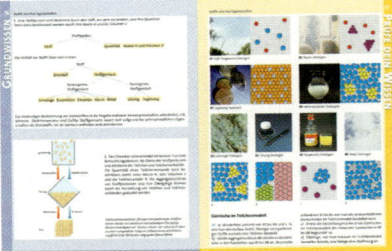

*Grundwissen*     *Prüfe dein Wissen*

In dem Text der **Informationsseite** werden aus den Versuchsergebnissen neue Erkenntnisse entwickelt, unter Verwendung von Fachbegriffen formuliert und in größere Zusammenhänge eingeordnet. Beispiele für Stoffe und Stoffumwandlungen aus deiner Erfahrung sowie **Aufgaben (A)** schließen das jeweilige Thema ab.

Jedes Hauptkapitel endet mit dem **Grundwissen**. Unter diesem Titel sind deine neu erworbenen Kenntnisse in konzentrierter Form zusammengefasst. Abgerundet wird ein Kapitel schließlich mit vielen zusätzlichen und interessanten **Aufgaben**, aber auch Exkursen zu verschiedenen Themen, die dir Gelegenheit bieten, deine neuen Kenntnisse und Fähigkeiten anzuwenden und zu erweitern.

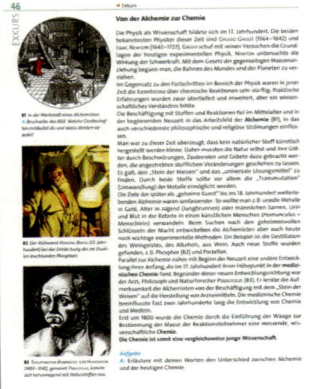

*Exkursseite*

Im Anhang findest du auch ein Muster für Versuchsprotokolle (S. 109) sowie eine Zusammenstellung der wichtigsten chemischen Begriffe (Kleines Lexikon der Chemie).

Jetzt kann es mit dem Entdecken und Lernen der Chemie losgehen und wir hoffen, dass dir dieses Buch ein guter Begleiter dabei sein wird.

Die Verfasser

# 1 Stoffe und ihre Eigenschaften

**Alle Dinge bestehen aus Stoffen, die aus Teilchen aufgebaut sind.**
Wie können wir Stoffe erkennen?
Wie lassen sie sich ordnen?
Wie kann man das alles auf der Ebene der Teilchen verstehen?

## Stoffe und ihr Aufbau aus Teilchen

Die Welt, die uns umgibt, besteht aus Dingen, die wir sehen, riechen, schmecken und fühlen können. Die Gesamtheit aller Dinge, die nicht von den Menschen künstlich geschaffen sind, bezeichnen wir als **Natur**. Folglich heißen die Wissenschaften, die sich mit ihr beschäftigen, **Naturwissenschaften**. Die **Naturwissenschaftler** erforschen aber nicht nur den Aufbau der Natur, um sie zu verstehen. Sie versuchen auch, von ihr zu lernen und daraus für uns Menschen Nützliches zu entwickeln. Die Anwendungen der Ergebnisse aus den Naturwissenschaften fasst man unter dem Begriff **Technik** zusammen. Und mit welchen Aufgaben innerhalb der Naturwissenschaften befassen sich Chemiker?

### Die Natürlichkeit der Chemie

„Warum kann es im Verständnis der Öffentlichkeit als so ausgemacht gelten, dass ‚Chemie' das gerade Gegenteil von ‚Natur' sein muss, dass ‚chemisch' fast gleichbedeutend mit ‚unnatürlich', ja geradezu mit ‚widernatürlich' geworden ist? Wie kann dann ‚chemischer Landbau' nur als schlecht, ‚natürlicher' meist ‚biologischer' genannt, hingegen unbezweifelbar als gut gelten? Wie kann es überhaupt dazu kommen, dass ‚chemisch' und ‚biologisch' im Sprachgebrauch des Alltags und der Medien geradezu selbstverständlich antithetisch verwendet werden: chemische Arzneimittel – hochverdächtig, biologische oder Natur-Heilmittel – her damit! Was ist das für ein kurioser Naturbegriff, der chemisch für unnatürlich, natürlich oder biologisch aber als unchemisch ausgibt, ohne sich damit schon durch die konfuse Redeweise als närrisch zu disqualifizieren?"

**B1** PROF. DR. HUBERT MARKL, Präsident der Deutschen Forschungsgemeinschaft, 2003

### Arbeitsaufträge

**A1** Lies sehr genau den Auszug aus einem Text von HUBERT MARKL in B1. Beschreiben die Begriffe „biologisch" und „chemisch" ausschließlich Gegensätze oder können sie sich auch ergänzen? Berücksichtige für die Stellungnahme auch deinen Sprachgebrauch und die Werte in B2.
Zeige Unterschiede zwischen wissenschaftlichem und alltäglichem Verständnis auf.

**A2** Überlege, welche der Naturwissenschaften sich mit belebten, welche mit unbelebten Dingen, Wetterverläufen, Sternen bzw. Gesteinen beschäftigt.

**A3** Suche verschiedene Dinge aus Küche, Bad, eigenem Zimmer und Schultasche zusammen. Überlege mehrere Möglichkeiten, nach denen du diese Dinge in Gruppen einteilen kannst. Benenne deine Ordnungsmerkmale.

**A4** In B3 sind Gegenstände nach je einem anderen Gesichtspunkt geordnet (a bis c). Gib den drei Ordnungsmerkmalen einen Namen.

**A5** Sammle Begriffe, in denen die Silbe „Stoff" vorkommt. Finde andere Bezeichnungen für die Begriffe „Ding" und „Stoff".

**A6** a) Sucht in der Gruppe sechs verschiedene Sportartikel aus modernem Material aus und beschreibt sie: Name, Stoff, Eigenschaften der Materialien, Herstellung (Verfahren, Rohstoffe), besondere Vorteile bzw. Eignung für spezielle Nutzung.
b) Welche Stoffe bzw. Materialien verwandte man vor 50 Jahren für die Artikel? Vergleicht mit a) und beurteilt die Entwicklung.

| Gift | Vorkommen | Tödliche (letale) Dosis LD$_{50}$ [µg/kg] |
|---|---|---|
| Botulinumtoxin | Bakterium | 0,0003 – 0,00003 |
| Ricin | Ricinuspflanze, Samen | 0,10 |
| Batrachotoxin | Pfeilgift-Frosch | 2,0 |
| Tetrodotoxin | Kugelfisch | 10 |
| Dioxin | synthetisch („Sevesogift") | 22 |
| L-(+)-Muscarin | Fliegenpilz | 230 |
| Parathion (E 605) | synthetisch (Pflanzenschutz) | 3600 |

**B2** *Die stärksten Gifte mit zugehörigem LD-Wert. Der LD-Wert ist ein Maß für die Giftigkeit eines Stoffs. LD$_{50}$ ist die Menge eines Stoffs, die bei einmaliger Gabe den Tod von 50 % aller Versuchstiere einer Art zur Folge hat. Der Wert wird in µg/kg Körpermasse angegeben (1 mikro µ = 1 Millionstel).*

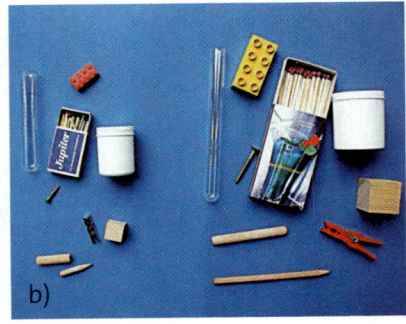
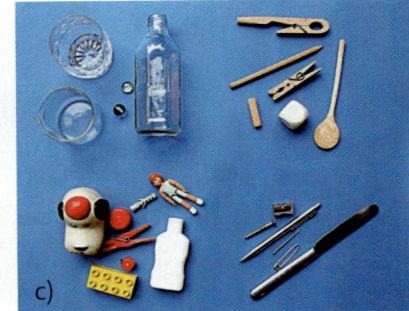

**B3** *Dreierlei Ordnung (vgl. A4)*

## 1.1 Womit sich die Chemie beschäftigt

Ein Nagel hat eine bestimmte Form und Masse, ein bestimmtes Volumen und besteht aus Eisen. Ein rostiger Nagel besteht aus zwei verschiedenen Stoffen, aus Eisen und Rost (B4).

Alle Dinge, ob ohne menschliches Zutun entstanden oder von Menschen erschaffen und letztlich auch wir Menschen selbst, bestehen aus **Stoffen**, haben eine **Form** und eine Größe, eine **Quantität**[1]. Die Quantität eines Dings ist durch die Masse $m$ und das Volumen $V$ beschrieben. Somit ist jedes Ding stofflich, geformt und räumlich begrenzt.

In der Chemie wird in der Regel auf die Angabe der Form eines Dings verzichtet, da sie bei chemischen Untersuchungen selten eine Rolle spielt und feste Dinge oft sogar pulverisiert werden (B4). Man spricht deshalb besser von **Stoffportionen** (B5), dies sind abgegrenzte Stoffbereiche, beispielsweise 15 g Kochsalz, 5 l Wasser und 10 cm³ Luft.

Stoffportionen sind aus einer großen Zahl einzelner **Teilchen** aufgebaut. Diese sind so klein, dass sie nicht mit bloßem Auge, sondern nur mithilfe komplizierter Apparaturen gesehen werden können. Zwischen den Teilchen ist leerer Raum. Die Kräfte, die zwischen den Teilchen wirken, bedingen den Zusammenhalt der Teilchen in den Stoffportionen. B6 zeigt einen solchen **Teilchenverband**, sichtbar gemacht durch ein Rastertunnelmikroskop.

Die Quantität eines Teilchenverbands kann wieder durch dessen Masse $m$ und Volumen $V$ beschrieben werden, eine weitere Beschreibungsmöglichkeit ist die Angabe der Teilchenanzahl $N$ (B7).

Jetzt wird ein Beschäftigungsfeld der Chemiker deutlich:

**Die Chemie ist unter anderem die Wissenschaft von Stoffen und den Teilchen, aus denen die Stoffe bestehen.**

Wichtig ist, dass wir immer mit Dingen oder Stoffportionen umgehen, nie mit den Stoffen an sich. Der „Stoff Eisen" ist die Menge aller Dinge bzw. Stoffportionen, die aus Eisen bestehen. Eisen ist somit ein Sammelbegriff.

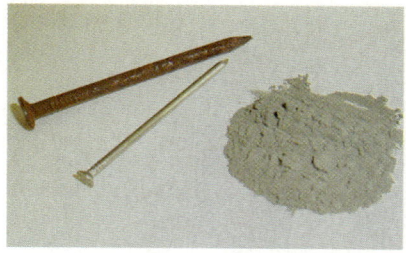

**B4** Rostiger Nagel, Eisennagel, Eisenpulver

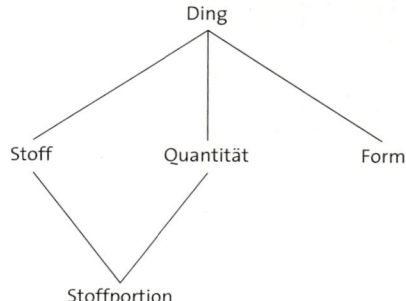

**B5** Eigenschaften eines Dings bzw. einer Stoffportion

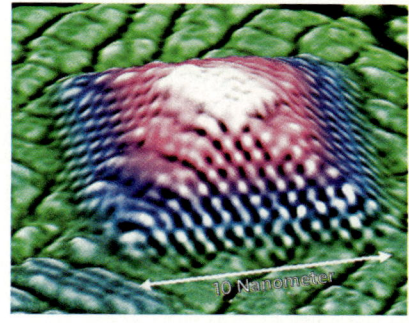

**B6** Rastertunnelmikroskopische Aufnahme eines Verbands aus Atomen des Metalls Germanium (1 Nano = $10^{-9}$)

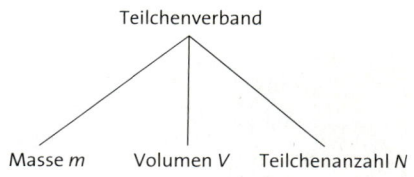

**B7** Quantitätsgrößen eines Teilchenverbands

### Aufgaben

**A1** Ding, Stoffportion, Stoff – Welcher dieser Begriffe passt zu a) 100 g Kupfer, b) Holzwürfel, c) 50 ml Sauerstoff, d) Rübenzucker, e) 2 l Alkohol, f) Kupfer, g) Schwefelpulver und h) ein Stück Würfelzucker?

**A2** Hat Eisen eine Form?

**A3** Wodurch unterscheiden sich feste Dinge bezüglich Form und Volumen von flüssigen und gasförmigen Stoffportionen?

**A4** Warum steckt in dem Begriff „gasförmig" ein Widerspruch?

**A5** Berichtige folgende Aussage: „Zwischen den Teilchen eines Teilchenverbands befindet sich Luft."

**A6** Kläre mithilfe eines Physikbuchs die Begriffe „Masse" und „Gewicht".

**A7** Berichtige folgende Aussage: „Teilchen entstehen durch das Zerteilen einer Stoffportion."

---

[1] von *quantum* (lat.) = wie groß

# 1.2 Gucken, schnuppern, kosten – erkannt?

## Heterogene Stoffgemische

**B1:** *Welches ist bloß der Zucker für meinen Kuchen?*

*Ich sehe – und es ist weiß!*

*Mehl? Zucker? Waschpulver? Salz? Backpulver? Citronensäure?*

*Ich rieche – und es riecht „nach nichts"!*

*Mehl? Zucker? Salz? Backpulver?*

*Ich schmecke – und es schmeckt süß!*

**Zucker!**

**B1** *Alles weiß im Haushalt.* **A:** *Ein Experiment für zu Hause: Finde drei verschiedene Möglichkeiten, wie Kochsalz (Natriumchlorid) und Zucker (Saccharose) ohne Geschmacksprobe unterschieden werden können.*

**B2** *Eine Farbe – auch ein Stoff? Zwei Farben – auch zwei Stoffe?*

**B3** *Der Obstsalat.* **A:** *Wie viele Stoffe siehst du?*

### Versuche

**V1** Wonach kannst du Portionen folgender Stoffe unterscheiden? Kupfer, Messing, Aluminium, Eisen, Gold, Silber. Nimm auch Stellung zu B2!

**V2 Nur riechen. Nicht kosten (schmecken)!** Fülle in je ein Reagenzglas 5 ml verd. Essigsäure*[1], 5 ml verd. Ammoniak-Lösung*, 5 ml Essigsäureethylester*, 5 ml Wasser und 5 ml Spiritus*. Wodurch lassen sich die Inhalte der Reagenzgläser rasch unterscheiden?

**V3** Kleine Portionen von Haushaltszucker, Frucht- und Milchzucker, Kochsalz und Citronensäure* liegen vor. Vergleicht die Stoffe, auch durch Schmecken, und entscheidet in der Arbeitsgruppe, welche Eigenschaften sie gemeinsam haben und wodurch sie zu unterscheiden sind.

**V4** Betrachte einen Tropfen fettarme Milch unter dem Mikroskop.

**V5** Fülle in vier Reagenzgläser je 5 ml Wasser. Gib in das erste Reagenzglas einige Tropfen Öl, in das zweite 1 ml Alkohol*, in das dritte eine Spatelspitze Zucker und in das vierte eine Spatelspitze Gips. Schüttele alle gut durch. Beobachtung?

**V6** Finde heraus, aus wie vielen Stoffen Brausepulver zusammengesetzt ist. Betrachte zuerst mit der Lupe. Prüfe die verschiedenen Körnchen auf ihren Geschmack. Schütte wenig Brausepulver in ein mit Wasser gefülltes Reagenzglas und beobachte das Verhalten der einzelnen Bestandteile.

### Auswertung

a) Liste auf, wonach du Stoffe unterscheiden kannst (B1, B2 und V1 bis V3).

b) Welche Sinnesorgane benutzt du dabei jeweils? Welches Sinnesorgan darfst du im Chemielabor auf keinen Fall und auch bei Lebensmitteln nur bedingt anwenden? Warum?

c) Wie „sicher" kannst du mit den genannten Eigenschaften zwei verschiedene Stoffe erkennen und voneinander trennen? Nenne Beispiele! Reicht die Unterscheidung anhand einer dieser Eigenschaften?

d) Schreibe zu V3 ein Versuchsprotokoll und notiere deine Beobachtungen sorgfältig.

e) Beschreibe, was du bei V4 bis V6 beobachten, insbesondere wie viele Stoffe du jeweils sehen kannst. Vergleiche die Zahl der zu sehenden Stoffe mit und ohne Hilfsmittel (V4 und V6).

[1] *Vgl. Vorwort und Anhang!

1.2 Gucken, schnuppern, kosten – erkannt?

Verschiedene Stoffe haben unterschiedliche Wirkungen auf unsere **Sinnesorgane**. Mit Augen, Nase und Zunge können wir sie daher recht gut auseinanderhalten.

Bei den Stoffportionen in V1 stellen wir fest, dass die **Farbe** ein wichtiges Erkennungsmerkmal von Stoffen ist. Zahlreiche Stoffe haben jedoch gleiche oder ähnliche Farben (B1, B2), und ein und derselbe Stoff kann in verschiedenen Farben auftreten (B2). Um Verwechslungen zu vermeiden, müssen deshalb neben der Farbe weitere Stoffeigenschaften zur Unterscheidung herangezogen werden.

Der **Geruch** ist für einige Stoffe ein charakteristisches Erkennungsmerkmal (V2, B4). Allerdings sind Gerüche sehr schwer zu beschreiben und werden von jedem von uns etwas anders wahrgenommen.

Nur bei der Untersuchung von Lebensmitteln ist die **Geschmack**sprobe im Prinzip gefahrlos und daher erlaubt. Allerdings sind Geschmacksunterschiede nicht immer leicht festzustellen und zu beschreiben. Wegen der Giftigkeit vieler Stoffe, auch eventuell verdorbener Esswaren, überprüft der Chemiker den Geschmack eines unbekannten Stoffes nicht.

Dass der Obstsalat (B3) ein Gemisch aus lauter einzelnen Früchten ist, ist dir klar und deutlich sichtbar. So wie der Obstsalat aus verschiedenen Früchten besteht, so sind auch die meisten Dinge, mit denen du es täglich zu tun hast, aus mehreren unterschiedlichen Stoffen zusammengesetzt, es sind **Stoffgemische**. Dies gilt sowohl für die von Menschen hergestellten, als auch für die Dinge aus der Natur wie Gesteine, Holz, Erden oder Nahrungsmittel – was steckt nur alles Gute in einem Apfel!

Bei manchen Gemischen kann man schon mit bloßem Auge erkennen, dass sie aus verschiedenen Stoffen bestehen (Obstsalat, Granit (B6), Brausepulver (V6). Bei anderen sieht man die einzelnen Stoffe des Gemischs erst mit einem Hilfsmittel, so kannst du in der Milch nur mithilfe des Mikroskops Öl- von Wassertröpfchen unterscheiden (V4, B6).

Stoffgemische, deren Bestandteile man mit dem Auge oder dem Lichtmikroskop voneinander unterscheiden kann, nennt man **heterogen**[1].

| Stoff | Riechschwelle [mg/m³] |
|---|---|
| Ethanol | 600 |
| Diethylether | 75 |
| Butan | 5 |
| Limonen | 2,8 |
| Vanillin | 0,000043 |
| Terpinenthiol | 0,0000001 |

**B4** *Riechschwellen einiger Stoffe. Mit der Nase nehmen wir einen Stoff erst wahr, wenn dessen Riechschwelle erreicht (überschritten) ist. Die Riechschwelle ist die Mindestkonzentration eines (Geruch-) Stoffes in Luft, die eben noch zu einer Geruchsempfindung führt.*

**B5** *Gefahrlose Durchführung einer Geruchsprobe*

**B6** *Granit und Milch unter dem Mikroskop, zwei heterogene Stoffgemische*

| Heterogene Gemische | |
|---|---|
| Emulsion | Flüssigkeit in Flüssigkeit |
| Suspension | Feststoff in Flüssigkeit |
| Gemenge | Feststoff in Feststoff |
| Rauch | Feststoff in Gas |
| Nebel | Flüssigkeit in Gas |

**B7** *Einige Arten heterogener Stoffgemische*

### Aufgaben

**A1** Erstelle eine Liste mit mindestens 10 Stoffen, die man aufgrund ihres Geschmacks und/oder Geruchs erkennen kann.

**A2** Auf vielen Fruchtsaftflaschen steht der Hinweis „Vor dem Öffnen schütteln". Warum? Erläutere mit den Fachbegriffen dieser Seite.

**A3** a) Wie lauten die chemischen Bezeichnungen für die Stoffgemische Granit und Milch (B6)? b) Finde heraus, aus welchen Bestandteilen Granit zusammengesetzt ist.

**A4** Erkennst du unter den folgenden Stoffen heterogene Stoffgemische? Erde, Holz, Kochsalz, Seifenschaum, Seewasser, aufgewirbelter Schlamm in Seewasser, Rauch einer Zigarette, Benzin, Goldlegierung, Erdgas, Wein, Sprühnebel (Aerosol) aus der Spraydose.

**A5** Erkläre die Begriffe *Aerosol* und *Smog*.

**A6** Gib für die Stoffe in a) bis c) jeweils an, welche Eigenschaft du zu ihrer Unterscheidung heranziehen würdest. Nenne je eine gemeinsame Eigenschaft der Stoffe. a) Brennspiritus, Essig-Essenz, Reinigungsbenzin, Wasser; b) Zucker, Salz, Vitamin C; c) Kupfer, Silber, Gold

[1] von *hetero* (griech.) = verschieden und von *genos* (griech.) = Art

## 1.3 Einheitlich – und doch verschieden

## Homogene Stoffgemische und Reinstoffe

Bei Obstsalat und Brausepulver ist dir klar, dass Gemische vorliegen, du kannst es sehen. Aber was sagst du zu Leitungswasser, Wein, Luft und Filzstiftfarbstoff? Jeweils ein einzelner Stoff oder auch ein Gemisch?

### Versuche

**V1** Male in die Mitte eines Filterpapiers mit schwarzem Filzstift eine Kreisfläche mit ca. 3 mm Durchmesser. Lege das Papier auf eine Petrischale und gib mit einer Pipette 1 Tropfen Wasser auf den Farbfleck (B1). Wenn das Wasser ganz aufgesogen ist, tropfe weiter Wasser auf den Fleck. Beobachte und wiederhole mit anderen Filzstiftfarben.

**V2 Schutzbrille!** Fülle etwa 100 ml destilliertes Wasser in ein großes Rggl. mit Seitenröhrchen. Um einen Siedeverzug, ein Herausspritzen des heißen Wassers, zu vermeiden, gib 2 bis 3 Siedesteine hinzu. Befestige ein geeignetes Thermometer so, dass es in die Flüssigkeit eintaucht und nicht den Glasrand berührt (B3). Erhitze nun das Wasser. Notiere jede Minute die Wassertemperatur, bis sie sich über 5 Minuten nicht mehr ändert.

**V3** Wiederhole V2 mit Wein anstelle des Wassers. Notiere ebenfalls den Temperaturverlauf.

**V4** Baue eine Apparatur wie in B4 zur Messung von Leitfähigkeiten zusammen und teste damit destilliertes Wasser und Leitungswasser jeweils auf ihre Leitfähigkeit.

### Auswertung

a) Beschreibe deine Beobachtungen bei V1 genau. Aus welchen Farbstoffen besteht der schwarze Filzstiftfarbstoff tatsächlich? Setzen sich alle getesteten Farbstoffe aus mehreren zusammen? Notiere in einer Tabelle, welche der Filzstiftfarbstoffe Farbstoffgemische und welche reine Farbstoffe sind.

b) Fertige zu V2 und V3 ein Protokoll an und trage die Messwerte aus V2 und V3 in ein (gemeinsames) Zeit-Temperatur-Diagramm ein (x-Achse: Zeit, 1 cm entspricht 1 min; y-Achse: Temperatur, 1 cm entspricht 10 °C). Beschreibe die Kurvenverläufe. Vergleiche sie und erläutere Gemeinsamkeiten und Unterschiede.

c) Bewerte die in V4 gemessenen Leitfähigkeiten.

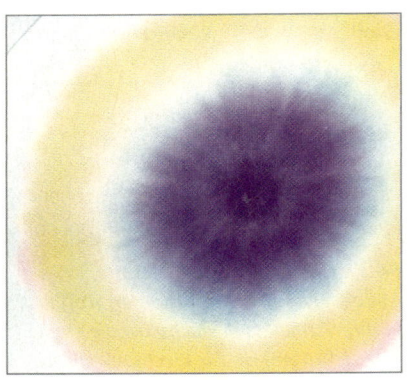

**B1** *Schwarzer Filzstiftfarbstoff, zerlegt*

**B2** *Zweimal Blattgrün.* **A:** *Was siehst du vor und nach der Chromatographie (ein Trennverfahren)? Was kannst du daraus schließen?*

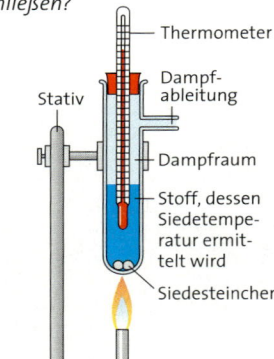

**B3** *Versuchsaufbau zu V2*

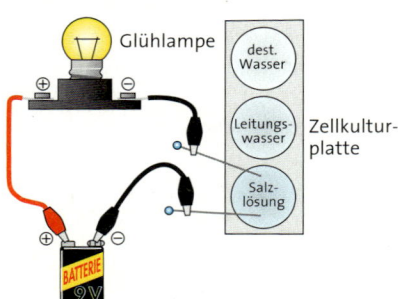

**B4** *Versuchsaufbau zu V4*

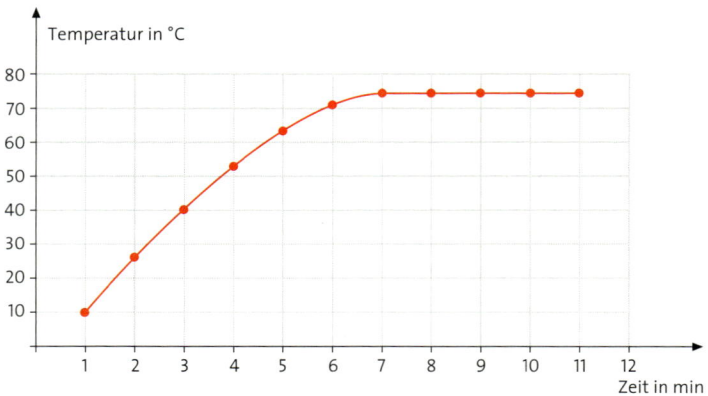

**B5** *Siedekurve von Alkohol (Ethanol).* **A:** *Vergleiche die Kurve mit deinen Messergebnissen aus V2 und V3.*

## 1.3 Einheitlich – und doch verschieden

Filzstiftfarbstoff und Leitungswasser sehen aus wie ein Stoff, da hilft auch das stärkste Mikroskop nicht weiter. V1 zeigt aber, dass der schwarze Farbstoff ein Gemisch aus mehreren einzelnen Farbstoffen ist. Und auch das Leitungswasser muss mindestens einen weiteren Stoff enthalten, denn reines, destilliertes Wasser ist im Gegensatz zu jenem nicht elektrisch leitfähig. Vergleichen wir die ermittelten Siedetemperaturen der Versuche V2 und V3, so erkennen wir, dass bei destilliertem Wasser die Temperatur während des Siedens konstant bleibt. Bei Wein hingegen ändert sich die Siedetemperatur (Auswertung c). Grund dafür ist, dass Wein ein Gemisch aus Wasser und Alkohol (Ethanol) ist.
Bei Filzstiftfarbstoffen, Wein und Leitungswasser zeigen nur Versuche, dass Gemische vorliegen. Solche Gemische, bei denen man die einzelnen Bestandteile mit dem Auge oder einem Lichtmikroskop nicht erkennen kann, heißen **homogen**[1].
Homogene Flüssigkeits- und Gasgemische sind deshalb auch klar und durchsichtig, heterogene (vgl. Kap. 1.2) dagegen trüb und undurchsichtig. Je nach Aggregatzustand der Bestandteile vor dem Mischen haben Gemische verschiedene Namen (B6 und B7, S. 7): Beispielsweise heißt ein homogenes Gemisch aus einem Feststoff (Salz) in einer Flüssigkeit (Wasser) **Lösung**.
Auch die Luft ist ein homogenes Gemisch – ein Gasgemisch.
Luft besteht zu etwa einem Fünftel aus **Sauerstoff**, zu etwa vier Fünfteln aus **Stickstoff**. Das Edelgas **Argon** ist mit ca. 1% der drittgrößte Bestandteil, gefolgt von **Kohlenstoffdioxid**. Die genaue Zusammensetzung reiner, trockener Luft in Meereshöhe ist in B7 angegeben.
Sowohl flüssige Luft als auch die Luftbestandteile Stickstoff und Sauerstoff sowie die Edelgase werden in großen Mengen von Industrie und Technik benötigt, entweder als Reinstoff bzw. Luft selbst oder zur Herstellung anderer wichtiger Produkte.
Flüssige Luft dient als Kühlmittel, wenn sehr tiefe Temperaturen gefordert sind. In der Medizin wird meist flüssiger Stickstoff zur Kühlung verwendet. Aus Stickstoff werden Düngemittel, Farb-, Kunst- und Sprengstoffe hergestellt. Sauerstoff wird in der Stahlerzeugung, beim Schweißen, in Atemgeräten und auch zur Bereitstellung von Energie in der Raumfahrttechnik benötigt. **Edelgase** werden zur Füllung von Glühbirnen, Leucht- und Leuchtstoffröhren, im Gemisch mit Sauerstoff als Atemgas für Taucher und zur Füllung von Luftschiffen sowie Ballonen eingesetzt. Leuchtröhren enthalten eine geringe Menge eines Edelgases und leuchten in verschiedenen Farben. Leuchtstoffröhren sind mit Argon und Quecksilberdampf gefüllt und geben weißes Licht ab.

### Aufgaben

**A1** a) Welche der folgenden Gemische sind heterogen, welche homogen? b) Gib den Gemischen nach B6 und B7, S. 7, passende Namen. Hautcreme, Mineralwasser, Wasserfarben, Brausepulver, Essig, Wolken, klarer Apfelsaft, Qualm, Mayonnaise, Butter, staubige Luft, Wein, Schlamm, Waschpulver, Stahl.

[1] von *homoios* (griech.) = gleich und von *genos* (griech.) = Art

| Homogene Gemische | |
|---|---|
| Lösung | Feststoff in Flüssigkeit<br>Flüssigkeit in Flüssigkeit<br>Gas in Flüssigkeit |
| Legierung | Feststoff in Feststoff |
| Gasgemisch | Gas in Gas |

**B6** *Einige Arten homogener Stoffgemische*

| Bestandteil | Volumenanteil $\varphi$ in % | $\vartheta_b$ in °C |
|---|---|---|
| Stickstoff | 78,08 | −195,8 |
| Sauerstoff | 20,95 | −183,0 |
| Argon | 0,09 | −186 |
| Neon | 0,002 | −246 |
| Helium | 0,0005 | −269 |
| Krypton | 0,0001 | −152 |
| Xenon | 0,000009 | −108 |
| Kohlenstoffdioxid | 0,034 | −78,5 |

**B7** *Zusammensetzung reiner Luft in Meereshöhe. Der Volumenanteil eines Stoffes ist der Quotient aus dem Volumen dieses Stoffes und dem Gesamtvolumen. Argon, Neon, Helium, Krypton und Xenon sind **Edelgase**.*

**A2** Auf Milchpackungen steht oft der Hinweis „homogenisiert". Was ist damit wohl gemeint?

**A3** Begründe, in welcher Reihenfolge die zwei Hauptbestandteile der Luft aus flüssiger Luft verdampfen. (*Hinweis:* Vgl. B7.)

**A4** Warum dürfen Leuchtstoffröhren nicht mit dem Hausmüll entsorgt werden?

**A5** Finde heraus, welche Metalle bei der Herstellung der Legierungen a) bis c) miteinander gemischt wurden. a) Messing; b) Bronze; c) Lötzinn

**A6** Informiere dich über die Zusammensetzung von Amalgam-Legierungen. Bewerte die Verwendung von Amalgam für Zahnfüllungen und zähle Alternativen jeweils mit ihren Vor- und Nachteilen auf.

## 1.4 Rein oder nicht rein? Das ist hier die Frage!

### Kenneigenschaften von Reinstoffen

Was machst du als Erstes, wenn du die Banane des Obstsalats nicht magst? Du suchst die Bananenstückchen aus dem Gemisch aller Früchte heraus. Aber wie kannst du Ethanol aus Wein gewinnen oder reines Wasser herstellen? Und, was heißt „rein", wann ist ein Stoff „rein"?

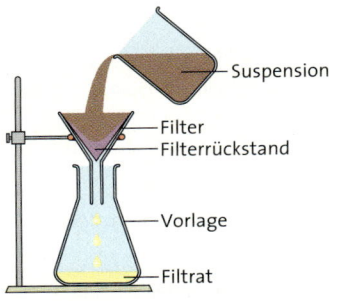

**B1** *Trennung einer Suspension durch Filtrieren*

### Versuche

**V1** Stelle „schmutziges" Meerwasser her. Löse dazu in einem Becherglas 8 bis 10 Spatellöffel Kochsalz in ca. 100 ml Wasser. Gib dann etwas Kohlepulver und 3 bis 4 Spatellöffel feinen Sand dazu, rühre um und verteile den Inhalt auf zwei Bechergläser. a) Lasse eines der Gemische nun einige Zeit ruhig stehen. Gieße dann die klare Flüssigkeit vorsichtig so ab, dass die festen Bestandteile im Becherglas zurückbleiben. b) Das andere Gemisch filtrierst du nach B1.

**V2** *Arbeit in der Gruppe.* Informiert euch, wie Natriumchlorid (Kochsalz) gewonnen wird. Plant ein Experiment, mit dem Kochsalz aus Meerwasser gewonnen werden kann. Schreibt die einzelnen Versuchsschritte als Flussdiagramm. Verwendet zur Durchführung das Filtrat aus V1b). Überlegt auch, wie die Versuchsapparatur verändert werden müsste, um das gebrauchte Wasser möglichst vollständig zurück zu gewinnen (vgl. B2).

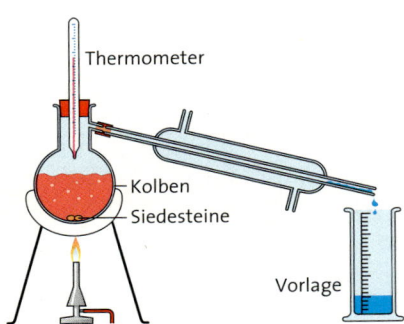

**B2** *Destillationsapparatur*

**V3** Fülle 10 g Stearinsäure in ein Reagenzglas. Stelle das Reagenzglas in ein 400-ml-Becherglas, das mit kochendem Wasser gefüllt ist. Notiere alle 30 s die Temperatur der Stearinsäure, bis sie vollständig geschmolzen ist. Entferne das Reagenzglas aus dem heißen Wasserbad und stelle es in ein Becherglas mit Eiswasser. Notiere beim Abkühlen ebenfalls alle 30 s die Temperatur, bis die Stearinsäure vollständig erstarrt ist. Achte darauf, dass das Thermometer stets die Temperatur in der Stearinsäure und nicht die am Glasrand misst (B3).

**V4** Finde experimentell (B4) heraus, aus welchem Metall Spitzer hergestellt sind, ohne dabei einen Spitzer zu zerstören. Hilfsmittel: 12 ml Wasser, Waage mit mg-Einteilung, Spritzenzylinder einer 20-ml-Spritze mit Verschluss (alternativ: 50-ml-Messzylinder), 2 Metallspitzer ohne Klinge.

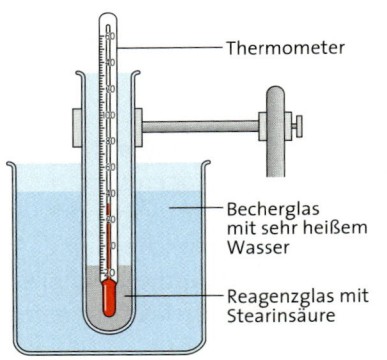

**B3** *Zu V3*

### Auswertung

a) Ist die in V1a) erhaltene klare Flüssigkeit ein „Reinstoff"? Erläutere und schlage einen Versuch vor, der deine Aussage stützt.

b) Handelt es sich bei dem Ausgangsgemisch in V1 („schmutziges Meerwasser") und der in V1b) erhaltenen klaren Flüssigkeit, dem **Filtrat**, um heterogene oder homogene Gemische? Um welche?

c) Welche Stoffe kannst du durch die Vorgehensweisen in V1 a) und b) trennen, welche nicht? Auf welchen Eigenschaften beruhen die Trennungen?

d) Welcher Eigenschaftsunterschied wird zur Salz-Wasser-Trennung (V2 und Salzgewinnung) genutzt?

e) Fertige ein Zeit-Temperatur-Diagramm für die Messwerte bei V3 an. Vergleiche mit V2 und V3 in Kap. 1.3.

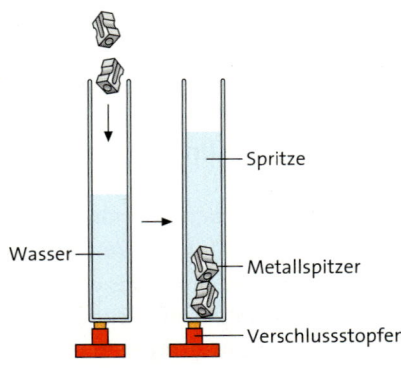

**B4** *Skizze zu V4*

## 1.4 Rein oder nicht rein? Das ist hier die Frage!

In Wissenschaft und Technik ist der erste Schritt zur Untersuchung einzelner Stoffe eines Stoffgemisches meist dessen Entmischung, weshalb Verfahren zur Auftrennung von Stoffgemischen wichtig sind. Diese nutzen die Unterschiede in den Stoffeigenschaften (B5) der einzelnen Gemischbestandteile. Sowohl beim Eindampfen (V2) als auch beim Destillieren (V2, B2) nutzt man die unterschiedlichen Siedetemperaturen der einzelnen Bestandteile (B5). Damit ist die Wahl des geeigneten Verfahrens zur Abtrennung eines Stoffes abhängig von der Art des Gemisches sowie von den Eigenschaftsunterschieden der darin enthaltenen **Reinstoffe**.
**Stoffe, die nur aus einem Stoff bestehen, heißen Reinstoffe.**
Sie lassen sich folglich nicht weiter entmischen.
Soll ein Reinstoff eindeutig erkannt und beschrieben werden, müssen Eigenschaften gefunden werden, die für ihn charakteristisch und sehr genau messbar sind. Eindeutige Merkmale der Stofferkennung sind Temperaturen, bei denen der Übergang von einem Aggregatzustand in einen anderen erfolgt (B8). Die **Schmelztemperatur**[1] $\vartheta_m$ kennzeichnet den Übergang vom festen in den flüssigen Zustand. Ihr Wert ist für einen bestimmten Stoff gleich dem der Erstarrungstemperatur. Die **Siedetemperatur**[2] $\vartheta_b$ kennzeichnet den Übergang vom flüssigen in den gasförmigen Zustand. Ihr Wert entspricht dem der Kondensationstemperatur.
Experimentell gemessene und in Fachbüchern angegebene Werte für Siedetemperaturen können unterschiedlich sein (vgl. Versuchsergebnisse und Werte in B6). Ein Grund dafür ist die Abhängigkeit der Siedetemperatur vom Luftdruck, ein weiterer, dass z. B. Alkohol meist wasserhaltig, also ein Stoffgemisch ist. Stoffgemische aber haben im Gegensatz zu Reinstoffen keine charakteristischen Eigenschaften, sondern vom Mischungsverhältnis abhängige.
Die **Dichte** $\varrho$ ist der Quotient aus Masse und Volumen der betreffenden Stoffportion $\varrho = \frac{m}{V}$ mit der Einheit 1 g/cm³. Während Masse und Volumen Eigenschaften einer Stoffportion sind, ist die Dichte eine Stoffeigenschaft und kennzeichnet die Art des Reinstoffs, aus dem die Stoffportion besteht. Die Dichte ist eine temperatur- und druckabhängige Größe (B7).
**Siede- und Schmelztemperatur sowie die Dichte sind charakteristische, messbare Stoffeigenschaften. Sie kennzeichnen einen Reinstoff eindeutig.** Da Reinstoffe recht ähnliche Kenneigenschaften haben können, müssen zur eindeutigen Bestimmung eines Reinstoffs stets mehrere Kenneigenschaften angegeben werden.

| Trennverfahren | Stoffeigenschaft, in der die zu trennenden Gemischbestandteile Unterschiede aufweisen |
|---|---|
| Sedimentieren | Dichte |
| Filtrieren | Teilchengröße |
| Sieben | Korngröße |
| Eindampfen | Siedetemperatur |
| Destillieren | Siedetemperatur |
| Kristallisieren | Löslichkeit |
| Kondensieren | Siedetemperatur |

**B5** *Trennverfahren beruhen auf Unterschieden in einer Stoffeigenschaft der einzelnen Bestandteile eines Stoffgemisches.*

| Reinstoff | Schmelztemperatur $\vartheta_m$ | Siedetemperatur $\vartheta_b$ |
|---|---|---|
| Sauerstoff | −219 °C | −183 °C |
| Alkohol | −114 °C | 78 °C |
| Wasser | 0 °C | 100 °C |
| Stearinsäure | 71 °C | 370 °C |
| Kochsalz | 801 °C | 1465 °C |
| Gold | 1063 °C | 2677 °C |
| Eisen | 1528 °C | 2735 °C |

**B6** *Gerundete Schmelz- und Siedetemperaturen einiger Reinstoffe bei $p_n$ = 1013 hPa. Der Index n steht für Normzustand.*

| Reinstoff | Dichte $\varrho = \frac{m}{V}$ in g/cm³ |
|---|---|
| Wasserstoff (g) | 0,00009 |
| Stickstoff (g) | 0,00125 |
| Alkohol (l) | 0,789 |
| Wasser (l) | 0,998 |
| Magnesium (s) | 1,74 |
| Kochsalz (s) | 2,17 |
| Aluminium (s) | 2,70 |
| Eisen (s) | 7,86 |
| Kupfer (s) | 8,93 |
| Gold (s) | 19,32 |

**B7** *Dichte einiger Reinstoffe ($\vartheta$ = 20 °C, $p_n$ = 1013 hPa).* **A:** *Warum ist die Dichte temperatur- und druckabhängig?*

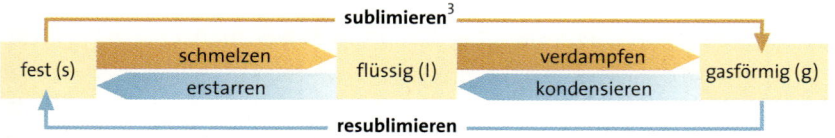

**B8** *Aggregatzustände (solid (engl.) = fest, liquid (engl.) = flüssig, gaseous (engl.) = gasförmig).* **A:** *Erkläre die Begriffe „sublimieren" und „resublimieren".*

**A2** *„Medikamente vor Gebrauch schütteln!"* Formuliere begründet, zu welchem Gemischtyp die „fertige" Arznei gehört.

## Aufgaben

**A1** a) Entscheide, welche der folgenden Stoffe Reinstoffe, welche Stoffgemische sind. b) Benenne die Stoffgemische mit Fachbegriffen.
Kupfer, Limonade, destilliertes Wasser, Kochsalz, Aluminium, Tee, Kräuteressig, Messing, Essigsäure, Papier

---
[1] $\vartheta$, sprich *theta*, griech. Buchstabe. Der Index m leitet sich von *melting* (engl.) = schmelzend ab.
[2] Der Index b leitet sich von *boiling* (engl.) = siedend ab.
[3] von *sublimare* (lat.) = emporschweben

## Das Teilchenmodell

Gewürze, Kochsalz-Kristalle oder Gemüse werden häufig zerkleinert, bevor sie beim Kochen oder Backen eingesetzt werden. Beschreibe Funktionen und Einsatzmöglichkeiten der dafür verwendeten Geräte (B1). Welchen Effekt will man erzielen? Handelt es sich bei dem Pulver immer noch um den gleichen Stoff, wenn Kochsalz-Kristalle zermörsert sind?

B1 „Kochgeräte" – wichtige Helfer in der Küche

### Versuche

**V1** Betrachte ein Stück Kandiszucker genau. Zerkleinere es danach mithilfe von Mörser und Pistill und betrachte die entstehenden Zuckerportionen zwischendurch immer wieder mit einer Lupe. Beobachtung?
Wenn der Zucker ganz fein gemahlen ist, versuche, die vorliegende Portion so oft wie möglich zu halbieren, wobei die eine Hälfte jeweils beiseite geschoben wird. Wie oft gelingt dir das? Benutze bei den letzten Aufteilungen die Lupe.

**LV2** Für diesen Versuch braucht man Messzylinder, mit denen man das Volumen genau bestimmen kann. Man füllt 50 ml Alkohol* (Ethanol) und 50 ml Wasser in je einen 100-ml-Messzylinder. Man gießt die beiden Flüssigkeiten nun zusammen und notiert das gemeinsame Volumen.

**LV3** Man füllt je einen 100-ml-Messzylinder bis zur 50-ml-Marke mit Erbsen bzw. Senfkörnern. Anschließend mischt man die beiden Volumina und notiert das Gesamtvolumen (B2).

**LV4** Durch Lösen von a) 3,5 mg Sudanrot und b) 5 mg Sudanblau in je 5 ml Pentan-1-ol* werden zwei Farbstofflösungen hergestellt.
In eine Petrischale werden 10 ml lauwarmes Wasser gegeben und mit 10 ml verd. Salzsäure* versetzt. Es wird umgerührt (Glasstab), die Schale wird auf den Tageslichtprojektor gestellt. Nun werden je einige Tropfen der Farbstofflösungen in die Petrischale gegeben (B3). Beobachtung?

**V5** Am Lehrertisch oder in einer Ecke des Chemieraums wird etwas Parfum zerstäubt. Messt die Zeit (Stoppuhr), die es dauert, bis ihr nach der Zerstäubung den Parfumgeruch wahrnehmen könnt.

**V6** Gieße in je ein Becherglas gleich viel kaltes bzw. heißes Wasser. Gib je einen Kristall Kaliumpermanganat* zu und beobachte längere Zeit.

**V7** Gib 4,5 g Kaliumnitrat* in kleinen Portionen in ein Reagenzglas mit 7 ml Wasser. Verfolge die Löslichkeit sowie die Temperatur der Lösung. Nach vollständiger Zugabe des Kaliumnitrats* erwärme solange, bis das Salz gelöst ist. Gieße die heiße Lösung nun in eine Petrischale (Tageslichtprojektor) und lasse sie ruhig stehen. Was geschieht?

B2 Gleiche Volumina von Erbsen und Senfkörnern ergeben gemischt nicht das doppelte Volumen. **A:** Finde eine Erklärung.

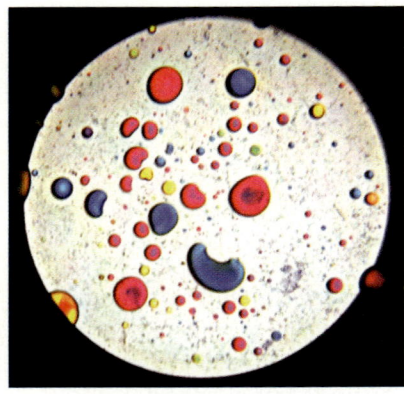

B3 Zu LV4 – das dynamische Farbspiel. **A:** Beobachte und beschreibe den Weg der Farbstofftröpfchen bei LV4 genau, und versuche zu erklären.

### Auswertung

a) Erstelle Protokolle zu allen Versuchen. Gib jeweils an, was du erwartet hast, und vergleiche mit deinen Versuchsergebnissen.
b) Wie sind die Ergebnisse von LV2 und LV3 zu erklären? LV3 ist ein Modellversuch. Was wird durch ihn nicht richtig wiedergegeben?

## 1.5 Stoffeigenschaften werden erklärbar

Lösen wir Kochsalz in Wasser auf und betrachten dann einen Tropfen der Lösung unter dem Mikroskop, finden wir kein Salz. „Verschwindet" Salz beim Lösen in Wasser? Warum trocknet nasse Wäsche auf der Leine (B4)? Wie hängen die Aggregatzustände untereinander zusammen?

Die beobachteten Vorgänge, genau wie viele andere in unserer Umgebung, lassen sich durch bloßes Betrachten nicht verstehen. Um Vorgänge und Stoffeigenschaften zu erklären, nutzen wir unsere Kenntnisse vom Aufbau der Stoffe aus unsichtbaren Teilchen. So messen wir beim Mischen von Alkohol und Wasser ein geringeres Gesamtvolumen als die Summe der beiden Einzelvolumina ist (LV2). Mit der Teilchenvorstellung wird dies verständlich: Man stellt sich vor, dass die Alkohol- größer als die Wasser-Teilchen sind. Zwischen den Alkohol-Teilchen sind deshalb „Lücken", in die einige Wasser-Teilchen hineinpassen und somit keinen zusätzlichen Raum beanspruchen. Der Modellversuch mit Erbsen und Senfkörnern (LV3; B2) verdeutlicht diese Erklärung.

B4 *Wäsche auf der Leine.* **A:** *Erkläre mit Fachausdrücken, wieso sie trocknet.*

Schmilzt man Eis, werden die Anziehungskräfte zwischen den Wasser-Teilchen durch die zugeführte Wärme überwunden und die Teilchen nahezu frei beweglich.

Beim **Sieden** führt die Verdampfungswärme zu heftigeren Bewegungen der Wasser-Teilchen. Ihr Zusammenhalt wird aufgehoben, der Abstand der Teilchen untereinander vergrößert sich, sie bewegen sich völlig frei und wirbeln mit hoher Geschwindigkeit ständig durcheinander.

Wasser kann auch in den gasförmigen Zustand übergehen, ohne dass es zum Sieden gebracht wird: Es verdunstet. Beim **Verdunsten** verlassen die Wasser-Teilchen langsam nacheinander die Oberfläche des Teilchenverbandes. Beim Sieden überwinden die Wasser-Teilchen dagegen auch im Innern des Teilchenverbandes ihre gegenseitige Anziehung.

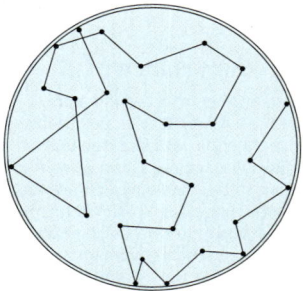

B5 *Ein möglicher Weg eines Farbstofftröpfchens im Wasser-Salzsäure-Gemisch*

Die Teilchenbewegungen können wir nicht direkt sehen. Betrachtet man jedoch die Farbstofftropfen in der Wasser-Salzsäure-Mischung, sieht man die bunten Tröpfchen in unregelmäßiger, zitternder Bewegung (LV4, B5), die durch viele ungeordnete Zusammenstöße der Farbstofftröpfchen mit den sich ständig bewegenden, unsichtbaren Wasser-Teilchen zustande kommt.

In V5 und V6 kann man beobachten, wie sich die Stoffe durch Eigenbewegung ihrer Teilchen vermischen. Diese selbstständige Durchmischung nennt man **Diffusion**[1] (B7). Damit lässt sich auch der Lösevorgang einer festen Stoffportion (V6) in Wasser leicht erklären. Feine Verteilung der festen Stoffportion und zusätzliches Rühren beschleunigen den Lösevorgang von Salzen genau wie Erwärmung (V7).

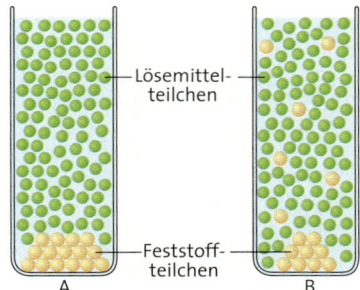

B6 *Lösevorgang im Modell*

### Aufgaben
**A1** Erkläre den Lösevorgang von Zucker in Wasser mithilfe von B6.
**A2** In den Salzgärten südlicher Länder (vgl. B2, S. 26) gewinnt man Speisesalz dadurch, dass man Meerwasser in große, flache Becken einleitet, in denen das Wasser dann durch Sonnenwärme verdampft. Erkläre den Vorgang mit dem Teilchenmodell.
**A3** Erkläre das unterschiedliche Löseverhalten von Kaliumpermanganat in V6 mit dem Teilchenmodell.
**A4** Berichtige die Aussage: „Die Kaliumpermanganat-Teilchen verteilen sich im Wasser."

B7 *Und keiner hat geschüttelt ... – Diffusion von Brom.* **A:** *Was passiert hier? Beschreibe den in der Abbildung gezeigten Versuch.*

[1] von *diffundere* (lat.) = zerstreuen

# Wie Naturwissenschaftler zu Erkenntnissen kommen

Was gibt es heute zum Mittagessen?
Blaukraut? Rotkohl!
Im Norden Deutschlands gibt es Rotkohl als Beilage, auf den Tellern Süddeutschlands Blaukraut. Beides sind Gemüsegerichte, die aus Rotkraut, also der roten Form des Gemüsekohls (lat. *Brassica oleracea*), hergestellt werden. Je nach Zubereitungsart erhält dieses Gemüse einen anderen Farbton, der der Grund für die verschiedenen Namen der gleichen Speise ist.

Deine **Aufgabe** ist es nun herauszufinden, wovon es abhängt, dass sich Rotkraut bei der Zubereitung einmal rot, einmal blau färbt.
Vergleiche dazu die in der Randspalte stehenden Rezepte, liste mögliche Ursachen auf und überprüfe deine Vermutungen durch Experimente. Um sicher zu sein, welches die Ursachen für die unterschiedliche Färbung von Rotkraut sind, musst du jede Möglichkeit einzeln testen. Statt mit Rotkraut kannst du deine Vermutungen auch mit Rotkraut-Extrakt überprüfen.

### *Versuche*

***V1** Herstellen von Rotkraut-Extrakt* Zerkleinere ein Rotkrautblatt und gib die Schnitzel in einen kleinen Topf oder ein großes Becherglas. Gib etwa 200 ml Wasser dazu und koche die Mischung unter Rühren kurz auf. Filtriere den Rotkraut-Extrakt in ein sauberes Gefäß ab. (Alternative: Verreibe die Schnitzel in einer Reibschale mit Sand, gib 200 ml Brennspiritus* hinzu und filtriere anschließend.)

***V2*** Fülle jeweils ca. 5 ml des Rotkraut-Extrakts in verschiedene Reagenzgläser und überprüfe deine aufgestellten Vermutungen (vgl. Text oben).

### *Auswertung*

a) Welche Vermutungen stellen sich als falsch heraus? Wenn du die Ursache herausfinden willst, musst du so lange neue Vermutungen aufstellen und durch Experimente überprüfen, bis eine deiner Vermutungen durch ein Experiment bestätigt wird.

b) Hast du herausgefunden, wann sich Rotkraut rot, wann eher blau färbt? Das Flussdiagramm auf der nächsten Seite verrät die Lösung!

Mit Rotkraut-Extrakt kannst du aber auch noch ganz andere Farben erzeugen.

### *Versuch*

***V3** Farbänderung bei Rotkraut-Extrakt* Teste, wie verschiedene Haushaltsstoffe (Entkalker, Backpulver, Haus-Natron, Orangensaft, Vitamin C-Tabletten, Spülmittel) die Farbe des Rotkraut-Extrakts verändern. Nimm möglichst kleine Gläser oder Reagenzgläser, gib je etwa 1–2 cm hoch Rotkraut-Extrakt hinein und füge etwas von deiner Testsubstanz dazu.

### *Auswertung*

a) Welche Farbänderungen kannst du jeweils beobachten? Trage die Ergebnisse in eine Tabelle ein. Gibt es Regelmäßigkeiten?

---

**B1** *Rotkraut (roh, oben) schmeckt uns gekocht mal als Rotkohl, mal als Blaukraut.*

### Blaukraut „Großmutters Art"

Für 4 Personen rechnet man 2–3 Pfd. Kohl. Man entfernt die äußeren Blätter, gelbe Blattstellen sowie Schnecken und Insekten und wäscht anschließend tüchtig. Dann wird er mit kochendem Salzwasser angesetzt und muss, unverdeckt, ungefähr $\frac{1}{2}$ Stunde tüchtig kochen. Danach wird er in ein Sieb abgegossen mit kaltem Wasser übergossen und ausgedrückt. Nachdem man ihn fein gewiegt hat, setzt man ihn mit frischem kochenden Wasser mit 75 g Schweineschmalz auf und lässt ihn zwei Stunden tüchtig kochen. Zuletzt gibt man Salz und ein wenig Zucker daran und rührt ihn häufig um, damit er nicht anbrennt. Sobald er gar ist, röstet man 2 Esslöffel geriebene Semmel in 2 Esslöffel Butter braun und lässt den Kohl damit sämig kochen.

### Rotkohl für die kalorienbewusste Ernährung

*Zutaten für 4 Portionen:*
1 kg Rotkraut • 3 Zwiebeln • 50 g Gänseschmalz oder 3 EL Öl • 2 unbehandelte Zitronen • 2 Lorbeerblätter • 2 Nelken • 3 Pimentkörner • Salz • $\frac{1}{8}$ l Brühe • Süßstoff

1. Rotkraut hobeln oder fein schneiden. Zwiebeln würfeln, in heißem Schmalz oder Öl in einem Topf hell andünsten.
2. Das Rotkraut und Saft einer Zitrone hinzufügen. Die Schale der Zitrone hauchdünn abschälen und ebenfalls dazugeben.
3. Das Gemüse mit Lorbeer, Nelken, Piment und Salz würzen, die Brühe darübergießen.
4. Den Kohl zugedeckt bei milder Hitze 1 Stunde dünsten. Mit Salz, dem restlichen Zitronensaft und Süßstoff nachwürzen.

**B2** *Die Rezeptur bestimmt nicht nur den Geschmack, sondern auch die Färbung!*
**A:** *Nach welchem Rezept kocht ihr zu Hause das Rotkraut? Welche Farbe nimmt es dabei an? Vergleiche mit den beiden Rezepten oben und liste die Gemeinsamkeiten mit dem Rezept auf, bei dem die Farbe des Gemüses mit dem deines Essens übereinstimmt.*

→ Exkurs

Wie im Beispiel von S. 14 kommen viele naturwissenschaftliche Erkenntnisse zustande. Das Flussdiagramm zeigt die notwendigen Schritte. Im Chemieunterricht wirst du allerdings bei vielen Experimenten aus Zeitgründen nur einen Teil der Schritte durchführen

**Beobachtung**
Je nach Zubereitung färbt sich Rotkraut entweder rötlich oder bläulich.

**Problem • Fragestellung**
Worauf ist die Farbänderung zurückzuführen?

**Vermutung • Hypothese**

a) Zitronensaft bewirkt den Farbumschlag.

b) Süßstoff bewirkt den Farbumschlag.

**Experiment**
• Durchführung •

a) Blaues Rotkraut wird mit Zitronensaft versetzt.

b) Blaues Rotkraut wird mit Süßstoff versetzt.

• Beobachtung/Ergebnis •

a) Farbänderung von Blau nach Rot.

b) Es erfolgt keine Farbänderung.

• Schlussfolgerung/Deutung •

a) Die Vermutung war richtig.

b) Die Vermutung war falsch.

Formulieren einer neuen Vermutung • Hypothese

**Hypothese wird bestätigt.**
**Verifizierung**

**Hypothese wird verworfen.**
**Falsifizierung**

**Ausweitung der Hypothese**
Alle Stoffe, die sauer schmecken, bewirken einen Farbumschlag des Rotkrautes von Blau nach Rot.

**Weitere Experimente**
**Durchführung**
Blaues Rotkraut wird mit Essig, Orangensaft, Apfelsaft oder Vitamin C versetzt.

**Beobachtung • Ergebnis**
Farbänderung von Blau nach Rot.

**Schlussfolgerung • Deutung**
Die Vermutung war richtig.

**Regel • Gesetz • Theorie • Modell**
Sauer schmeckende Stoffe können durch einen Farbumschlag des Rotkraut-Farbstoffes von Blau nach Rot nachgewiesen werden.

**A1** Nadine erzählt ihrer Freundin:

„Am Samstag auf der Party bei Jörg, ist mir etwas Seltsames aufgefallen. Alle Cola-Dosen, die in der Wanne mit Eiswasser waren, lagen am Wannenboden. Die Dosen mit Cola-light dagegen schwammen oben."

Weshalb gehen Dosen mit Cola in Eiswasser unter, Dosen mit Cola-light nicht? Wendet zur Untersuchung und Klärung dieser „Merkwürdigkeit" das Flussdiagramm an: Formuliert Hypothesen, plant Experimente, führt sie durch, protokolliert die Ergebnisse, verifiziert und falsifiziert mit den Experimenten eure Hypothesen.

# Stoffe und ihre Eigenschaften

**GRUNDWISSEN**

1. Eine Stoffportion wird bestimmt durch den Stoff, aus dem sie besteht, und ihre Quantität. Diese kann beschrieben werden durch ihre Masse $m$, ihr Volumen $V$ oder die Teilchenanzahl $N$.

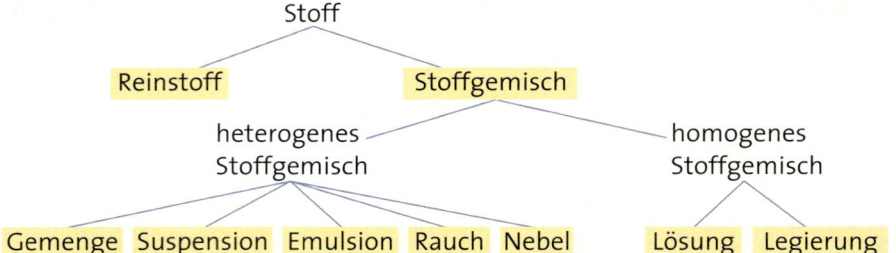

Stoffportion
- **Stoff**: Schmelztemperatur $\vartheta_m$, Siedetemperatur $\vartheta_b$, Dichte $\varrho$
- **Quantität**: Masse $m$, Volumen $V$, Teilchenanzahl $N$

Die Vielfalt der Stoffe lässt sich ordnen.

Stoff
- Reinstoff
- Stoffgemisch
  - heterogenes Stoffgemisch: Gemenge, Suspension, Emulsion, Rauch, Nebel
  - homogenes Stoffgemisch: Lösung, Legierung

Zur eindeutigen Bestimmung von **Reinstoffen** ist die Angabe mehrerer **Kenneigenschaften** erforderlich. **Stoffgemische** lassen sich aufgrund von Unterschieden in den Eigenschaften der Reinstoffe, die im Gemisch enthalten sind, entmischen.

2. Der Chemiker unterscheidet bei seinem Tun zwei Betrachtungsebenen, die **Ebene der Stoffportionen** und die **Ebene der Teilchen** und **Teilchenverbände**.

## Aggregatzustände und Teilchen

**Stoffebene**

Kerzenwachs — schmelzen → / ← erstarren — geschmolzenes Wachs — verdampfen → / ← kondensieren — Wachsdampf

erwärmen → / ← abkühlen

fest — flüssig — gasförmig

| | fest | flüssig | gasförmig |
|---|---|---|---|
| Temperatur | < Schmelztemperatur | zwischen Schmelz- und Siedetemperatur | > Siedetemperatur |
| Form | unveränderlich | veränderlich | veränderlich |
| Volumen | unveränderlich | unveränderlich | veränderlich |

**Teilchenebene**

Teilchen werden schneller. → / ← Teilchen werden langsamer.

| | | | |
|---|---|---|---|
| Anordnung der Teilchen | regelmäßig | unregelmäßig | völlig ungeordnet |
| Teilchenbewegung | langsam | mittel | schnell |
| Abstand zwischen den Teilchen | sehr klein | klein | sehr groß |
| Anziehungskräfte wirken | sehr stark | stark | keine |

2. Der Chemiker unterscheidet bei seinem Tun zwei Betrachtungsebenen, die **Ebene der Stoffportionen** und die **Ebene der Teilchen** und **Teilchenverbände**.

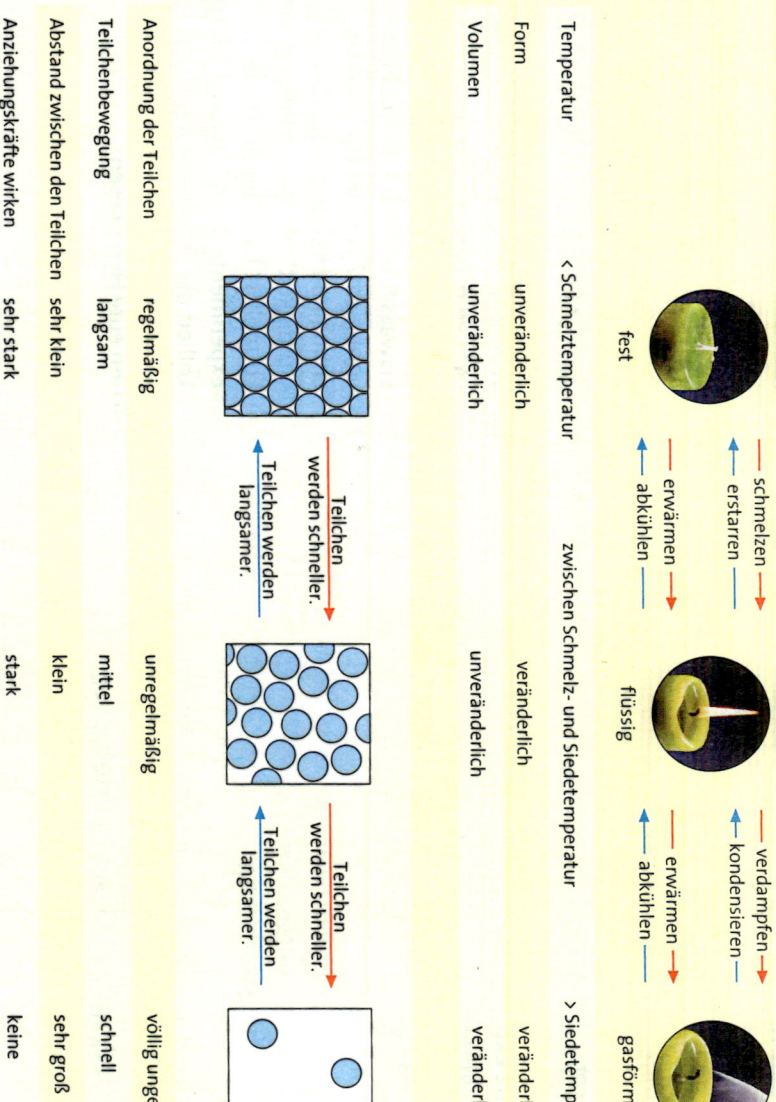

### Aggregatzustände und Teilchen

| Stoffebene | | fest | flüssig | gasförmig |
|---|---|---|---|---|
| | Kerzenwachs | schmelzen → erstarren ← / erwärmen → abkühlen ← | geschmolzenes Wachs | verdampfen → kondensieren ← / erwärmen → abkühlen ← Wachsdampf |
| Temperatur | | < Schmelztemperatur | zwischen Schmelz- und Siedetemperatur | > Siedetemperatur |
| Form | | unveränderlich | veränderlich | veränderlich |
| Volumen | | unveränderlich | unveränderlich | veränderlich |

### Teilchenebene

Teilchen werden schneller → / Teilchen werden langsamer ←

| | | | | |
|---|---|---|---|---|
| Anordnung der Teilchen | | regelmäßig | unregelmäßig | völlig ungeordnet |
| Teilchenbewegung | | langsam | mittel | schnell |
| Abstand zwischen den Teilchen | | sehr klein | klein | sehr groß |
| Anziehungskräfte wirken | | sehr stark | stark | keine |

Stoffe und ihre Eigenschaften

**B1** Luft: Gasgemisch, homogen

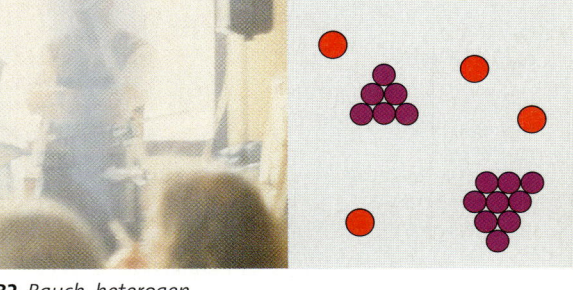
**B2** Rauch, heterogen

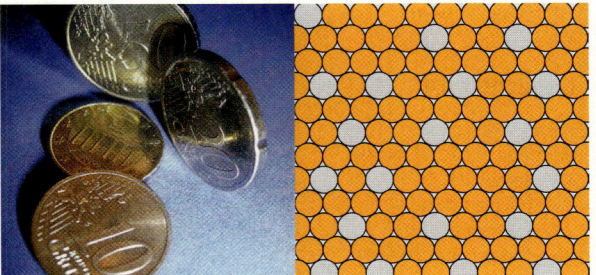
**B3** Legierung, homogen

**B4** Milch: Emulsion, heterogen

**B5** Gemenge, heterogen  **B6** Lösung, homogen

**B7** Suspension, heterogen

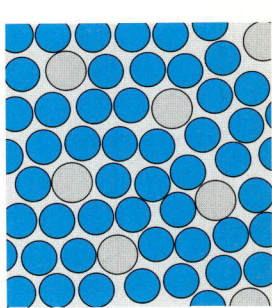
**B8** Nebel, heterogen

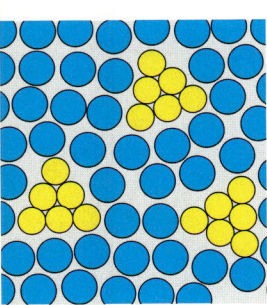 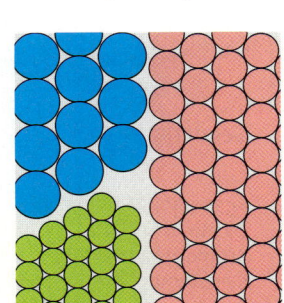  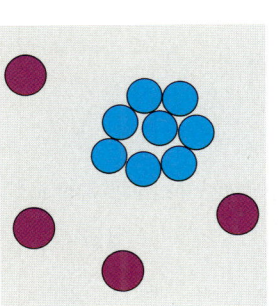

a   b   c   d

## Gemische im Teilchenmodell

**A1** a) Wiederhole anhand von B1 bis B4 und S. 13, wie man den Aufbau fester, flüssiger und gasförmiger Stoffe aus kleinsten Teilchen darstellt.
b) Gib die Aggregatzustände der einzelnen Bestandteile in den Gemischen aus B1 bis B8 an. Beschreibe anhand von B1 bis B4, wie man die unterschiedlichen Gemischarten im Teilchenmodell darstellen kann.
c) Ordne die Darstellungen a bis d von Gemischen im Teilchenmodell den Fotos von Gemischen in B5 bis B8 begründet zu.
d) Überlege, wie man Schaum im Teilchenmodell darstellen könnte, und fertige eine Zeichnung an.

## Stoffe und ihre Eigenschaften

**Gesucht wird:**
Farbe: weiß
Aggregatzustand bei 20 °C: fest
Dichte bei 20 °C: 2,16 g/cm³
Schmelztemperatur: 801 °C
Siedetemperatur: 1413 °C
Besondere Kennzeichen: kristallin, gut wasserlöslich, wässrige Lösungen leiten den elektrischen Strom, salziger Geschmack

**Gesucht wird:**
Farbe: rotbraun glänzend
Aggregatzustand bei 20 °C: fest
Dichte bei 20 °C: 8,94 g/cm³
Schmelztemperatur: 1083 °C
Siedetemperatur: 2595 °C
Besondere Kennzeichen: sehr guter elektrischer Leiter

**Gesucht wird:**
Farbe: bläulich glänzend, an der Luft grau
Aggregatzustand bei 20 °C: fest
Dichte bei 20 °C: 11,34 g/cm³
Schmelztemperatur: 327,5 °C
Siedetemperatur: 1744 °C
Besondere Kennzeichen: elektrischer Leiter, sehr giftige Dämpfe

**Gesucht wird:**
Farbe: gelb glänzend
Aggregatzustand bei 20 °C: fest
Dichte bei 20 °C: 19,32 g/cm³
Schmelztemperatur: 1064 °C
Siedetemperatur: 3080 °C
Besondere Kennzeichen: elektrischer Leiter, beständig gegen Luft, Wasser und die meisten Chemikalien

**Gesucht wird:**
Farbe: silber glänzend
Aggregatzustand bei 20 °C: flüssig
Dichte bei 20 °C: 13,55 g/cm³
Schmelztemperatur: -38,87 °C
Siedetemperatur: 357,25 °C
Besondere Kennzeichen: mäßiger elektrischer Leiter, sehr giftige Dämpfe

**Gesucht wird:**
Farbe: schwarzgrau leicht glänzend
Aggregatzustand bei 20 °C: fest
Dichte bei 20 °C: 4,93 g/cm³
Schmelztemperatur: 113,5 °C
Siedetemperatur: 184,5 °C
Besondere Kennzeichen: bildet beim Erwärmen violett gefärbtes, giftiges Gas

**Gesucht wird:**
Farbe: silbergrau leicht glänzend
Aggregatzustand bei 20 °C: fest
Dichte bei 20 °C: 7,87 g/cm³
Schmelztemperatur: 1539 °C
Siedetemperatur: 2880 °C
Besondere Kennzeichen: elektrischer Leiter, magnetisch

**Gesucht wird:**
Farbe: farblos, klar
Aggregatzustand bei 20 °C: flüssig
Dichte bei 20 °C: 0,79 g/cm³
Schmelztemperatur: -114,5 °C
Siedetemperatur: 78,32 °C
Besondere Kennzeichen: leicht entzündlich, würzig riechend, brennender Geschmack, Zellgift, berauschende Wirkung

**A2** a) Welche Stoffe werden hier steckbrieflich gesucht?
b) Erstelle selbst einen Steckbrief z. B. für Wasser, Aluminium, Silber oder Zucker.
c) Schreibe ein Stoffe-Rätsel!

d) Spieltipp: „Heiteres Stoffe-Raten"
Ein Schüler überlegt sich einen Stoff. Die Mitschüler versuchen durch gezielte Fragen, auf die nur mit ja oder nein geantwortet werden darf, herauszufinden, um welchen Stoff es sich handelt.

Stoffe und ihre Eigenschaften

**A3** „Chef, das Wasser kocht – oder soll es noch heißer werden?" ruft der Kochlehrling dem Küchenchef zu. Was sollte der „Chefkoch" aus Sicht eines Naturwissenschaftlers dem Jungen antworten?

**A4** Katharina behauptet: „Die Erstarrungstemperatur eines Stoffes entspricht seiner Schmelztemperatur. Die Kondensationstemperatur ist genauso groß wie die Siedetemperatur." Stimmt die Behauptung? Begründe deine Antwort.

**A5** Zur Ermittlung einer Kenneigenschaft von Naphthalin wurde Naphthalin im Wasserbad erhitzt. Beim Erhitzen und beim Abkühlen des Reagenzglases an der Luft wurde die Temperatur des Naphthalins in bestimmten Zeitabständen abgelesen. Die gemessenen Werte findest du im untenstehenden Diagramm. Welche Vorgänge laufen in den jeweiligen Kurvenabschnitten ab? Welches ist die gesuchte Kenneigenschaft, die sich aus dem Diagramm ablesen lässt?

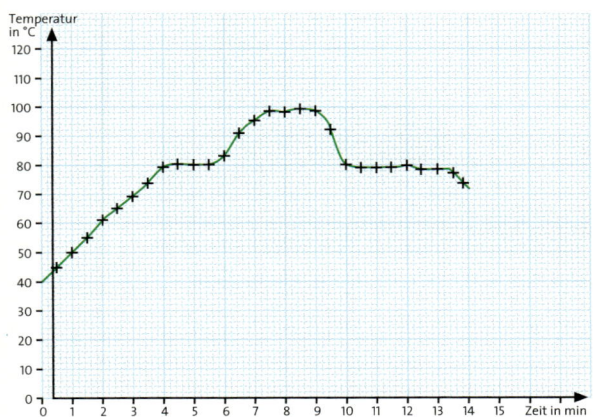

Erhitzen und Abkühlen von Naphthalin

**A6** Beschreibe einfache Experimente, mit denen der gutgläubige Urlauber (siehe Zeitungsnotiz) die Echtheit des Schmucks hätte überprüfen können.

### Vorsicht vor Goldhändlern im Urlaub

Die Juweliere warnen alle Urlauber: Fallt nicht auf die fliegenden Goldhändler im sonnigen Süden herein! Für 400 Euro kaufte zum Beispiel ein Münchner Tourist eine 50 Gramm schwere „Gold-Kette" (Der Händler äußerte vorher: „Die ist 1000 Euro wert!") – es war aber nur vergoldetes Messing, nicht mehr als etwa 40 Euro wert.

**A7** Im Märchen „Hans im Glück" bekommt Hans einen Goldklumpen geschenkt, der so groß wie sein Kopf ist (V: ca. 2 l). Weiter im Text heißt es, dass er den Goldklumpen in ein Tuch wickelt und davonträgt. Kann das wirklich sein? ($\varrho_{(Gold)}$ = 19,3 g/cm³)

**A8** Erläutere, warum sowohl Heißluftballons als auch Heliumballons aufsteigen und in der Luft schweben können. Welche anderen Gase wären als Ersatz für Helium geeignet? Warum werden sie nicht (mehr) verwendet?

Goldwäscher nach AGRICOLA

**A9** Begründe mit Fachbegriffen, wie mit der dargestellten Anlage Gold aus Sand gewonnen wird.

**A10** Eine Wasserstoff-Portion hat bei Raumtemperatur und Normdruck die Masse $m$ (Wasserstoff) = 0,0111605 g und das Volumen $V$ (Wasserstoff) = 125 ml. Berechne die Dichte des Wasserstoffs.

**A11** Erkläre, warum Wasser auf dem Mont Blanc (in 4 807 m Höhe) bereits bei 84 °C siedet.

**A12** Berichtige folgende Aussagen: „Stoffportionen dehnen sich bei Wärmezufuhr aus, weil die Teilchen sich ausdehnen" und „Zucker schmilzt, weil die Zuckerteilchen schmelzen".

## Stoffe und ihre Eigenschaften

**A13** Bei der Entsorgung von Altautos werden zuerst brauchbare Ersatzteile sowie Öl- und Benzinreste entfernt, bevor die Autowracks zerkleinert werden. Der erhaltene Autoschrott ist ein Gemisch aus Eisen und den Kunststoffen Polystyrol PS, Polyvinylchlorid PVC sowie Polyethen PE. Um eine Wiederverwertung dieser wichtigen Grundchemikalien möglich zu machen, muss der Autoschrott nun in seine Bestandteile aufgetrennt werden. Beschreibe eine möglichst störungsarme Abfolge von Trennmethoden zur Auftrennung des Autoschrotts in die einzelnen Stoffe.
(*Hinweis*: $\varrho$(Eisen) = 7,98 g/cm³; $\varrho$(PS) = 1,05 g/cm³; $\varrho$(PVC) = 1,40 g/cm³; $\varrho$(PE) = 0,91 – 0,968 g/cm³; $\varrho$(Wasser) = 1,0 g/cm³; $\varrho$(Kochsalz-Lösung) = 1,2 g/cm³)

*Pastis – mal klar, mal trüb. Woran liegt es?*

**A14** Pastis und Ouzo sind klare, durchsichtige Flüssigkeiten. Verdünnt man eine bestimmte Portion Pastis (Ouzo) mit etwa der gleichen Menge Wasser, trübt sich die Flüssigkeit im Glas weiß.
Beide Getränke sind Schnäpse, Gemische, die vorwiegend aus Wasser, Alkohol (Ethanol) und etherischen Ölen bestehen. Die etherischen Öle stammen aus Anis, den Früchten des Doldenblütlers *Pimpinella anisum*.
Die im Schnaps enthaltenen Öle sind im Alkohol des Branntweins gelöst, in Wasser lösen sich solche Öle nicht. Beschreibe die Trübung der Getränke (siehe Abb.) bei Wasserzugabe mit Fachbegriffen. Denke immer daran: Alkoholische Getränke sind gesundheitsschädlich!

**A15** Der Bau großer Staudämme machte die Bewässerung ausgedehnter Trockengebiete möglich, sodass die landwirtschaftliche Produktion dort zunächst enorm gesteigert werden konnte. Mittlerweile sind jedoch viele dieser Flächen wieder verödet – wegen der Bewässerung! Hast du eine Erklärung?

**A16** In vielen Küchen kommen Schnellkochtöpfe zum Einsatz, in denen die Speisen bei leichtem Überdruck gegart werden. Erläutere mithilfe des Teilchenmodells, weshalb die Garzeit in Schnellkochtöpfen kürzer ist.

**A17** Mithilfe einer pneumatischen Wanne kann man das Volumen gasförmiger Stoffportionen bestimmen. Als Materialien stehen dir Glaswanne, Messzylinder, Stoppuhr und zwei Multivitamin-Brausetabletten zur Verfügung. Informiere dich zuerst über den Aufbau der Messapparatur (vgl. B4, S. 32).
Löse nun eine Brausetablette in Wasser auf und bestimme das Volumen des aufgefangenen Gases in Abhängigkeit von der Zeit. Wähle ein geeignetes Messintervall. Wiederhole den Versuch mit der zweiten Tablette und bestimme auch hier das Volumen. Stelle die Messergebnisse in einem Koordinatensystem grafisch dar und formuliere ein Hypothese zu den Versuchsergebnissen. Wie ließe sich deine Vermutung experimentell überprüfen?

*Schwimmender Metallschaum (Aluminium)*

**A18** Warum schwimmt das Aluminiumstück (siehe Abb.) auf Wasser, obwohl Aluminium eine höhere Dichte als Wasser hat?

**A19** Rohrzucker, brauner Zucker, weißer Zucker, Kandis, Raffinadezucker – verschiedene Zucker oder nur ein Stoff? Worin bestehen die Gemeinsamkeiten und die Unterschiede zwischen den genannten „Zuckervarianten"?

**A20** Welche Verfahren sind geeignet, um die Gemische a) Wasser und Zucker, b) Benzin und Schmieröl, c) Eisenspäne und Aluminiumspäne, d) blaue und rote Tinte und e) Sägemehl und Sand in ihre Bestandteile zu trennen?

**A21** Welche Trennvorgänge laufen beim Kaffeekochen ab? Überlege, wie man aus Kaffee lösliches Kaffeepulver herstellen könnte. Die Aromastoffe des Kaffees dürfen aber nicht durch Erhitzen zerstört werden.

# 2 Chemische Reaktionen

**Stoffe verändern sich.**

Wie erkennt man eine stoffliche Veränderung?
Was geht bei ihr wirklich vor sich?
Welchen Gesetzen folgen die Stoffänderungen?
Kann man die stofflichen Veränderungen steuern?
Was geschieht mit den Teilchen, wenn sich die Stoffe ändern?

## Die chemische Reaktion

Aus der grünen Banane wird mit der Zeit eine leckere, reife, dann die ungenießbare, faule. Ein Stück Papier verbrennt zu Asche, Eisen wird „rostig", glänzendes Silber „läuft schwarz an" und beim Verdampfen von Wasser entsteht Wasserdampf: Stoffe verändern sich, Stoffeigenschaften ändern sich. Das alles kennst du, aber was steckt dahinter? Und sind alle Eigenschaftsänderungen gleichartig?

**B1** *Kochen und Chemie – zwei verschiedene Angelegenheiten?*

**Chemie in der Küche**
Aus verschiedenen Zutaten kannst du nach Rezept (Versuchsanleitung) Sahnekaramellen (B1) kochen. Bringe in einem Topf 60 g Butter zum Schmelzen.
Gib 2 Esslöffel Wasser, 250 ml Sahne und anschließend 500 g Zucker und 1–2 Beutel Vanillezucker hinzu. Rühre das Gemisch bei schwacher Hitze solange gut um, bis sich der Zucker gelöst hat. Lasse 20–30 Min. abkühlen, bevor du deine Karamellen ausschneidest.
Beschreibe während des gesamten Kochvorgangs deine Beobachtungen in Bezug auf die Eigenschaften aller Stoffe. Erkundige dich, was unter „Zuckercouleur" in der Lebensmittelindustrie verstanden wird, sowie nach dessen Einsatzbereichen.

### Versuche
**LV1** Man hält der Reihe nach mithilfe einer Tiegelzange einen Platindraht, ein Stück Kupferblech, einen Eisenwollebausch, ein Magnesiumband (Vorsicht!), ein Stück Schwefelstange* (Abzug!) und ein Stück Holzkohle in die entleuchtete Flamme des Brenners. Beobachtung? Nach der Entfernung der Flamme beobachtet man weiter.
**LV2** Unter dem **Abzug** wird in einem großen Reagenzglas über mindestens 2/3 der Höhe Schwefeldampf* erzeugt. Dann wird ein dünnes Kupferblech eingeführt (B2). Beobachtung?
**LV3** Vier Glaszylinder werden mit Sauerstoff gefüllt. In den ersten wird glühende Eisenwolle, in den zweiten, mit einem Verbrennungslöffel, eine brennende Schwefelportion*, in den dritten eine glühende Kohleportion und in den vierten ein glühender Platindraht eingeführt. Beobachtung?

### Auswertung
a) Beschreibe für alle Versuche genau, welche Stoffe anfangs vorliegen (eingesetzt werden), und vergleiche mit den Stoffen, die erhalten werden.
b) Vergleiche die Heftigkeit der Reaktionen in LV1 und LV3. Welcher Unterschied in den Versuchsbedingungen könnte Ursache für eine unterschiedliche Heftigkeit sein?
c) Trage die Beobachtungen aus LV1 in eine Tabelle mit folgenden Spalten ein:

| Stoffportion | Verhalten in der Flamme | Verhalten nach Entfernen der Flamme | Weitere Beobachtungen |
|---|---|---|---|
|  |  |  |  |

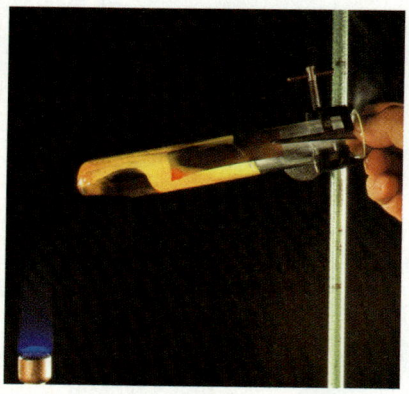

**B2** *Kupfer reagiert mit Schwefel (LV4).*

## 2.1 Stoffe verschwinden und neue entstehen

Beim Herstellen deiner Karamellen entsteht aus den eingesetzten Stoffen ein neuer Stoff mit anderen Eigenschaften, den weißen Zucker kannst du auch nach dem Abkühlen in den Bonbons nicht mehr finden. Wasserdampf aber, der beim Sieden von Wasser entsteht, wird durch Kondensieren wieder zu Wasser.

Auch beim Erhitzen in der Brennerflamme zeigen die verschiedenen Reinstoffe ein ganz unterschiedliches Verhalten (LV1). Platindraht glüht nur, solange er erhitzt wird. Nach dem Abkühlen zeigt er keinerlei Veränderungen zu seinem ursprünglichen Aussehen. Platin **verändert** sich also beim Erhitzen nur **vorübergehend**, das Erhitzen von Platin ist ein **physikalischer Vorgang**.

Die anderen untersuchten Stoffe **verändern** sich dagegen **bleibend**, egal ob sie wie Kupfer nach Entfernen der Flamme nicht mehr oder wie Eisenwolle und Holzkohle an Luft weiterglühen oder sich sogar entzünden, wie Magnesium und Schwefel. Diese Vorgänge, bei denen eingesetzte Reinstoffe verbraucht werden und neue Reinstoffe mit anderen Stoffeigenschaften entstehen, sind **chemische Reaktionen**. Chemische Reaktionen sind demnach **Stoffumwandlungen**. Die vor der Reaktion vorliegenden Stoffe nennt man Ausgangsstoffe oder **Edukte**[1], die neu gebildeten Stoffe Endstoffe oder **Produkte**[2]. In LV2 hat sich aus den Edukten Schwefel und Kupfer ein neuer Stoff gebildet (B2). Das Produkt heißt Kupfersulfid[3], die Edukte sind nach dem Abkühlen nicht mehr erkennbar.

**Die Chemie ist somit die Wissenschaft nicht nur von den Stoffen (vgl. S. 5), sondern auch von den Stoffumwandlungen.**

Eine chemische Reaktion kann durch ein **Reaktionsschema** beschrieben werden, in dem die entsprechenden Edukte und Produkte über einen Reaktionspfeil miteinander verknüpft sind.

Die Reaktion von Kupfer und Schwefel (LV2) wird durch das Reaktionsschema

**Kupfer + Schwefel → Kupfersulfid**

wiedergegeben. Man liest: Kupfer und Schwefel reagieren zu Kupfersulfid. Bei einer **Bildungsreaktion** reagieren zwei oder mehr Edukte zu einem Produkt. Bildungsreaktionen werden auch als **Synthesen**[4] bezeichnet.

**Sauerstoff** ist einer der wichtigsten Bestandteile des Gasgemisches **Luft** (vgl. S. 9). Mit Sauerstoff können die meisten Metalle zu ihren **Oxiden**[5] nach dem allgemeinen Reaktionsschema

**Metall + Sauerstoff → Metalloxid**

*verbrannt* werden (LV3).

Die Verbrennung von Nichtmetallen wie Schwefel oder Kohlenstoff (LV3) verläuft nach einem ähnlichen Reaktionsschema:

**Nichtmetall + Sauerstoff → Nichtmetalloxid**

**Die Verbrennung ist** somit **eine chemische Reaktion mit Sauerstoff.**

### Aufgabe
**A1** Begründe, bei welchen der folgenden Vorgänge es sich um chemische Reaktionen handelt. a) Verbrennen von Holz; b) Lösen von Kochsalz; c) Vergären einer Zuckerlösung; d) Schmelzen von Eis; e) Sauerwerden von Milch; f) Backen von Brot; g) Bleichen von Wäsche; h) Rosten von Eisen; i) Zellatmung; k) Explosion

**B3** *Brausetablette in Wasser.*
**A:** *Was deutet darauf hin, dass hier eine chemische Reaktion abläuft?*

**B4** *Von der Blüte zur Frucht.*
**A:** *Auch beim Reifen und Verwesen von Pflanzenteilen laufen chemische Reaktionen ab. Begründe diese Aussage.*

**B5** *„Grünes Kupfer" – Folge einer chemischen Reaktion?*

[1] von *eductum* (lat.) = das Ausgezogene;
[2] von *productum* (lat.) = das Hervorgebrachte;
[3] von *sulfur* (lat.) = Schwefel;
[4] von *synthesis* (griech.) = Verknüpfung;
[5] von *oxygenium* (griech.) = Säureerzeugung. Man nahm früher irrtümlich an, dass alle Oxide mit Wasser zu einer Säure reagieren.

**B1** *Im Schulbus*

**B2** *Heizkörper*

**B3** *Im Winter.*
**A:** Welche Stoffe werden in einem Verbrennungsmotor, welche in einer Heizanlage und welche im menschlichen Körper verbrannt?

# Die Reaktion als Stoff- und Energieumwandlung

Wenn du mit dem Bus in die Schule fährst (B1), in den kälteren Jahreszeiten die Heizung aufdrehst (B2) oder aber nur dein eigener Körper als Wärmequelle zur Verfügung steht (B3), immer stecken Verbrennungsreaktionen dahinter. Nenne weitere Beispiele aus Alltag und Technik, bei denen Wärme genutzt wird. Woher aber kommt letztlich die Wärme?

*Versuche*
*Schutzbrille!*
**V1** Gib in ein Rggl. ca. 2 cm hoch Kupfervitriol* (Kupfer(II)-sulfat-Pentahydrat*), befestige das Rggl. waagerecht am Stativ und erhitze das Rggl. vorsichtig (B4, links). Beobachtung?
**V2** Gib etwas Kupfersulfat* in ein Porzellanschälchen und führe in die feste Stoffportion ein Thermometer ein, das an einem Stativ befestigt ist. Dann gibst du tropfenweise Wasser aus der Pipette oder der Spritzflasche auf die Feststoffportion (B4, rechts). Beobachtung?
**V3** Wiederhole V1 mit Löschkalk* (Calciumhydroxid*). Beobachtung?
**V4** Wiederhole V2 mit Branntkalk* (Calciumoxid*).
**V5** Gib in ein Rggl. ca. 1 cm hoch Zucker, verschließe mit einem Glaswollestopfen, befestige das Rggl. an dem Stativ und erhitze das Rggl. Beobachtung?
**LV6** In einer Reibschale werden 8 g Schwefelpulver* mit 14 g Eisenpulver fein zerrieben und gut vermischt. Das erhaltene Gemisch wird auf einer feuerfesten Unterlage (zweilagige Alufolie) in S-Form verteilt. Nun wird das Gemisch an einem Ende mit dem Bunsenbrenner zum Glühen gebracht. Beobachtung?

*Auswertung*
a) Notiere die Versuchsergebnisse.
b) Begründe jeweils mithilfe der Beobachtungen (V1 bis LV6), ob die Edukte oder Produkte energiereicher sind.

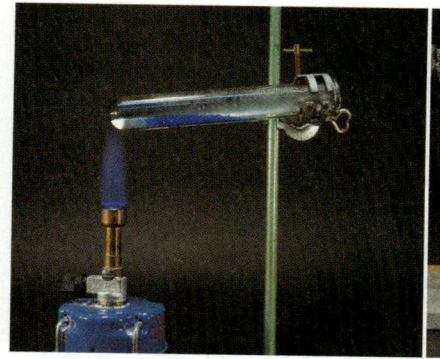 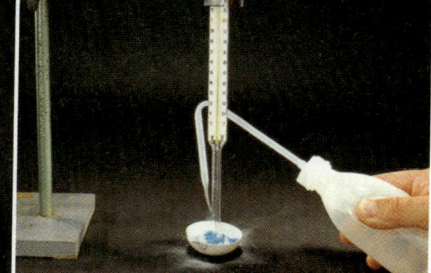

**B4** *Anleitungen zu V1 (links) und V2 (rechts)*

## 2.2 Stoffumwandlung – und sonst nichts?

Wenn Stoffe miteinander reagieren, spielt immer auch Wärme eine Rolle (V1 bis LV6). Verbrennungen verlaufen unter Abgabe von Wärme. Solche Reaktionen nennt man **exotherm**[1].
In V1 wird blaues Kupfervitriol durch ständige Zufuhr von Wärme in weißes Kupfersulfat umgewandelt:
Kupfervitriol(s) → Kupfersulfat(s) + Wasser(g).
Die Zeichen (s) und (g) geben den Aggregatzustand an, in dem sich die Stoffe an der Reaktion beteiligen (vgl. S. 11, B8).
Vorgänge, bei denen ständig Wärme zugeführt werden muss, sind **endotherm**[2].
In V2 reagiert Kupfersulfat mit Wasser exotherm zu Kupfervitriol:
Kupfersulfat(s) + Wasser(l) → Kupfervitriol(s).
Woher kommt bei exothermen Reaktionen die Wärme? Und wohin „verschwindet" sie bei endothermen Reaktionen?
Nach dem **Energieerhaltungssatz** kann die Wärme bei endothermen Reaktionen nur in Energie anderer Form umgewandelt werden oder bei exothermen Reaktionen aus Energie anderer Form entstehen. Chemische Reaktionen sind folglich mit **Energieumwandlungen** verbunden.
Die in Stoffportionen enthaltene Energie bezeichnet man als **innere Energie** $E_i$.
Die Wärme, die wir bei V1 dem Edukt Kupfervitriol zuführen, muss zu einer Erhöhung der inneren Energie der Produkte, Kupfersulfat und Wasser, führen. Die Wärme wird mit dem Formelzeichen $Q$ symbolisiert. Zur übersichtlichen Darstellung des Wärmeumsatzes bei chemischen Reaktionen benutzen wir Energiediagramme (B5, B6). Der Energieerhaltungssatz für die endotherme Reaktion lautet:
$Q = E_{i\,(Produkte)} - E_{i\,(Edukte)} > 0$.
Die Änderung der inneren Energie $\Delta E_i = E_{i(Produkte)} - E_{i(Edukte)}$ bei chemischen Reaktionen wird auch **Reaktionsenergie** genannt.
Bei **endothermen Reaktionen** wird dem Betrag der Wärme (zugeführt) ein **Pluszeichen** vorangestellt: $Q > 0$.
Man kann den Wärmeumsatz in das Reaktionsschema einbeziehen:
Kupfervitriol(s) → Kupfersulfat(s) + Wasser(l); $Q > 0$.
Die bei dieser endothermen Reaktion hinzugekommene innere Energie wird wieder in Form von Wärme freigesetzt, wenn umgekehrt Kupfersulfat und Wasser zu Kupfervitriol reagieren (B6). Der Energieerhaltungssatz für diese exotherme Reaktion lautet:
$Q = \Delta E_i = E_{i(Produkte)} - E_{i(Edukte)} < 0$.
Bei **exothermen Reaktionen** wird dem Betrag der Wärme (abgegeben) ein **Minuszeichen** vorangestellt: $Q < 0$.
Kupfersulfat(s) + Wasser(l) → Kupfervitriol(s); $Q < 0$
V1 bis V4 sowie B5 und B6 zeigen, dass chemische Reaktionen grundsätzlich **umkehrbar** sind. LV6 und LV4 (B2) auf S. 24 zeigen, dass bei den Reaktionen Wärme und Licht abgegeben werden. **Wärme und Licht sind verschiedene Formen der Energieübertragung.**

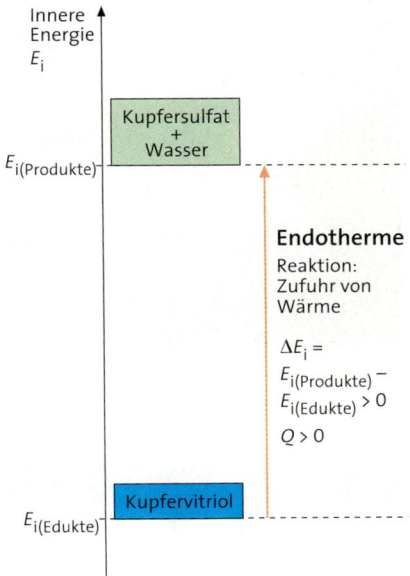

**B5** Dem Edukt Kupfervitriol wird Wärme zugeführt. Dabei bilden sich die Produkte Kupfersulfat und Wasser.

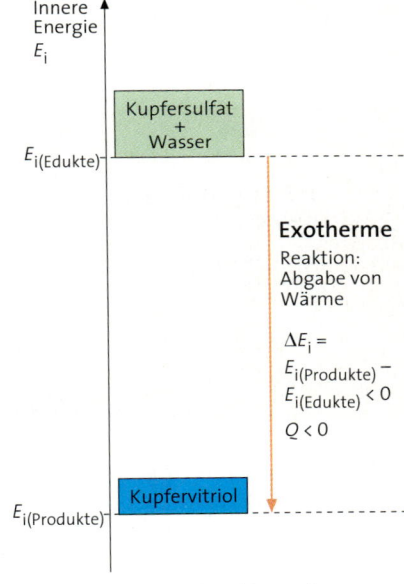

**B6** Die Edukte Kupfersulfat und Wasser reagieren unter Abgabe von Wärme zum Produkt Kupfervitriol.

---

[1] von *exo* (griech.) = außen und *thermo* (griech.) = warm; [2] von *endon* (griech.) = innen

## 2.3 Zersetzbar oder nicht

**B1** *Steinsalz aus dem Bergwerk.*
**A:** *Welches Gemisch liegt vor?*

**B2** *Meersalz.* **A:** *Welches Gemisch liegt vor?*

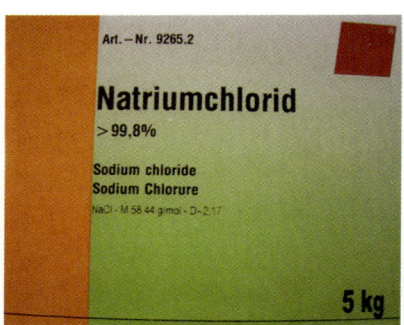

**B3** *Beschreibung von Natriumchlorid auf der Verpackung.*
**A:** *Reinstoff oder Gemisch?*

## Verbindungen und Elemente

Die meisten in der Natur vorkommenden Stoffe sind keine Reinstoffe, sondern heterogene und homogene Stoffgemische mehrerer Reinstoffe (B1 bis B3). Aber welche Stoffe bezeichnet man als Reinstoffe? Kann man sie weiter einteilen?

### Versuche

**V1** Tauche in einen mit Sauerstoff gefüllten Standzylinder einen glimmenden Span. Beobachtung?

**LV2** Man gibt eine Spatelspitze Iodoxid (genauer: Diiodpentaoxid) in ein Rggl. und verschließt es locker mit einem Glaswollestopfen oder einem Aktivkohleadsorptionsröhrchen. Das Rggl. wird erhitzt. Beobachtung? Nach dem Abkühlen wird der Stopfen bzw. das Röhrchen entfernt und ein glimmender Holzspan in das Rggl. gehalten. Beobachtung?

**LV3** Man gibt in ein Rggl. drei Spatelspitzen Silberoxid* und baut die Vorrichtung aus B4 auf. Das Reagenzglas wird nun zunächst mit dem Gasbrenner stark erhitzt. Nach Verdrängung der Luft fängt man das entweichende Gas unter Wasser mithilfe einer pneumatischen Wanne in einem Reagenzglas auf. In das Rggl. mit dem aufgefangenen Gas hält man einen glimmenden Span. Beobachtung? Auch der Inhalt des erhitzten Reagenzglases wird beobachtet. Das feste Reaktionsprodukt bringt man auf eine feste Unterlage und hämmert es zu einem möglichst dünnen Blättchen aus. Beobachtung?

### Auswertung

a) Protokolliere die Versuchsbeobachtungen.
b) Deute die Versuchsbeobachtungen.
c) Handelt es sich bei V2 bis V3 um Zersetzungs- oder Bildungsreaktionen?
d) Finden bei V2 bis V3 exotherme oder endotherme Reaktionen statt?

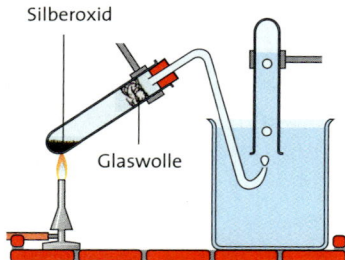

**B4** *Erhitzen von Silberoxid und Auffangen eines Gases in einer pneumatischen Wanne*

## 2.3 Zersetzbar oder nicht

Iodoxid wird in LV2 beim Erhitzen verbraucht. Gleichzeitig bildet sich violettes, gasförmiges Iod[1], das sich an den kälteren Stellen des Reagenzglases als schwarzviolette, glänzende Kriställchen niederschlägt. Ein in das Reagenzglas eingeführter glimmender Holzspan entflammt. Mit dieser **Glimmspanprobe** weisen wir Sauerstoff nach (V1). Wenn aus einem Reinstoff bei einer Reaktion neue Reinstoffe entstehen, liegt eine **Zersetzungsreaktion** oder **Analyse**[2] vor. Die endotherme Reaktion, bei der sich Iodoxid in Iod und Sauerstoff umwandelt, ist folglich eine Zersetzungsreaktion.

Iodoxid(s) → Iod(s) + Sauerstoff(g); $Q > 0$.

Eine Zersetzungsreaktion, die durch Zufuhr von Wärme erfolgt, wird **Pyrolyse**[3] genannt.
Es gibt sehr viele Reinstoffe, die durch geeignete Methoden in weitere Reinstoffe zersetzt oder umgekehrt aus diesen hergestellt werden können (V3). Es gibt aber auch Reinstoffe wie Iod, Sauerstoff, Quecksilber oder Silber, die nicht in neue Stoffe zersetzt werden können.
Reinstoffe, die in andere Reinstoffe zersetzt werden können, sind **chemische Verbindungen**.
Reinstoffe, die nicht mehr in andere Reinstoffe zersetzt werden können, sind **chemische Elemente**.
Man kennt heute mehr als 30 000 000 Verbindungen, aber nur 112 Elemente! Etwa 90 Elemente kommen in der Natur vor oder können aus natürlichen Verbindungen gewonnen werden, etwa 70 dieser Elemente sind **Metalle** und 20 **Nichtmetalle**. Bei Zimmertemperatur sind 11 Elemente gasförmig, zwei sind flüssig: das Metall Quecksilber und das Nichtmetall Brom. Weitere 22 Elemente, allesamt Metalle, wurden bisher künstlich hergestellt.
Wir sind jetzt aufgrund unserer erweiterten Kenntnisse in der Lage, die Welt der Stoffe genauer zu ordnen (B6).

Die häufigsten Elemente, die man aus der Erdrinde herstellen könnte, sind Sauerstoff (49,4 %), Silicium (25,8 %), Aluminium (7,6 %), gefolgt von Eisen (4,7 %), Calcium (3,4 %) und Natrium (2,6 %). 80 % der Elemente machen unter 1 % aus.

Die häufigsten Elemente im gesamten Weltraum sind Wasserstoff (90 %) und Helium (9 %). Die übrigen Elemente machen lediglich 1 % aus.

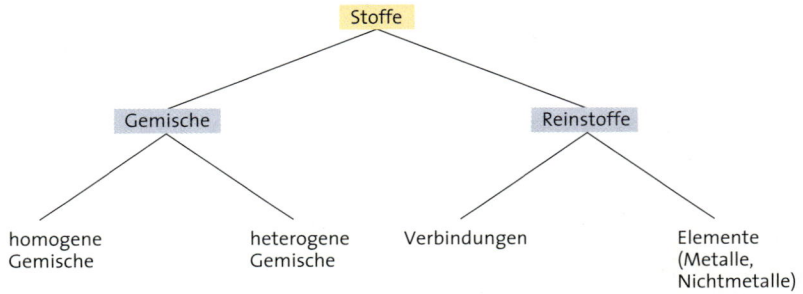

**B6** Einteilung der Stoffe

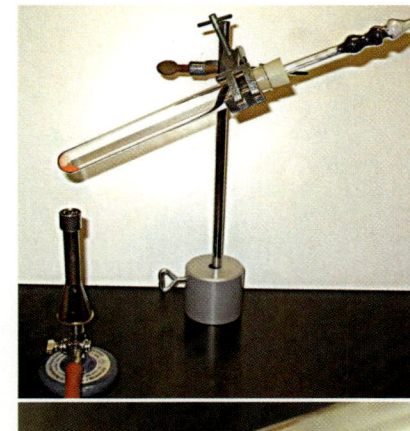

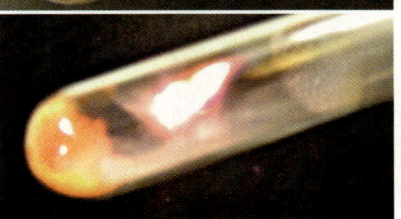

**B5** Fotos zur Zersetzung von Quecksilberoxid.
**A:** Benenne das Edukt (a) und die Produkte der Reaktion dieses Versuchs.
Welcher Stoff wird durch die Glimmspanprobe (unteres Foto) nachgewiesen?

### Aufgaben
**A1** Welcher der folgenden Reinstoffe ist eine Verbindung, welcher ist ein Element?
Zinkoxid, Magnesium, Magnesiumoxid, Sauerstoff, Schwefel, Kupfersulfid.
**A2** Nenne eine Verbindung, die in der Luft vorkommt.
**A3** Welche Aussage ist richtig?
a) Iodoxid besteht aus Iod und Sauerstoff. b) Iodoxid kann aus Iod und Sauerstoff entstehen. c) Iodoxid lässt sich in Iod und Sauerstoff zersetzen.
**A4** Erstelle ein Säulendiagramm zu den sechs häufigsten Elementen, die man aus der Erdrinde gewinnen könnte.

[1] von *ioeides* (griech.) = veilchenblau; [2] von *analysis* (griech.) = Auflösung. Unter Analyse im weiteren Sinn versteht man auch die Feststellung aller Bestandteile eines Gemisches. [3] von *pyro* (griech.) = Feuer

## 2.4 Reaktionsbedingungen kann man ändern

### Elektrolyse und Katalysator

Chemische Reaktionen sind Stoff- und Energieumwandlungen. Die Reaktionsenergie $\Delta E_i$ kann dabei in verschiedenen Formen auftreten, nicht nur als Wärme und Licht (wie auf S. 31). In Batterien (B1) z.B. wird durch chemische Reaktionen elektrische Energie geliefert. Ob man umgekehrt, also durch Zufuhr elektrischer Energie, chemische Reaktionen auch erzwingen kann? Wenn ja – wie funktioniert das im Experiment? Lassen sich Reaktionen immer bei Zimmertemperatur starten?

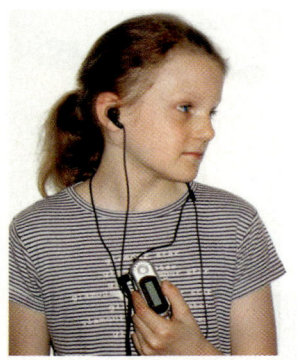

**B1** *Batterien liefern elektrische Energie.*
**A:** *Welche Energieform nutzen Pflanzen?*

#### Versuche

**LV1** In einen HOFMANNSCHEN Zersetzungsapparat (B2) füllt man destilliertes Wasser, das durch Zusatz von verd. Schwefelsäure* gut leitfähig gemacht wird. Man legt zwischen zwei Platin-Elektroden eine elektrische Gleichspannung von 10 V bis 20 V an. Beobachtung?

**LV2** Nachdem sich am Minuspol 15 ml bis 20 ml Gas gebildet haben, wird dieses Gas in ein Rggl. abgefüllt. Man hält das Rggl. mit der Öffnung nach unten und verschließt es mit einem Stopfen, sobald das Gas bei knapp geöffnetem Hahn vollständig aus dem Rohr ausgeströmt ist. Man prüft das Gas auf Brennbarkeit. Dazu hält man das Rggl. schräg, mit der Öffnung nach unten, in die Flamme des Gasbrenners. Beobachtung?

**LV3** Das am Pluspol entstehende Gas wird ebenfalls in ein Rggl. gefüllt. Dieses wird jedoch mit der Öffnung nach oben gehalten. Man verschließt es in dieser Stellung mit dem Daumen. Nun gibt man die Öffnung frei und führt schnell einen glimmenden Holzspan bis zum Boden des Rggl. Beobachtung?

**LV4** In der Vorrichtung aus B3 verbrennt man Wasserstoff* an der Luft. Im Zuleitungsrohr befindet sich ein Knäuel aus Kupferwolle. Das Verbrennungsprodukt wird über den Trichter in ein mit Wasser gekühltes Rggl. gesaugt. Beobachtung?

**LV5** Durch ein zur Spitze ausgezogenes Glasrohr, in dem sich ein Knäuel aus Kupferwolle befindet, lässt man Wasserstoff* ausströmen. Man hält mit einer Pinzette zwei ausgeglühte Platin-Keramik-Perlen in den Wasserstoffstrom (B4). Beobachtung?

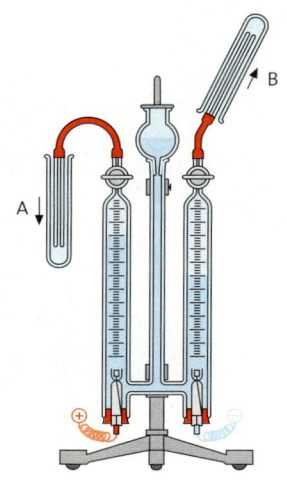

**B2** *HOFMANNSCHER Zersetzungsapparat zur Zersetzung von Wasser durch Zufuhr von elektrischer Energie.*
**A:** *Warum wird Reagenzglas A mit der Öffnung nach oben, Reagenzglas B mit der Öffnung nach unten gehalten? Welches Gas bildet sich am Plus-, welches am Minuspol?*

#### Auswertung

a) Fertige zu allen durchgeführten Versuchen ausführliche, gegliederte Protokolle an.
b) In welchem Volumenverhältnis entstehen Wasserstoff und Sauerstoff bei LV1?
c) Welche Aufgabe hat das Knäuel aus Kupferwolle bei LV4 und LV5?

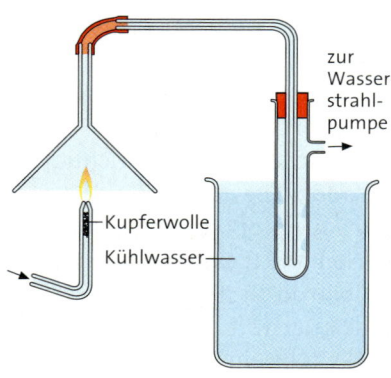

**B3** *Versuchsvorrichtung zur Verbrennung von Wasserstoff an Luft und Auffangen des Reaktionsprodukts*

**B4** *Entzünden von Wasserstoff (LV5)*

## 2.4 Reaktionsbedingungen kann man ändern

In LV1 wird Wasser durch Zugabe von etwas verd. Schwefelsäure elektrisch gut leitend gemacht und dann im HOFMANNSCHEN Zersetzungsapparat (B2) der Wirkung des elektrischen Gleichstroms ausgesetzt, d.h. dem Wasser wird elektrische Energie zugeführt. Dabei ist Folgendes zu beobachten:
In einem der Schenkel des Apparats sammelt sich ein farbloses Gas, das einen glimmenden Holzspan zum Aufleuchten bringt (LV3): Das Gas ist **Sauerstoff**. In dem anderen Schenkel des Apparats sammelt sich das doppelte Volumen eines ebenfalls farblosen Gases, das beim Entzünden mit einem dumpfen Knall verbrennt (LV2). Man sagt: Die **Knallgasprobe** ist positiv. Das Gas, das im Gegensatz zu Sauerstoff brennbar ist, ist **Wasserstoff**. Weder Wasserstoff noch Sauerstoff können in andere Stoffe zersetzt werden. Beides sind daher Elemente.
Lässt man LV1 sehr lange Zeit laufen, kann man feststellen, dass nur das Wasser, nicht aber die Schwefelsäure weniger wird. Es findet also eine Zersetzung des Wassers statt, und wir können somit annehmen, dass Wasserstoff und Sauerstoff aus dem Wasser gebildet werden. Das Reaktionsschema für die Zersetzung des Wassers unter Zufuhr von elektrischer Energie $E_{el}$, die von der elektrischen Energiequelle zur Verfügung gestellt wird, lautet:
Wasser (l) ⟶ Wasserstoff(g) + Sauerstoff(g); $E_{el} > 0$
Wasser ist demnach eine chemische Verbindung.
Eine Zersetzungsreaktion, die durch Zufuhr von elektrischer Energie erfolgt, wird **Elektrolyse** genannt. Dabei nimmt die innere Energie der Produkte, Wasserstoff und Sauerstoff, zu.
Bei der Verbrennung von Wasserstoff an Luft entsteht Wasserdampf, der bei LV4 im gekühlten Reagenzglas zu flüssigem Wasser kondensiert. Das Reaktionsschema lautet:
Wasserstoff(g) + Sauerstoff(g) ⟶ Wasser(l); $Q < 0$
Die chemische Verbindung Wasser kann also als Wasserstoffoxid bezeichnet werden.
Den Edukten Wasserstoff und Sauerstoff muss man anfangs Wärme zuführen, um die Reaktion in Gang zu setzen (LV2). Die Ausgangsstoffe müssen gewissermaßen aktiviert werden. Man spricht daher von **Aktivierungswärme** (B6) bzw. **Aktivierungsenergie** (B5).
LV5 zeigt, dass die Reaktion in Gegenwart von Platin bereits bei Zimmertemperatur abläuft. Der Betrag der Aktivierungswärme für die Bildungsreaktion von Wasser ist offenbar stark erniedrigt. B6 zeigt den Unterschied zwischen der Reaktion ohne (a) und mit (b) Platin. Das Metall wirkt als **Katalysator**[1] für diese Reaktion, die sonst bei Zimmertemperatur nur unmessbar langsam abläuft. Unter **Katalyse** versteht man die Beeinflussung der Geschwindigkeit einer chemischen Reaktion durch Zugabe eines Katalysators.
**Ein Katalysator ist ein Stoff, der die Aktivierungsenergie einer Reaktion herabsetzt und sie dadurch startet und beschleunigt. Der Katalysator wird bei der Reaktion nicht verbraucht.**
In der (chemischen) Technik haben Katalysatoren große Bedeutung. Neben Platin werden auch andere Metalle, meist spezielle Legierungen, eingesetzt. Der bekannteste Katalysator ist der Auto-Abgaskatalysator.

[1] von *katalysis* (griech.) = Beseitigen eines Hindernisses

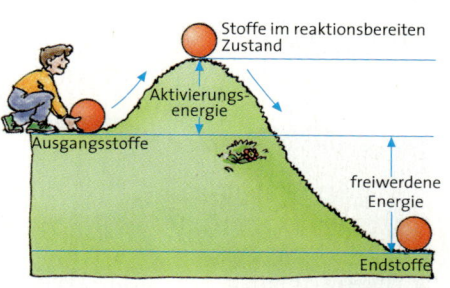

**B5** Veranschaulichung der Aktivierungsenergie; den Ausgangsstoffen dieser exothermen Reaktion wird zunächst Aktivierungsenergie zugeführt.
**A:** Warum läuft eine Reaktion nach Zuführung der Aktivierungsenergie selbsttätig weiter?

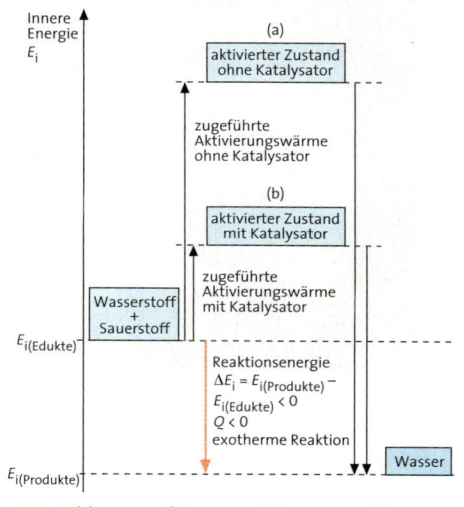

**B6** Bildungsreaktion von Wasser aus Wasserstoff und Sauerstoff (a) ohne Katalysator und (b) mit Katalysator. Die Reaktionsenergie $\Delta E_i$ wird vom Katalysator nicht beeinflusst.

### Aufgaben
**A1** Informiere dich über Aufbau und Funktion eines Abgaskatalysators für Autos. Welche Stoffe darin sind die eigentlichen Katalysatoren? Welche Reaktionen sollen sie katalysieren?

**A2** In der Fachsprache heißen Biokatalysatoren **Enzyme**. Für Pflanzen, Tiere und Menschen sind sie unentbehrlich. Erkundigt euch bei einem Biologielehrer nach einfachen Beispielen für lebensnotwendige Prozesse (Reaktionen) und den an ihnen beteiligten Enzymen.

## 2.5 Reaktionen – verfolgt mit der Waage

### Die Erhaltung der Masse

Bei Verbrennungen können recht drastische Veränderungen auftreten (B1 und B2). Zu den messbaren Eigenschaften einer Stoffportion gehört ihre Masse. Wie deutest du die Veränderungen der Stoffe im Hinblick auf die Masse der Edukte und Produkte?

*Versuche*

**V1** Vergleiche durch Wägung die Masse einer Portion Streichhölzer mit der Masse dessen, was nach der Verbrennung der Portion Streichhölzer in einer Porzellanschale zurückbleibt.

**LV2** In ein Rggl. werden die Köpfchen von 3 bis 4 (nicht mehr!) abgebrochenen Streichhölzern gegeben. Das Rggl. wird mit einem Luftballon verschlossen und gewogen. Durch Erhitzen in der Brennerflamme werden die Streichhölzchen gezündet. Nach dem Erlöschen und Abkühlen wird erneut gewogen. Beobachtung?

**V3** Vereinige im Rggl. die wässrigen Lösungen von Silbernitrat* und Kaliumiodid. Beobachtung?

**LV4** V3 wird so ausgeführt, dass die Reaktion in einem abgeschlossenen Raum abläuft. Vorher und nachher wird gewogen (B4).

**LV5** Man gibt ca. 200 mg Aktivkohle in einen 1-l-Rundkolben, füllt ihn mit Sauerstoff und verschließt ihn mit einem Lochstopfen, den man über ein Glasrohr und einen Lochstopfen mit einem Luftballon verbindet (B3). Der so vorbereitete Kolben wird genau gewogen und die Masse notiert. Der Kolben wird erhitzt, bis alle Kohlestückchen glühen. Nun wird der Kolben so lange im Kreis geschwenkt, bis die Kohlestückchen verglüht sind. Nach dem Abkühlen wird der Kolben erneut gewogen.

*Auswertung*

a) Vergleiche die Ergebnisse von V1 und LV2 und finde eine Erklärung.
b) Warum wird der Kolbeninhalt während des Verglühens der Kohlestückchen im Kreis geschwenkt?

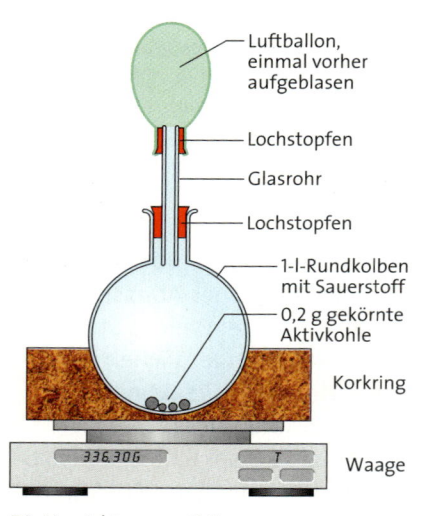

**B1** *Lagerfeuer*

**B2** *Feuerwerk.* **A:** *Wodurch unterscheiden sich Feuerwerk und Lagerfeuer?*

**B3** *Vorrichtung zu LV5*

**B4** *Chemische Reaktion in einem geschlossenen Raum*

## 2.5 Reaktionen – verfolgt mit der Waage

Bei chemischen Reaktionen werden Ausgangsstoffe verbraucht, neue Endstoffe entstehen. Anfangs vorhandene Stoffportionen wie etwa die Streichhölzer bei V1 sind später nicht mehr (nur noch teilweise) vorhanden. Zunächst nicht existierende Stoffe treten auf, wie der gelbe Niederschlag bei V3.
Was geschieht mit der Masse der an der Reaktion beteiligten Stoffportionen, Edukte ($m_1$) → Produkte ($m_2$)?
In welchem Verhältnis stehen $m_1$ und $m_2$? Kann eine Änderung der Gesamtmasse ($m_1 + m_2$) eintreten?
ANTOINE LAURENT LAVOISIER (1743–1794) gilt als Begründer der modernen, messenden Chemie, da er als Erster bei seinen Versuchen mit Waage und geschlossenem Reaktionsraum arbeitete (B4).
In einer seiner Schriften formulierte LAVOISIER:
„... denn nichts wird neu erschaffen, weder in den künstlichen Operationen noch in den natürlichen, und man kann den Grundsatz aufstellen, dass bei jeder Operation die Menge der Stoffe vor und nach der Operation gleich groß ist ..."
Ersetzen wir in dieser Aussage LAVOISIERS das Wort „Menge" durch den in unseren Fragen verwendeten Begriff „Masse", so können wir den Grundsatz LAVOISIERS folgendermaßen als **Satz von der Erhaltung der Masse** formulieren:
**Bei einer chemischen Reaktion bleibt die Gesamtmasse der Reaktionsteilnehmer gleich.** Es gilt:
$m$(Edukt/e) = $m$(Produkt/e)
Bei V1 muss demnach eine Stoffportion entstanden sein, die eine Masse hat, aber nicht zurückbleibt, sondern entweicht und durch die Wägung nicht erfassbar ist. Die Massen der Ausgangsstoffportionen müssen entsprechend abgenommen haben.
Will man den Satz von der Erhaltung der Masse überprüfen, muss man dafür sorgen, dass bei der untersuchten Reaktion keine Stoffportion entweichen und auch keine von außen dazukommen kann. Diese Forderung ist bei der Planung und Durchführung von LV2, LV4 und LV5 berücksichtigt und wir sehen, dass der Satz von der Erhaltung der Masse bestätigt wird. Das Gesetz von der Erhaltung der Masse stellt das Grundgesetz der Chemie dar, wie das Gesetz von der Erhaltung der Energie das Grundgesetz der Physik ist.

**A5** Der Glaskolben in B6 enthält Wasser, auf dem eine Korkscheibe schwimmt. Auf dieser befindet sich ein kleiner Porzellantiegel mit einer Portion weißen Phosphors. Die Gesamtmasse des Kolbens beträgt 205 g. Mithilfe eines Brennglases wird der Phosphor durch Sonnenlicht gezündet und verbrennt zu einem weißen Rauch, der sich allmählich im Wasser löst. Nach Abkühlen des Kolbens wird erneut gewogen.

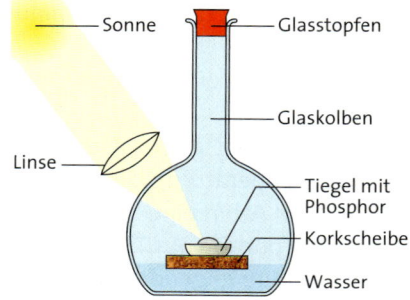

**B6** Versuchsaufbau zu A5

Welche Masse zeigt die Waage? Überlege und erkläre, ob sie zu- oder abgenommen hat oder gleich geblieben ist.

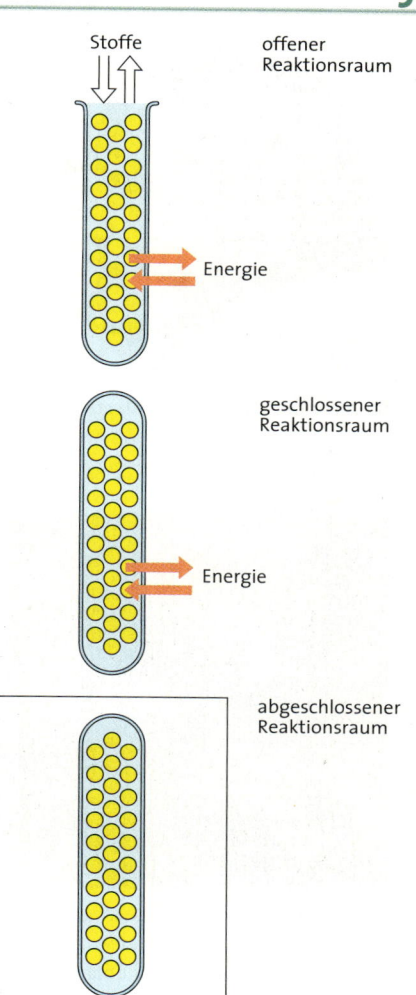

**B5** Verschiedene Reaktionsräume

### Aufgaben
**A1** Erkläre, warum glühende Stahlwolle ein wenig schwerer wird und eine brennende Kerze leichter.
**A2** B5 zeigt drei Möglichkeiten von Reaktionsräumen, in denen stoffliche und energetische Veränderungen ablaufen können. Welche kamen in den Versuchen dieses Kapitels vor?
**A3** Nenne Beispiele für den isolierten Reaktionsraum.
**A4** Formuliere mithilfe der Darstellungen in B5 Merksätze nach dem Muster: *Bei einem offenen (geschlossenen; abgeschlossenen) Reaktionsraum kann ... mit der Umgebung stattfinden.*

**B1** JOHN DALTON (1766–1844) erneuerte und erweiterte die griechische Atomtheorie zur Erklärung des Massengesetzes.

**B2** Das Ölgemälde von SALVATOR ROSA, ca. 1650, zeigt den nachdenkenden DEMOKRIT (um 400 v. Chr.), der gesagt haben soll: „Nur scheinbar hat ein Ding eine Farbe, nur scheinbar ist es süß oder bitter. In Wirklichkeit gibt es nur Atome und den leeren Raum."

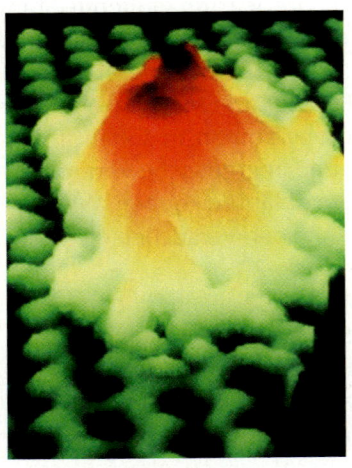

**B3** Gold-Atome auf Graphit (grün), unter einem Rastertunnelmikroskop

## Atome, Moleküle und Ionen

Wie kann das Gesetz von der Erhaltung der Masse auf der Ebene der Teilchen gedeutet werden?

Die Suche nach einer Erklärung dieses chemischen Grundgesetzes führte den englischen Naturforscher J. DALTON (B1) zu Beginn des 19. Jahrhunderts dazu, die antike Atomlehre wieder aufzugreifen und genauer zu fassen.

Der griechische Naturphilosoph DEMOKRIT (B2) war allein durch Nachdenken, nicht aufgrund von Experimenten, zu der Überzeugung gekommen, dass es nicht mehr teilbare, kleinste Teilchen gibt. Unteilbar heißt auf griechisch *atomos*. Davon leitet sich der Begriff **Atom** ab.

Die dann in den Jahren 1803 bis 1808 von DALTON entwickelte Atomtheorie kann man folgendermaßen zusammenfassen:
1. Die chemischen Elemente bestehen aus Atomen.
2. Die Massen der einzelnen Atome eines bestimmten Elements sind gleich. Die Massen von Atomen verschiedener Elemente sind unterschiedlich.
3. Bei chemischen Reaktionen werden Atome miteinander verbunden oder voneinander getrennt.
4. Eine bestimmte chemische Verbindung wird von Atomen zweier oder mehrerer Elemente in einem ganz bestimmten Anzahlverhältnis gebildet.

Schon DALTON bemerkte, dass die Grundbausteine der Elemente und Verbindungen außerordentlich klein seien, und er bezweifelte, dass es jemals gelingen könnte, Atome sichtbar zu machen. Seit Anfang der achtziger Jahre des zwanzigsten Jahrhunderts ist es nun aber möglich, Atomverbände und sogar einzelne Atome sichtbar zu machen (B3).
Einzelne Atome haben andere Eigenschaften als die Stoffe, die aus ihnen aufgebaut sind. Erst das Zusammenwirken einer großen Anzahl dieser Atome ergibt die Eigenschaften, die wir an Stoffen beobachten, z. B. Farbe, Glanz, Aggregatzustand, Dichte und Schmelz- und Siedetemperatur (vgl. Zitat DEMOKRITS in B2).

*Aufgaben*
*A1* Erkläre Zersetzungs- und Bildungsreaktion mithilfe des DALTONSCHEN Atommodells.
*A2* Formuliere eine Erklärung für das Gesetz von der Erhaltung der Masse.
*A3* Schwefel ist gelb. Ist ein Schwefel-Atom gelb? Quecksilber ist bei Zimmertemperatur flüssig. Ist ein Quecksilber-Atom flüssig?
*A4* Hat ein Atom eine Temperatur? Erkundige dich, wie die Temperatur einer Stoffportion auf Teilchenebene gedeutet werden kann.
*A5* Berichtige folgende Aussage: *„Das Atom ist der kleinste Baustein eines chemischen Elements, der noch die Eigenschaften dieses Elementes hat."*
*A6* Suche im Internet nach wissenschaftlichen Darstellungen bzw. Fotos von Atomen.

## 2.6 Bausteine der Reinstoffe

Die Reinstoffe kann man aufgrund ihrer Teilchen sortieren und bestimmten Stoffgruppen zuordnen.

Die Erfahrung in der chemischen Forschung hat gezeigt, dass freie, d.h. einzelne ungebundene Atome kaum vorkommen. Nur die kleinsten Teilchen der **Edelgase** im gasförmigen Zustand sind als **freie Atome** beständig.

**Metall-Atome** schließen sich mit gleichartigen Atomen zu großen **Atomverbänden** zusammen (B4). **Ein Metall ist somit ein riesengroßer Verband aus Atomen derselben Art.**

**Nichtmetall-Atome** verbinden sich mit gleichartigen oder andersartigen Atomen zu **Molekülen**[1].
**Moleküle sind abgeschlossene Verbände aus zwei oder mehr fest miteinander verbundenen Nichtmetall-Atomen.**
In den Elementen Wasserstoff, Sauerstoff, Stickstoff, Fluor, Chlor, Brom und Iod liegen zweiatomige Moleküle vor. Das Molekül der Verbindung Wasser besteht aus drei Atomen, aus zwei Wasserstoff-Atomen und einem Sauerstoff-Atom.
**Moleküle von Elementen bestehen aus gleichartigen, Moleküle von Verbindungen aus ungleichartigen Atomen.**
Starke Anziehungskräfte halten die Atome *in* einem Molekül zusammen. *Zwischen* den Molekülen wirken schwache Anziehungskräfte. Daher ist ein Teil der Stoffe, die aus Molekülen aufgebaut sind, bei Zimmertemperatur gasförmig oder flüssig und viele molekular (aus Molekülen) gebaute Feststoffe haben die Siedetemperaturen unter 550 °C, die meisten sogar unter 300 °C. Feste molekulare Stoffe sind z. B. Menthol und Kerzenwachs (vgl. S. 16) oder Schwefel und Iod.
Verbindungen mit hohen Schmelz- und Siedetemperaturen, vgl. z. B. Kochsalz (S. 11, B6), bestehen aus Ionen[2] (B6), die sich zu riesigen Verbänden zusammenschließen (B5).
**Ionen sind elektrisch positiv oder negativ geladene Teilchen, die sich von Atomen oder Molekülen ableiten lassen.**
Stoffe, die aus positiv und negativ geladenen Ionen aufgebaut sind, werden als **Salze** bezeichnet. Zwischen den verschiedenartig geladenen Ionen wirken starke elektrische Anziehungskräfte. Diese sind die Ursache für die Härte und die hohen Schmelz- und Siedetemperaturen der Salze. Nach außen ist eine Salzportion aber elektrisch neutral, da die positiven und negativen Ladungen sich gerade gegenseitig aufheben.

### Aufgaben
**A7** Kohlenstofftetrachlorid siedet bei 76 °C, Kaliumchlorid bei 1405 °C. Welche Teilchenarten liegen in den Verbindungen vor?
**A8** Harnstoff schmilzt bei 137,2 °C, Calciumiodid bei 740 °C. Mache Aussagen über die Bausteine der beiden Verbindungen.
**A9** Berichtige folgende Aussage: „Die Welt der Stoffe baut sich durch vielseitige Kombinationen aus den bekannten Elementen auf."

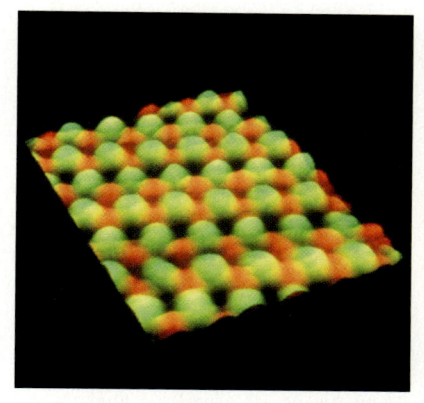

**B4** *Ein Verband von Atomen des Metalls Germanium (Oberfläche, mit Atomen an zwei verschiedenen Plätzen)*

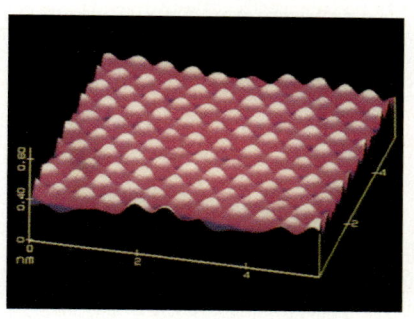

**B5** *Oberfläche eines Ionenverbands, wie er in Kochsalz vorliegt*

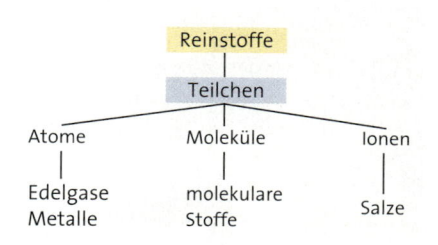

**B6** *Reinstoffe und ihre Bausteine.*
**A:** *Erläutere mithilfe des Textes den Zusammenhang zwischen Atom, Molekül und Ion.*

**A10** Informiere dich, wie sich DEMOKRIT die Gestalt der Atome und die Verschiedenheit der Stoffe auf der Ebene der Atome vorstellte.

---
[1] von *molecula* (griech.) = kleine Masse;   [2] von *ion* (griech.) = wandernd. Ionen können unter dem Einfluss einer elektrischen Spannung wandern.

## 2.7 Die Sprache der Chemie

**B1** Chemische Formeln

| Elementname | lat. Name | Atomsymbol |
|---|---|---|
| Wasserstoff | Hydrogenium | **H** |
| Kohlenstoff | Carbonium | **C** |
| Stickstoff | Nitrogenium | **N** |
| Sauerstoff | Oxygenium | **O** |
| Magnesium | Magnesium | **Mg** |
| Aluminium | Aluminium | **Al** |
| Schwefel | Sulfur | **S** |
| Eisen | Ferrum | **Fe** |
| Kupfer | Cuprum | **Cu** |
| Silber | Argentum | **Ag** |
| Gold | Aurum | **Au** |
| Blei | Plumbum | **Pb** |

**B2** Elementnamen und Atomsymbole

**B3** Schwarzes und rotes Kupferoxid

| | |
|---|---|
| Wasserstoffchlorid-Molekül | **HCl** |
| Wasser-Molekül | **H$_2$O** |
| Ammoniak-Molekül | **NH$_3$** |
| Methan-Molekül | **CH$_4$** |

**B4** Beispiele für Molekülformeln

### Die chemische Formel

Auf der Wandtafel in B1 siehst du Beispiele chemischer Formeln. Die „Formelsprache" zu lernen ist ungeheuer wichtig für ein Verstehen von Chemie, weil sich Chemiker in aller Welt in dieser Sprache und Schrift miteinander verständigen können. Die Zeichen auf der Tafel sehen zum Teil genauso aus wie unsere normalen Schriftzeichen. Was aber bedeuten sie?

Zur Kennzeichnung einzelner Atome verwendet man chemische Zeichen oder Symbole, die **Atomsymbole**. Sie bestehen aus einem oder zwei Buchstaben, die den wissenschaftlichen Namen lateinischen oder griechischen Ursprungs der Elemente entnommen sind (B2).

Mithilfe dieser Symbole werden auch Moleküle benannt. Um anzugeben, dass z. B. ein Wasserstoff-Molekül aus zwei Wasserstoff-Atomen besteht, schreibt man die Formel **H$_2$**. In dieser **Molekülformel** gibt die tiefgestellte Zahl, die Indexzahl, an, wie viele Atome dieser Art in dem bezeichneten Molekül enthalten sind.

**Die Molekülformel gibt jeweils die genaue Zusammensetzung (Art und Anzahl der Atome) eines Moleküls an.**

Wir wissen bereits, dass auch die Elemente Sauerstoff, Stickstoff, Fluor, Chlor, Brom und Iod aus zweiatomigen Molekülen bestehen. Als Molekülformel schreiben wir daher **O$_2$**, **N$_2$**, **F$_2$**, **Cl$_2$**, **Br$_2$** und **I$_2$**.

Die Edelgase Helium, Neon, Argon, Krypton, Xenon und Radon bestehen im gasförmigen Zustand aus freien Atomen mit den entsprechenden Atomsymbolen **He**, **Ne**, **Ar**, **Kr**, **Xe** und **Rn**.

Bestehen Moleküle aus verschiedenartigen Atomen, schreibt man die betreffenden Atomsymbole hintereinander und gibt durch Indexzahlen hinter den jeweiligen Symbolen an, wie viele Atome jeder Atomart im Molekül enthalten sind. Dabei wird die Zahl 1 als Indexzahl nicht verwendet, in diesem Fall steht einfach das Symbol. Danach wird die Zusammensetzung des Wasser-Moleküls durch die Formel **H$_2$O** beschrieben (B4).

Kochsalz **NaCl** enthält gleich viele positiv geladene Natrium-Ionen und negativ geladene Chlorid-Ionen. Das Ionenanzahlverhältnis ist also 1 : 1. Dieser Formeltyp wird als **Verhältnisformel** bezeichnet.

**Die Verhältnisformel eines Salzes gibt an, in welchem Anzahlverhältnis die Ionenarten in der Verbindung enthalten sind.**

Schwarzes Kupferoxid (B3) hat die Verhältnisformel **CuO**. Dieses Salz enthält also gleich viele Kupfer-Ionen wie Oxid-Ionen.
In rotem Kupferoxid (B3) sind doppelt so viele Kupfer-Ionen wie Oxid-Ionen enthalten. Rotes Kupferoxid hat folglich die Verhältnisformel **Cu$_2$O**.
Das Salz Aluminiumoxid hat die Verhältnisformel **Al$_2$O$_3$**. Das Ionenanzahlverhältnis von Aluminium-Ionen zu Oxid-Ionen ist somit 2 : 3.

## 2.7 Die Sprache der Chemie

Wie kann man die chemische Formel einer Verbindung herleiten?
Die Formeln für ein Wasserstoffchlorid-, Wasser-, Ammoniak- und Methan-Molekül in B4 zeigen, dass sich Chlor-, Sauerstoff-, Stickstoff- und Kohlenstoff-Atome in ihrem Bindungsvermögen gegenüber Wasserstoff-Atomen unterscheiden. Ein Chlor-Atom bindet ein Wasserstoff-Atom, während ein Kohlenstoff-Atom vier Wasserstoff-Atome binden kann. Zur Beschreibung des durch die Formeln verdeutlichten Bindevermögens von Atomen wurde der Begriff der **Wertigkeit** eingeführt.

**Unter der Wertigkeit versteht man die Anzahl der Wasserstoff-Atome, die eine Atomart bindet oder ersetzt.**

Dem Wasserstoff-Atom selbst ordnet man die Wertigkeit 1 zu. Das Kohlenstoff-Atom ist also im Methan-Molekül $CH_4$ vierwertig, das Chlor-Atom im Wasserstoffchlorid-Molekül $HCl$ einwertig.

Vergleicht man die Molekülformel von Wasserstoffchlorid $HCl$ mit der Verhältnisformel von Natriumchlorid $NaCl$, kann man sich leicht vorstellen, dass ein Natrium-Teilchen ein Wasserstoff-Atom vertritt. Das Natrium-Teilchen ist also wie das Wasserstoff-Atom einwertig. Ebenso lässt sich ableiten, dass das Aluminium-Teilchen in Aluminiumchlorid mit der Verhältnisformel $AlCl_3$ dreiwertig, und das Sauerstoff-Teilchen im Wasser-Molekül mit der Molekülformel $H_2O$ zweiwertig ist. Häufige Wertigkeiten der einzelnen Atomarten konnten durch den Vergleich zahlreicher, experimentell ermittelter chemischer Formeln abgeleitet werden (B5).

Für die allgemeine Formel $A_xB_y$ einer chemischen Verbindung gilt die Beziehung:

**Wertigkeit(A) · x = Wertigkeit(B) · y.**

Bei bekannten Wertigkeiten der Atomarten lässt sich die chemische Formel einer Verbindung $A_xB_y$ somit leicht aufstellen.

**Beispiel Aluminiumoxid**

1. Die Atomsymbole der Verbindungspartner werden aufgeschrieben:     Al   O
2. Die Wertigkeiten (römische Ziffern) werden über den Symbolen notiert:     III   II    Al   O
3. Das kleinste gemeinsame Vielfache (kgV) der Wertigkeiten wird berechnet:     3 · 2 = 6
4. Der Index eines jeden Verbindungspartner wird berechnet, indem das kgV durch seine Wertigkeit geteilt wird:     Al: 6 : III = 2    O: 6 : II = 3
5. Der Index wird nun als tiefgestellte Zahl hinter das Symbol zugehörigen Partners geschrieben:     $Al_2O_3$

Manche Teilchenarten bilden in unterschiedlichen Wertigkeiten Moleküle bzw. Salze. In Verbindungsnamen gibt man deshalb zur Vereinfachung die Wertigkeit in Klammern in römischen Zahlen an, in Molekül- bzw. Verhältnisformeln werden sie durch Indexzahlen deutlich (B6).

### Aufgaben

**A1** Bibliotheksbesuch in China: Woran erkennst du die Chemiebücher?

| Wertigkeiten einiger Metall-Atome | | |
|---|---|---|
| Aluminium | Al | III |
| Calcium | Ca | II |
| Eisen | Fe | II, III |
| Natrium | Na | I |
| **Wertigkeiten einiger Nichtmetall-Atome gegenüber Metall-Atomen und dem Wasserstoff-Atom** | | |
| Brom | Br | I |
| Chlor | Cl | I |
| Fluor | F | I |
| Sauerstoff | O | II |
| Schwefel | S | II |

**B5** Wertigkeiten einiger Atomarten

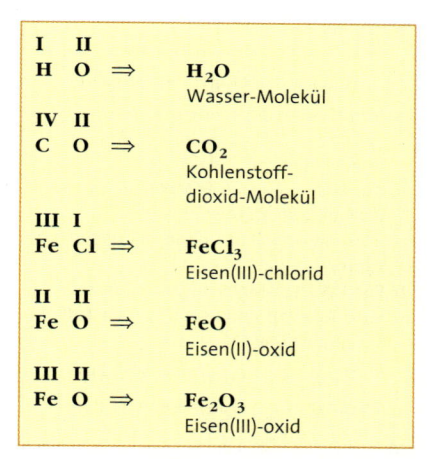

| | | | |
|---|---|---|---|
| I   II | | | |
| H   O | $\Rightarrow$ | $H_2O$ | Wasser-Molekül |
| IV   II | | | |
| C   O | $\Rightarrow$ | $CO_2$ | Kohlenstoffdioxid-Molekül |
| III   I | | | |
| Fe   Cl | $\Rightarrow$ | $FeCl_3$ | Eisen(III)-chlorid |
| II   II | | | |
| Fe   O | $\Rightarrow$ | FeO | Eisen(II)-oxid |
| III   II | | | |
| Fe   O | $\Rightarrow$ | $Fe_2O_3$ | Eisen(III)-oxid |

**B6** Wertigkeit (römische Ziffern) und Molekül- bzw. Verhältnisformel

**A2** Bestimme die Wertigkeiten der Atomarten in folgenden Formeln: $N_2O_3$, $SiH_4$, $CuCl_2$, $NO_2$, $OF_2$, $CCl_4$.

**A3** Gib unter Verwendung von B5 die Verhältnisformeln der Verbindungen an, die aus folgenden Edukten entstehen:
a) Aluminium + Brom; b) Aluminium + Schwefel; c) Natrium + Brom; d) Calcium + Fluor

**A4** Gib für jede der folgenden Verhältnisformeln das Ionenanzahlverhältnis an:
$Fe_2O_3$, CaO, $K_2O$, $PbO_2$.

## Die Reaktionsgleichung

Um Moleküle zu kennzeichnen, schreiben wir Formeln. Aber so wie ein Wort noch keinen Satz ergibt, beschreibt auch eine Formel keine chemische Reaktion. Zur Beschreibung einer Reaktion müssen wir die Formeln aller Ausgangs- und Endstoffe in einer Reaktionsgleichung verknüpfen (B1). Dabei werden die **Edukte** einer Reaktion immer **links** und die **Produkte rechts** von einem Reaktionspfeil notiert.

Wir stellen die Reaktionsgleichung in B1 in zwei Schritten auf:
1. Die Molekülformeln der Eduktteilchen Wasserstoff und Sauerstoff werden durch das Aufzählungszeichen „+" verbunden und links des Reaktionspfeils geschrieben, rechts davon steht die Molekülformel des Produktteilchens Wasser.

$$H_2 + O_2 \longrightarrow H_2O$$

2. Durch Einsetzen geeigneter ganzer Vorzahlen, der Koeffizientenzahlen, wird die Reaktionsgleichung so ausgeglichen, dass die Anzahl der Atome auf beiden Seiten der Reaktionsgleichung stimmt. Bei diesem zweiten Schritt dürfen nur Koeffizientenzahlen eingesetzt werden. Eine Änderung von Indexzahlen, d. h. von Formeln, wäre grundfalsch.

$$2\ H_2(g) + O_2(g) \longrightarrow 2\ H_2O(l)$$

Hinter den Formeln der Reaktionsteilnehmer können Abkürzungen für deren Aggregatzustände angegeben werden (B3).

Eine Reaktionsgleichung ist keine Gleichung im mathematischen Sinn, also keine Addition! Sie beschreibt das kleinstmögliche Teilchenanzahlverhältnis der Reaktionsteilnehmer:

$$N(H_2) : N(O_2) : N(H_2O) = 2 : 1 : 2.$$

In der Reaktionsgleichung wird das Zeichen „+" zwischen Reaktionspartnern, wie im Reaktionsschema, nur in der Bedeutung „und" verwendet.

Die Wasserstoff-Atome und Sauerstoff-Atome, wie sie in Wasserstoff-Molekülen und Sauerstoff-Molekülen vorliegen, werden bei der Reaktion nicht zerstört. Sie bleiben erhalten, haben aber in den Wasser-Molekülen eine andere Anordnung. So kann man die Reaktionsgleichung als eine Beschreibung für **Atomumgruppierungen** auffassen (B3). Für jede Atomart muss die Anzahl der Atome auf beiden Seiten des Reaktionspfeils übereinstimmen. Dies entspricht dem Gesetz von dem Erhalt der Masse.

**Eine Reaktionsgleichung gibt an, welche Teilchen in welchem kleinstmöglichen Anzahlverhältnis miteinander reagieren bzw. entstehen.**

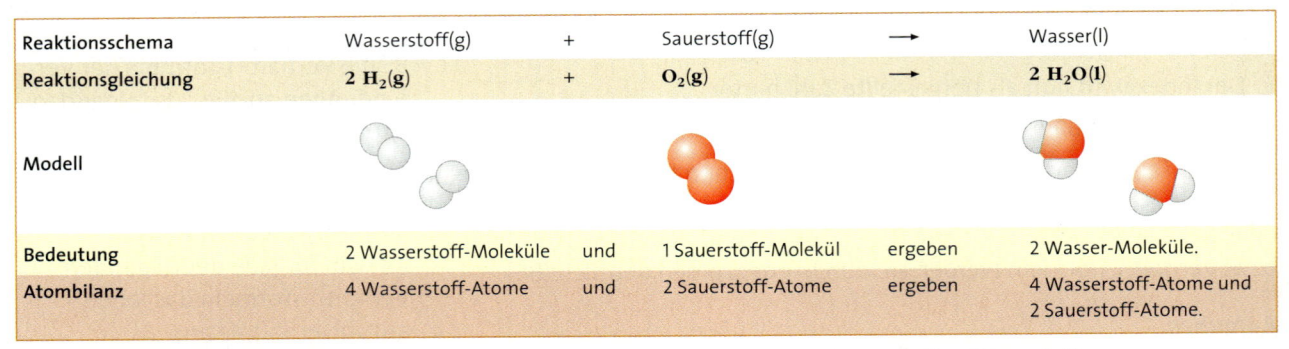

*B1 Reaktionsgleichung für die Bildung von Wasser aus den Elementen*

---

1. Reaktionsschema in Worten aufschreiben:
   Wasserstoff(g) + Sauerstoff(g) → Wasser(l)

2. Symbole bzw. Formeln einsetzen; dabei Platz für die Koeffizienten lassen:
   ☐ $H_2(g)$ + ☐ $O_2(g)$ ⟶ ☐ $H_2O(l)$

3. Schrittweise die Koeffizienten so einsetzen, dass auf beiden Seiten die Anzahl der Atome gleich ist.
   a) Aus einem Sauerstoff-Molekül mit 2 Sauerstoff-Atomen entstehen 2 Wasser-Moleküle mit je 1 Sauerstoff-Atom.
   b) Für 2 Wasser-Moleküle mit 4 Wasserstoff-Atomen sind aber 2 Wasserstoff-Moleküle nötig.
   ☐ $H_2(g)$ + ☐ $O_2(g)$ ⟶ **2** $H_2O(l)$
   **2** $H_2(g)$ + ☐ $O_2(g)$ ⟶ 2 $H_2O(l)$

**Merke:** Bei Schritt 3 dürfen nur Koeffizienten eingesetzt werden. Auf gar keinen Fall dürfen die Formeln mit ihren Indexzahlen geändert werden.

*B2 Regeln zur Erstellung von Reaktionsgleichungen*

---

| Reaktionsschema | Wasserstoff(g) | + | Sauerstoff(g) | ⟶ | Wasser(l) |
|---|---|---|---|---|---|
| Reaktionsgleichung | 2 $H_2(g)$ | + | $O_2(g)$ | ⟶ | 2 $H_2O(l)$ |
| Modell | | | | | |
| Bedeutung | 2 Wasserstoff-Moleküle | und | 1 Sauerstoff-Molekül | ergeben | 2 Wasser-Moleküle. |
| Atombilanz | 4 Wasserstoff-Atome | und | 2 Sauerstoff-Atome | ergeben | 4 Wasserstoff-Atome und 2 Sauerstoff-Atome. |

*B3 Modellvorstellung zur Umgruppierung von Atomen bei der Bildung von Wasser aus Wasserstoff und Sauerstoff*

## 2.8 Eine Kurzschrift auch für Reaktionen

Bei Reaktionen finden nicht nur Teilchenumgruppierungen statt.
Bei der Reaktion von Natrium **Na(s)** mit Chlor **Cl$_2$(g)** reagieren Natrium-Atome mit Chlor-Atomen, wie sie in Chlor-Molekülen vorliegen, unter Bildung von Natriumchlorid **NaCl(s)**, einem riesigen Ionenverband (B4):

**2 Na(s) + Cl$_2$(g) → 2 NaCl(s)**.

Natriumchlorid (Kochsalz) besteht aus positiv geladenen Natrium-Ionen und negativ geladenen Chlor**id**-Ionen (B4). Der Name eines negativ geladenen Ions wird durch Anfügen der Endung -id an den Atomnamen gebildet.

**Chemische Reaktionen sind mit einer Umordnung bzw. Veränderung von Teilchen verbunden. Dabei wird Energie zugeführt oder abgegeben.**
Wenn eine Veränderung bzw. Umordnung von Teilchen stattgefunden hat, ist ein Stoff mit neuen Eigenschaften entstanden.

### Aufgaben

**A1** Warum sind Reaktionen von Energieumsetzungen begleitet? Erläutere auf Teilchenebene.

**A2** Stelle für folgende Reaktionen die Reaktionsgleichungen auf.
a) Silberoxid **Ag$_2$O(s)** zersetzt sich beim Erhitzen zu Silber und Sauerstoff.
b) Eisen verbrennt zu Eisen(III)-oxid **Fe$_2$O$_3$(s)**.
c) Kupfer(I)-oxid **Cu$_2$O(s)** reagiert mit Kohlenstoff **C(s)** zu Kupfer und Kohlenstoffdioxid.
d) Erdgas (Methan) **CH$_4$(s)** verbrennt zu Kohlenstoffdioxid und Wasser.
e) Bei der Elektrolyse von Salzsäure **HCl(aq)** entstehen Chlor und Wasserstoff. (*Hinweis*: (**aq**) bedeutet „in wässriger Lösung".)
f) Salzsäure reagiert mit Zink zu einer wässrigen Lösung von Zinkchlorid **ZnCl$_2$(aq)** und Wasserstoff.
g) Bei hohen Temperaturen in einem Automotor reagieren Stickstoff und Sauerstoff zu Stickstoffmonooxid **NO(g)**.

**A3** Bei der Zellatmung reagiert Glucose **C$_6$H$_{12}$O$_6$** (in vielen Schritten) zu Wasser und Kohlenstoffdioxid. Erstelle die Reaktionsgleichung für die „stille Verbrennung" von Glucose und schreibe das Teilchenanzahlverhältnis der Reaktionsteilnehmer auf.

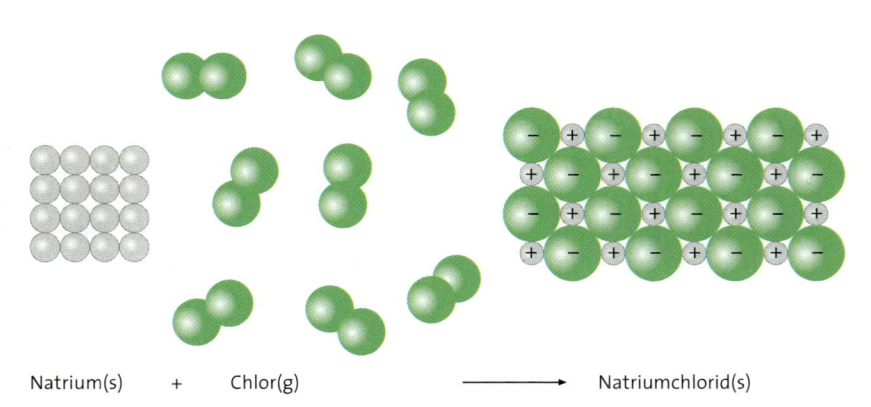

**B4** *Modellvorstellung zur Umgruppierung und Veränderung von Atomen bei der Bildung von Natriumchlorid aus Natrium und Chlor.* **A:** *Überprüfe das Teilchenanzahlverhältnis.*

Natrium(s) + Chlor(g) ⟶ Natriumchlorid(s)

*Ozon-Moleküle bestehen aus drei Sauerstoff-Atomen im Gegensatz zu Sauerstoff-Molekülen, die aus zwei Sauerstoff-Atomen bestehen. Die Bildung von Ozon in der Atmosphäre ist in dem folgenden Comicstrip illustriert.*

**A:** *Dein Onkel versucht, die Bedeutung des Comicstrips zu verstehen. Er hatte allerdings keinen naturwissenschaftlichen Unterricht in der Schule und so ist ihm vieles rätselhaft. Er weiß, dass es keine kleinen Männchen in der Atmosphäre gibt. Aber was bedeuten diese seltsamen Bezeichnungen O$_2$ und O$_3$ und welche Prozesse beschreibt der Comicstrip? Nimm an, dass dein Onkel weiß,*
• *dass O das Symbol für ein Sauerstoff-Atom ist;*
• *was Atome und Moleküle sind.*
*Schreibe eine Erklärung des Comicstrips für deinen Onkel.*
*Verwende in deiner Erklärung die Worte Atome und Moleküle so, wie diese im ersten Satz des Textes verwendet werden.*

## Von der Alchemie zur Chemie

Die Physik als Wissenschaft bildete sich im 17. Jahrhundert. Die beiden bekanntesten Physiker dieser Zeit sind Galileo Galilei (1564–1642) und Isaac Newton (1643–1727). Galilei schuf mit seinen Versuchen die Grundlagen der heutigen experimentellen Physik. Newton untersuchte die Wirkung der Schwerkraft. Mit dem Gesetz der gegenseitigen Massenanziehung begann man, die Mond- und Planetenbahnen zu verstehen. Die gleiche Kraft lässt auf der Erde alle Körper nach unten fallen. Newtons Physik vereint Himmel und Erde in einem einheitlichen Erklärungsprinzip.

Im Gegensatz zu den Fortschritten im Bereich der Physik waren in jener Zeit die Kenntnisse über chemische Reaktionen sehr dürftig. Praktische Erfahrungen wurden zwar überliefert und erweitert, aber ein wissenschaftliches Verständnis fehlte.

Die Beschäftigung mit Stoffen und Reaktionen fiel im Mittelalter und zu Beginn der Neuzeit in das Arbeitsfeld der **Alchemie** (B1), in das auch verschiedenste philosophische und religiöse Strömungen einflossen.

Man war zu dieser Zeit überzeugt, dass kein natürlicher Stoff künstlich hergestellt werden könne. Daher mussten die Natur selbst und ihre Götter durch Beschwörungen, Zaubereien und Gebete dazu gebracht werden, die angestrebten stofflichen Veränderungen geschehen zu lassen. Es galt, den „Stein der Weisen" und das „universale Lösungsmittel" zu finden. Durch beide Stoffe sollte vor allem die „Transmutation" (Umwandlung) der Metalle ermöglicht werden.

Die Ziele der später als „geheime Kunst" bis ins 18. Jahrhundert weiterlebenden Alchemie waren umfassender. So wollte man z. B. unedle Metalle in Gold, Alter in Jugend (Jungbrunnen) oder männlichen Samen, Urin und Blut in der Retorte in einen künstlichen Menschen (*Homunculus* = Menschlein) verwandeln. Beim Suchen nach den geheimnisvollen Schlüsseln der Macht entwickelten die Alchemisten aber auch heute noch wichtige experimentelle Methoden. Ein Beispiel ist die Destillation des Weingeistes, des Alkohols, aus Wein. Auch neue Stoffe wurden gefunden. Der Alchemist Henning Brand (17. Jhd.) dampfte menschlichen Harn ein und glühte den Rückstand. Dabei beobachtete er in der Dunkelheit ein fahles Leuchten (B2), weshalb er den Stoff Phosphor[1] nannte.

Parallel zur Alchemie nahm mit Beginn der Neuzeit eine andere Entwicklung ihren Anfang, die im 17. Jahrhundert ihren Höhepunkt in der **medizinischen Chemie** fand. Begründer dieser neuen Entwicklungsrichtung war der Arzt, Philosoph und Naturforscher Paracelsus (B3). Er lenkte die Aufmerksamkeit der Alchemisten von der Beschäftigung mit dem „Stein der Weisen" auf die Herstellung von Arzneimitteln. Die medizinische Chemie beeinflusste fast zwei Jahrhunderte lang die Entwicklung von Chemie und Medizin.

Erst um 1800 wurde die Chemie mit der Einführung der Waage durch Lavoisier (vgl. S. 31) zur Bestimmung der Masse der Reaktionsteilnehmer eine messende, wissenschaftliche **Chemie**.

**Die Chemie ist somit eine vergleichsweise junge Wissenschaft.**

---

**B1** *In der Werkstatt eines Alchemisten.*
**A:** *Beschreibe das Bild. Welche Gerätschaften entdeckst du? Wozu dienten sie wohl?*

**B2** Henning Brand *bei der Entdeckung des Phosphors*

**B3** Theophrastus Bombastus von Hohenheim *(1493–1541), genannt* Paracelsus*, kannte sich hervorragend mit Naturstoffen aus.*

### Aufgabe
**A1** Erläutere mit deinen Worten den Unterschied zwischen Alchemie und heutiger Chemie.

---

[1] von *phos* (griech.) = Licht und *phoros* (griech.) = tragend

Chemische Reaktionen

## 1. Chemische Reaktion

Chemische Reaktionen sind **Stoff- und Energieumwandlungen**. Die Teilchen werden dabei verändert bzw. umgeordnet. Die Anzahl der Atome bleibt aber erhalten.

Bei einer chemischen Reaktion verändert sich die Gesamtmasse der Reaktionsteilnehmer nicht. **(Satz von der Erhaltung der Masse)**

Energie kann weder erzeugt noch vernichtet werden. Sie kann aber von einer Form in die andere umgewandelt werden. **(Satz von der Erhaltung der Energie)**

In jeder Stoffportion ist innere Energie $E_i$ gespeichert. Die Änderung der inneren Energie $\Delta E_i$, die bei einer chemischen Reaktion auftritt, wird als **Reaktionsenergie** bezeichnet.
Es gilt: $\Delta E_i = E_i$ (Produkte) $- E_i$ (Edukte).

Die Reaktionsenergie wird als Wärme $Q$, Arbeit $W$ und Licht beobachtbar.
Bei **exothermen** Reaktionen wird dem Betrag der abgegebenen Wärme ein Minuszeichen vorangestellt: $Q < 0$.
Bei **endothermen** Reaktionen wird dem Betrag der zugeführten Wärme ein Pluszeichen vorangestellt: $Q > 0$.
Dieselbe Vorzeichenregelung wendet man auch auf andere Formen der Reaktionsenergie an, z. B. die elektrische Energie $E_{el}$. Bei einer Elektrolyse gilt $E_{el} > 0$.

Die Energie, die zu Beginn einer Reaktion zugeführt werden muss, um diese in Gang zu bringen, heißt **Aktivierungsenergie**.

Ein **Katalysator** ist ein Stoff, der die Aktivierungsenergie einer chemischen Reaktion herabsetzt und sie dadurch beschleunigt. Er wird dabei selbst nicht verändert.

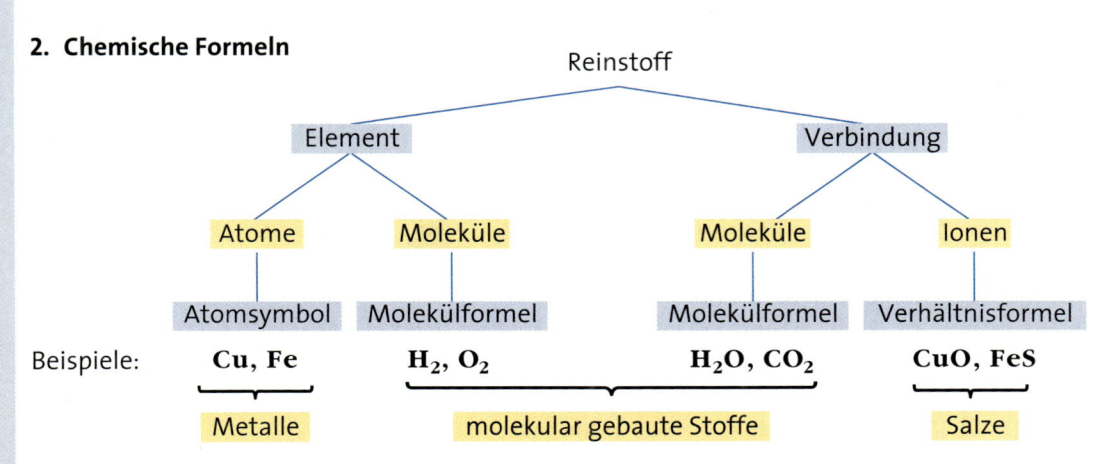

## 2. Chemische Formeln

```
                        Reinstoff
                       /         \
                  Element         Verbindung
                  /    \           /       \
              Atome   Moleküle   Moleküle   Ionen
                |        |          |         |
          Atomsymbol  Molekülformel  Molekülformel  Verhältnisformel
```

Beispiele:   **Cu, Fe**        **H₂, O₂**           **H₂O, CO₂**           **CuO, FeS**

Metalle — molekular gebaute Stoffe — Salze

Die Edelgase bestehen im gasförmigen Zustand aus freien Atomen, denen entsprechende Atomsymbole zugeordnet werden (z. B. **He**, **Ne**).

## 3. Reaktionsgleichung

Die Reaktionsgleichung gibt an, welche Teilchen in welchem kleinstmöglichen Teilchenzahlverhältnis miteinander reagieren bzw. entstehen.

Beispiel: $C_3H_8 + 5\ O_2 \rightarrow 3\ CO_2 + 4\ H_2O$

Dies bedeutet: Propan-Moleküle und Sauerstoff-Moleküle reagieren im Anzahlverhältnis 1:5 zu Kohlenstoffdioxid-Molekülen und Wasser-Molekülen im Anzahlverhältnis 3:4.

## Chemische Reaktionen

**A1** Erläutere mit eigenen Worten, warum die Masse vieler Stoffe beim Verbrennen zunimmt. Nenne Beispiele. Und wie erklärst du, dass die Masse anderer Stoffe (Holz, Benzin, Kohle) beim Verbrennen an Luft abnimmt?

**A2** Formuliere die Reaktionsgleichungen für die nachfolgend angegebenen chemischen Reaktionen.
a) Magnesium wird mit Salzsäure $HCl$(aq) zu Wasserstoff und einer wässrigen Lösung von Magnesiumchlorid $MgCl_2$(aq) umgesetzt.
b) Bei Erhitzen von festem Calciumcarbonat $CaCO_3$(s) entstehen Calciumoxid und Kohlenstoffdioxid.

**A3** In ein Reagenzglas werden 0,12 g Kohlenstoff eingewogen. Dann wird das Reagenzglas mit Sauerstoff befüllt und mit einem sauerstoffgefüllten Luftballon verschlossen. Der gesamte Versuchsaufbau (Reagenzglas mit Kohlenstoff, Sauerstoff und Ballon) wiegt 18,44 g. Erhitzt man das mit dem Luftballon verschlossene Reagenzglas kräftig mit dem Gasbrenner, fängt der Kohlenstoff an zu glühen. Schüttelt man nun das Reagenzglas, glüht der Kohlenstoff auf und verschwindet schließlich ganz.

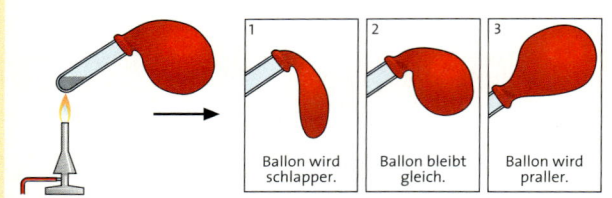

a) Welches der drei dargestellten Versuchsergebnisse kann man nach dem Abkühlen des Reagenzglases beobachten?
b) Nach Verschwinden des Kohlenstoffs und Abkühlen wird die weiterhin mit dem Ballon verschlossene Versuchsanordnung erneut gewogen. Welches Ergebnis erwartest du?
A) 18,76 g   B) 18,44 g   C) 18,60 g   D) 18,32 g
E) mehr als 18,76 g   F) weniger als 18,32 g

**A4** In welchem der dargestellten Versuchsaufbauten brennt eine Kerze am besten? Begründe deine Entscheidung.

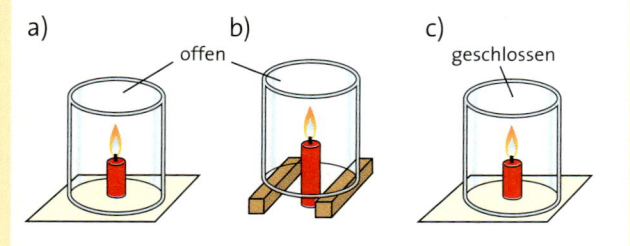

**A5** Die Glühwendel in einer Glühbirne (links) wird ca. 2500 °C heiß. Trotzdem verbrennt sie nicht. In Blitzlämpchen (rechts) wurde früher ein Magnesiumfaden verwendet. Er verbrennt bei Stromfluss sofort unter Aussendung von UV-Licht. Erkläre die beiden Erscheinungen.

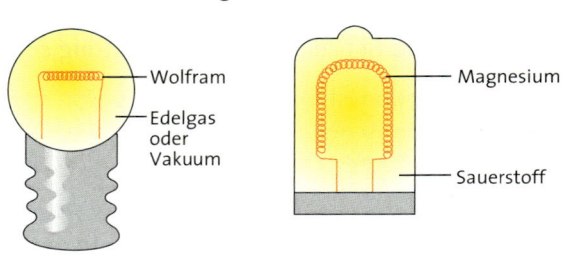

**A6** In den vier Skizzen entsprechen die unterschiedlichen Kreise verschiedenen Atomarten. Ordne jeder Skizze die Begriffe Element, Verbindung oder Gemisch zu und begründe deine Zuordnung.

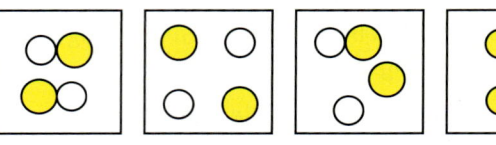

**A7** Betrachte die folgende Darstellung der Reaktion von Wasserstoff und Stickstoff zur Bildung von Ammoniak.

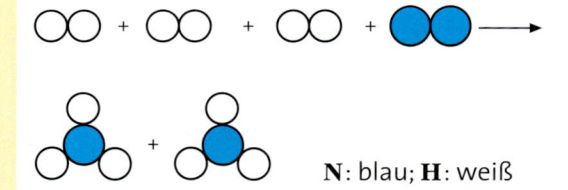

N: blau; H: weiß

Wie verhalten sich bei dieser Reaktion
• die Anzahl der Moleküle,
• die Anzahl der Atome und
• die Massen
bei Edukten und Produkten?

**A8** Bei einer exothermen Reaktion von Magnesium mit Salzsäure entstehen Wasserstoff und wässrige Magnesiumchlorid-Lösung. Bei Ausbreitung des Gases wird gegen die Druckkraft der umgebenden Luft Arbeit $W$ verrichtet.
a) Schreibe die Gleichung für die Reaktion von Magnesium und Salzsäure (vgl. S. 37, A2 f).
b) Schreibe den Satz von der Erhaltung der Energie in Formelschreibweise.

# Chemische Reaktionen

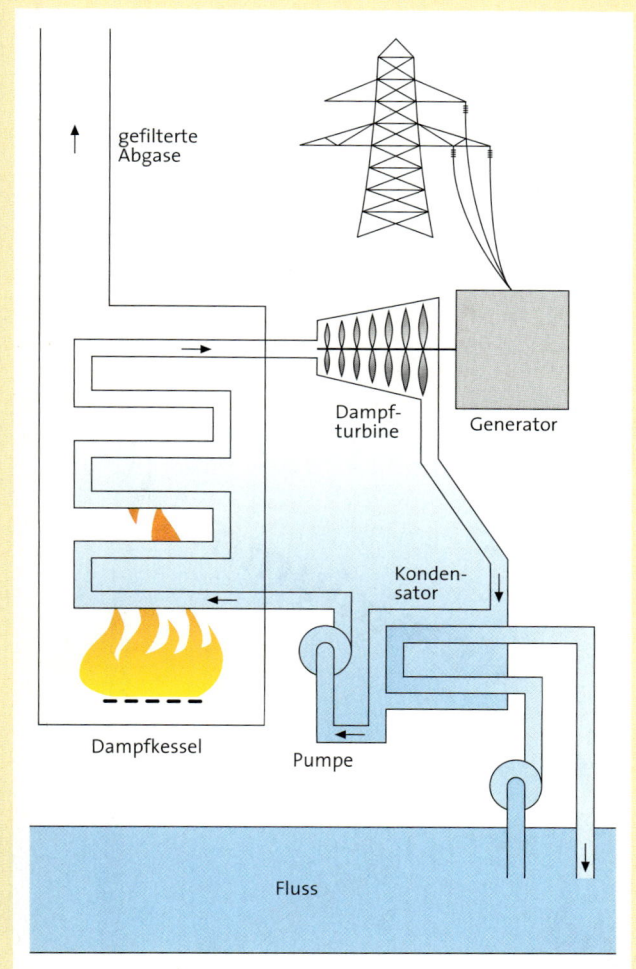

## PRÜFE DEIN WISSEN

*Darstellung eines Kraftwerks zur Umwandlung von Wärme in elektrische Energie*

**A9** In einem Kraftwerk (vgl. Darstellung) werden elektrische und mechanische Arbeit, innere Energie und Wärme ineinander umgewandelt. Bringe die verschiedenen Energiearten anhand der Abbildung in die richtige Reihenfolge.

**A10** Im Mittelalter verwendeten die Alchemisten andere, oft nur ihnen bekannte Symbole zur Darstellung von chemischen Reaktionen. Sie wollten mit dieser „Geheimsprache" ihr Wissen schützen. Die Auflösung von Gold durch Königswasser stellte der Alchemist MYLIUS folgendermaßen dar:

*Die Sonne steht für Gold. Sie wird vom Löwen (Königswasser) ins Meer gezwungen: Gold löst sich in Königswasser auf!*

Beim Eindampfen der so erhaltenen Lösung gewinnt man kein Gold zurück. Erkläre, ob es sich bei dieser Darstellung um einen physikalischen oder chemischen Vorgang handelt.

### Wie ein Stoff seinen Namen erhält

**Salze** können mithilfe der Wertigkeit eindeutig benannt werden.

**Beispiel:** *Benennung einer Verbindung $A_xB_y$*
deutscher Name des Metalls + Wertigkeit in Klammern als römische Ziffer + lat./griech. Wortstamm des Nichtmetalls + Nachsilbe „-id":
$Cu_2O$ Kupfer(I)-oxid; $Fe_2O_3$ Eisen(III)-oxid; $CuS$ Kupfer(II)-sulfid

**Molekulare Verbindungen** können ebenfalls mithilfe der Wertigkeit benannt werden.
Dabei verwendet man griechische Zahlwörter.

**Beispiel:** *Benennung einer Verbindung $A_xB_y$*
Anzahl der Atome des ersten Verbindungspartners als griech. Zahlwort + deutscher Name der Atomart + Anzahl der Atome des zweiten Verbindungspartners als griech. Zahlwort + lat./ griech. Wortstamm dieser Atomart + Nachsilbe „-id":

- **NO** Stickstoff**mono**oxid;
- **NO₂** Stickstoff**di**oxid
- **N₂O₄** **Di**stickstoff**tetra**oxid

**A11** Ordne die Formeln den Namen für die Stickstoffoxide richtig zu. Welcher Name ist nicht eindeutig?

|  | Stickstoff(IV)-oxid |
|---|---|
| $N_2O$ | Stickstoffmonooxid |
| NO | Distickstofftrioxid |
| $NO_2$ | Distickstoffoxid |
| $N_2O_3$ | Stickstoffdioxid |
| $N_2O_4$ | Stickstoff(II)-oxid |
|  | Distickstofftetraoxid |

**A12** Leite jeweils die Formel für den Stoff aus dem Namen ab.
Zink(II)-bromid; Eisen(III)-chlorid; Chlordioxid; Blei(IV)-oxid; Diiodpentaoxid; Eisen(II)-oxid; Eisen(III)-oxid; Eisen(II,III)-oxid; Tetraphosphordecaoxid

## Chemische Reaktionen

**A13** Die Edukte (gelb) und Produkte (blau) von sechs verschiedenen Reaktionen sind total durcheinander geraten!
a) Kombiniere die passenden Reaktionspartner und schreibe die Reaktionen als Wortgleichungen auf. Es müssen alle Reaktionspartner benutzt werden.
b) Ordne den Atomarten die richtigen chemischen Symbole zu: **H/Fe/C/Ag/O/Mg/Al/Cu/S**.
c) Ermittle die Formeln und stelle die Reaktionsgleichungen auf.

*Magnesium* · **Silbersulfid** · **Silber** · **Schwefel** · *Schwefel* · *Wasserstoff* · *Sauerstoff* · **Aluminiumoxid** · **Kupfer** · **Eisensulfid** · *Kohlenstoff* · *Aluminium* · *Sauerstoff* · *Kupferoxid* · **Wasser** · *Wasser* · **Magnesiumoxid** · **Kohlenstoffdioxid** · *Schwefel* · *Eisen* · **Wasserstoff**

**A14** Übertrage die Abbildungen a) bis c) in dein Heft und vervollständige sie. Schreibe jeweils die passende Reaktionsgleichung unter Verwendung von Formeln dazu.

- ● = Sauerstoff-Atom
- ● = Kohlenstoff-Atom
- ○ = Wasserstoff-Atom
- ● = Stickstoff-Atom

# 3 Atombau und Periodensystem

**Das Atomium**

in Brüssel stellt die aus neun Eisen-Atomen bestehende, kleinste Baueinheit von Eisen in vielfacher Vergrößerung dar.
Wie kann man den Bau der Atome untersuchen?
Wie kann man Atome ordnen?
Wie hängen Bau und Eigenschaften von Atomen zusammen?

## 3.1 Das Innere der Atome

### Das Kern-Hülle-Modell

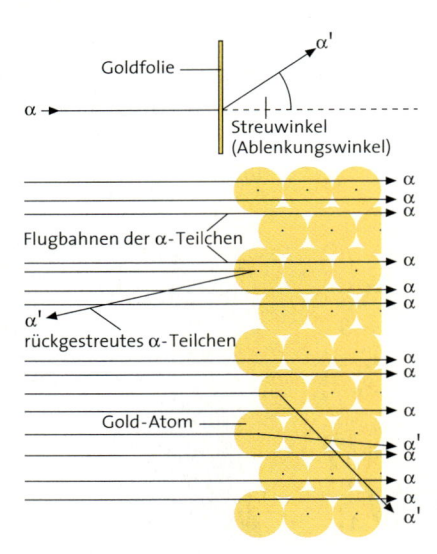

Die Atome waren entdeckt – doch woraus bestehen sie? In den Jahren 1909 bis 1911 beschäftigen sich der Experimentalphysiker E. RUTHERFORD und seine Mitarbeiter mit dem **Streuversuch**, einem Versuch zum Streuverhalten von **Alpha($\alpha$)-Teilchen** an einer Goldfolie.

Mit Auswertung und Deutung der Streuversuche konnte RUTHERFORD ein erstes Modell für den Bau des Atoms entwickeln, das **Kern-Hülle-Modell**. $\alpha$-Teilchen sind zweifach positiv geladene Teilchen mit der gleichen Masse wie Helium-Atome. Sie entstehen u.a. beim radioaktiven Zerfall von Radium-Atomen. $\alpha$-Strahler nennt man solche Stoffe (z.B. Radiumchlorid), aus denen bei Zerfall sehr viele $\alpha$-Teilchen mit hoher Geschwindigkeit austreten.

Wenn $\alpha$-Teilchen auf einen Leuchtschirm aus Zinksulfid treffen, leuchtet dieser an den Auftreffstellen blitzartig auf, treffen sie auf einen fotografischen Film, wird der Film an den Auftreffstellen geschwärzt.

RUTHERFORD setzte bei seinem Versuch Radiumchlorid als $\alpha$-Strahler ein. Den gesamten Versuchsaufbau (B1, B2) stellte er in eine Vakuumkammer, um zu vermeiden, dass die $\alpha$-Teilchen mit den Molekülen der Luft zusammenstoßen.

Bringt man eine Goldfolie in den Strahlengang der $\alpha$-Teilchen, so bildet sich die Öffnung der Blende unscharf ab (B2). Obwohl die Gold-Atome, deren Masse ca. 50-mal größer ist als die der $\alpha$-Teilchen, dicht gepackt sind, „fliegen" die $\alpha$-Teilchen offenbar durch die Gold-Atome hindurch (B1). Die Atome sind also keine undurchdringlichen Teilchen. Ein großer, nahezu leerer Bereich ermöglicht den Durchtritt der $\alpha$-Teilchen: die **Atomhülle**. Da aber die Abbildung der Blende unscharf ist, müssen einige $\alpha$-Teilchen beim Durchdringen der Goldfolie etwas abgelenkt worden sein. Ihr Anteil ist allerdings erheblich geringer als jener der nicht abgelenkten $\alpha$-Teilchen. Ein sehr geringer Anteil der $\alpha$-Teilchen wird zurückgeworfen, diese Teilchen treten wieder auf der gleichen Seite der Metallfolie aus, auf der sie eingedrungen sind (B1). Die Atome besitzen demnach ein positiv geladenes Zentrum, das die ebenfalls positiv geladenen $\alpha$-Teilchen aufgrund der gegenseitigen Abstoßung ablenkt: der **Atomkern**. Er ist im Vergleich zu der Hülle sehr klein.

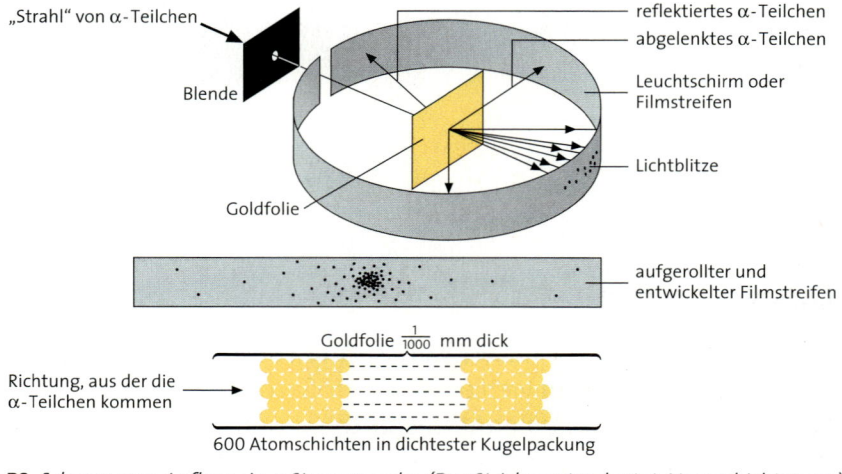

**B1** *Streuung von $\alpha$-Teilchen und Modellvorstellung RUTHERFORDS zur Deutung der Streuung im Jahr 1911.*

*RUTHERFORD errechnete, dass durch eine Goldfolie aus 100 Atomschichten von 100 000 eindringenden $\alpha$-Teilchen nur ein Einziges abgelenkt wird. Der Anteil der abgelenkten $\alpha$-Teilchen ist also in Wirklichkeit noch sehr viel geringer, als es auf dem Bild dargestellt werden kann. Die Häufigkeit der Ablenkung ergibt sich aus der Anzahl der abgelenkten $\alpha$-Teilchen, bezogen auf die Gesamtzahl der „eingestrahlten" $\alpha$-Teilchen. Es zeigte sich, dass ein Teil der $\alpha$-Teilchen sogar um einen Winkel von mehr als 90° gestreut, d.h. abgelenkt wird (B2).*

*Nach RUTHERFORDS Worten war seinerzeit die Vorstellung, dass die $\alpha$-Teilchen von der dünnen Metallfolie zurückgeworfen werden, so unerhört wie der Gedanke, eine Gewehrkugel würde auf ein Blatt Papier abgefeuert, von diesem abgelenkt oder gar davon abprallen und zurückfliegen. Die $\alpha$-Teilchen können den äußeren Teil der Atome, die Atomhülle, ungehindert durchdringen. Von einem außerordentlich kleinen Zentrum im Atom, dem Atomkern, werden sie stark abgelenkt.*

**B2** *Schema zum Aufbau eines Streuversuchs. (Das Strichmuster deutet Atomschichten an.)*

## 3.1 Das Innere der Atome

Atome sind so winzig, dass sie nicht direkt wahrgenommen werden können. Um Beobachtungen und chemische Vorgänge erklären zu können, muss man deshalb mit Modellvorstellungen arbeiten und nutzt **Atommodelle**. Für Atommodelle ist wesentlich, dass niemand das „Original", ein Atom, kennt, anders als z. B. bei einer Modelleisenbahn (B3).
Atome sind Teile der Natur, Atommodelle Teile unseres Denkens.

Im Jahr 1911 veröffentlichte E. Rutherford (B4) auf Basis des Streuversuchs das **Kern-Hülle-Modell**. Danach bestehen Atome aus einem winzigen Zentrum, dem **Atomkern**. Dieser trägt fast die gesamte Masse des Atoms und eine positive elektrische Ladung. Der Atomkern ist von einer vergleichsweise riesigen **Atomhülle** umgeben. Sie enthält nahezu masselose Elektronen und ist elektrisch negativ geladen.
Der Radius eines Atomkerns liegt in der Größenordnung von ca. $1/10^{14}$ m, der Radius der Atomhülle dagegen in der Größenordnung von $1/10^{10}$ m. Das Radienverhältnis $r$ (Atomkern) : $r$ (Atomhülle) ist demnach ungefähr 1 : 10 000! Atome sind demnach vor allem „leerer Raum".
Zwei Größenvergleiche veranschaulichen die gewaltigen Unterschiede in der Raumerfüllung von Atomkern und Atomhülle.
1. Könnte man den Kern eines Wasserstoff-Atoms so stark vergrößern, dass sein Durchmesser bei 1 m läge, hätte das gesamte Atom einen Durchmesser von ungefähr 10 km.
2. Ließe sich ein Atom billionenfach vergrößern, hätte der Atomkern den Durchmesser eines Kirschkerns, der Durchmesser des Atoms betrüge 300 m.

Das **Elektron** ist ein Teilchen der Atomhülle, das man zu der Gruppe der Elementarteilchen zählt. Als Bausteine des Atomkerns hat man zwei weitere **Elementarteilchen** gefunden, das **Proton**[1] und das **Neutron**[2].
Das Proton ist positiv geladen. Dem Betrag nach stimmt diese Ladung mit der negativen Elementarladung eines Elektrons überein. Man sagt daher, das Proton ist einfach positiv, das Elektron einfach negativ geladen. Das Neutron hat keine elektrische Ladung. Es besitzt etwa die gleiche Masse wie ein Proton, während die Masse eines Elektrons nur etwa 1/2000 der Masse eines Protons beträgt. Zur Gesamtmasse des Atoms tragen deshalb die Elektronen der Atomhülle kaum etwas bei (B5).
Da Atome nach außen elektrisch neutral sind, gilt:
**Die Anzahl der Elektronen $Z_e$ in der Atomhülle ist gleich der Anzahl der Protonen $Z$ im Atomkern.**
Die beiden Bausteine des Atomkerns, Protonen und Neutronen, bezeichnet man zusammenfassend als **Nukleonen**[3]. Die **Nukleonenzahl** $A$ eines Atoms ist die Summe aus der **Protonenzahl** $Z$ und der **Neutronenzahl** $N$:
$A = Z + N$.
Die Protonenzahl kennzeichnet eine Atomart eindeutig. Sie wird links unten an das Atomsymbol geschrieben, die Nukleonenzahl links oben (B6).
**Ein Element besteht aus Atomen mit gleicher Protonenzahl.**
Atome mit gleicher Protonenzahl, aber unterschiedlicher Neutronenzahl nennt man **Isotope** (B6).

[1] von *protos* (griech.) = der Erste; [2] von *neutrum* (griech.) = keines von beiden;
[3] von *nucleus* (lat.) = Kern

**B3** Modelleisenbahn. **A:** Wodurch unterscheiden sich Modelleisenbahn und „richtige" Bahn, worin gleichen sie sich?
**A:** Vergleiche diese Art Modell mit Modellvorstellungen in der Chemie (z. B. Teilchenmodell, Atommodell).

**B4** Sir Ernest Rutherford (1871–1937), neuseeländisch-englischer Physiker, erhielt 1908 den Nobelpreis für Chemie.

| Elementar-teilchen | Proton | Neutron | Elektron |
|---|---|---|---|
| Symbol | $p^+$ | $n$ | $e^-$ |
| Ladungs-zahl $z$ | +1  | 0  | −1 |

**B5** Bausteine des Atoms. Die Anzahl der positiven bzw. negativen Elementarladungen wird als **Ladungszahl** $z$ bezeichnet.
**A:** Erkläre, warum fast die gesamte Masse eines Atoms im Atomkern konzentriert ist.

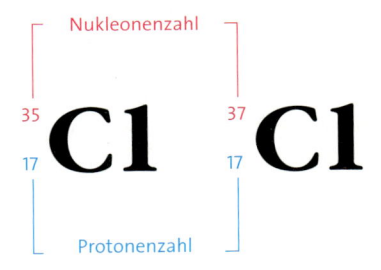

$^{35}_{17}\text{Cl}$   $^{37}_{17}\text{Cl}$

**B6** Kennzeichnung der beiden Chlor-Isotope

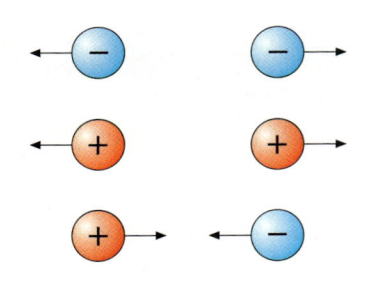

**B1** *Gleichnamige Ladungen stoßen sich ab und ungleichnamige Ladungen ziehen sich an.*

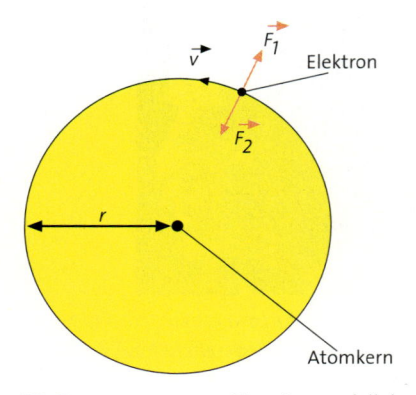

**B2** RUTHERFORDsches *Planetenmodell des Wasserstoff-Atoms. Am bewegten Elektron besteht ein Kräftegleichgewicht.*
$F_1$: *Fliehkraft*; $F_2$: *elektrische Anziehungskraft*; v: *Geschwindigkeit des Elektrons*

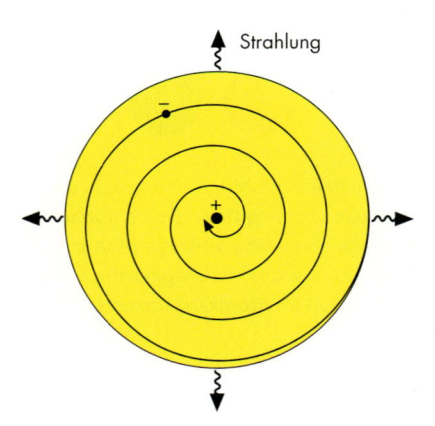

**B3** *Die Unzulänglichkeit des* RUTHERFORDSCHEN *Planetenmodells. Nach den Gesetzen der Elektrizitätslehre müsste das Elektron auf einer Spiralbahn unter Abgabe von Energie in Form von Strahlung in den Kern „stürzen".*

## Die Ionisierungsenergie

Man kann die Atomhülle nicht für unser Auge sichtbar machen. Aber Protonen und Elektronen zeigen Eigenschaften, die uns Informationen über die Atomhülle liefern.

Wir wissen, dass sich gleichnamige Ladungen abstoßen und ungleichnamige anziehen (B1).

Folglich müssen zwischen dem positiv geladenen Atomkern und den Elektronen der Atomhülle elektrische Anziehungskräfte wirken. Diese müssten eigentlich bewirken, dass die Elektronen in den Kern „stürzen". Aus der alltäglichen Erfahrung wissen wir jedoch, dass dies nicht der Fall ist: Die Atome, aus denen die Stoffe unserer Welt aufgebaut sind, sind stabil.

ERNEST RUTHERFORD stellte im Jahr 1911 für den Aufbau eines Atoms das „Planetenmodell" auf. Als Vorbild diente ihm das System der um die Sonne kreisenden Planeten (B4). Auch die Planeten müssten aufgrund der Anziehungskräfte, die zwischen den Massen der Himmelskörper wirken, in die Sonne „stürzen". Dies geschieht aber nicht, weil die Fliehkraft eines Planeten die Anziehungskraft der Sonne auf ihn gerade ausgleicht. Dem Planetenmodell für den Atomaufbau liegt eine entsprechende Annahme zugrunde: Die Elektronen umkreisen den Atomkern wie die Planeten die Sonne mit hoher Geschwindigkeit, sodass die Fliehkraft der Elektronen und die elektrische Anziehungskraft des Atomkerns auf diese im Gleichgewicht sind (B2).

RUTHERFORD war sich allerdings der Unzulänglichkeit seines Modells bewusst, denn im Gegensatz zu Sonne und Planeten sind Atomkerne und Elektronen elektrisch geladen. Ein kreisendes, elektrisch geladenes Teilchen wie das Elektron müsste nach den Gesetzen der Elektrizitätslehre im Gegensatz zu einem kreisenden, elektrisch neutralen Ding (z. B. Planet) ständig Energie in Form von Strahlung abgeben. Wegen des steten Energieverlusts müsste das Elektron eine spiralförmige Bahn um den Kern einnehmen und innerhalb kürzester Zeit mit wachsender Umlaufgeschwindigkeit auf den Kern „stürzen" (B3).

Das so anschauliche Planetenmodell müssen wir folglich aufgeben und anhand von Experimenten ein Modell erarbeiten, das den Aufbau des Atoms sachgerecht beschreibt.

**B4** *Die Planeten umkreisen unsere Sonne.*

## 3.2 Das Unsichtbare wird vermessen

Eine Methode der experimentellen Untersuchung des Aufbaus der Atomhülle ist die schrittweise Abtrennung der Elektronen. Dazu muss gegen die elektrische Anziehungskraft, die zwischen dem positiv geladenen Atomkern und den negativ geladenen Elektronen wirkt, Energie aufgewendet werden. Da nach der Entfernung eines oder mehrerer Elektronen aus einer Atomhülle die positive Kernladung nicht mehr elektrisch neutralisiert ist, entsteht ein positiv geladenes **Ion**. Dementsprechend wird die Energie, die zur Abtrennung eines Elektrons und damit zur Bildung eines Ions verrichtet wird, **Ionisierungsenergie** genannt. Sie lässt sich durch Messung bestimmen.

Die Messergebnisse in B6 zeigen zum einen, dass sich die Atomarten in der Ionisierungsenergie, die zur Abtrennung eines bestimmten Elektrons (z. B. des zweiten) nötig ist, unterscheiden.

Zum anderen variiert bei einer Atomart die Differenz zweier aufeinanderfolgender Ionisierungsenergien.

Immer aber gilt, dass für die Abtrennung eines weiteren Elektrons (z. B. des zweiten) mehr Ionisierungsenergie aufgewendet werden muss als für das zuvor abgetrennte (z. B. erste).

### Aufgaben

**A1** Fertige anhand der Daten aus B6 ein Säulendiagramm der Ionisierungsenergien der sechs Elektronen des Kohlenstoff-Atoms.

**A2** Stelle für das Kohlenstoff-Atom die Ionisierungsenergien zur Abtrennung der einzelnen Elektronen in einem Diagramm (x-Achse 1., 2., ... . Elektron; y-Achse Ionisierungsenergie) grafisch dar.

**A3** Zeichne mithilfe der Daten aus B6 ein Säulendiagramm für die Ionisierungsenergien des jeweils zweiten Elektrons der Atomarten von $Z=3$ bis $Z=18$.

**A4** Gib eine Erklärung dafür, dass bei einer Atomart die Ionisierungsenergie für ein zweites Elektron immer größer ist als die Ionisierungsenergie für das erste Elektron.

**B5** CHARLES A. DE COULOMB (1736–1806), französischer Physiker, gilt als Begründer der exakten Elektrizitätslehre.

**A5** Die elektrische Kraft, die zwischen zwei elektrischen Ladungen wirkt (B1), lässt sich durch das COULOMBSCHE (B5) Gesetz formulieren.
a) Informiere dich in einem Physikbuch oder im Internet über dieses Gesetz. b) Welche Aussagen lassen sich über die Kraftwirkungen zwischen zwei elektrischen Ladungen machen?

**A6** Warum verwendet man in der Atomphysik als Einheit der Energie das Elektronvolt (B6)?

In **B6** sind die Ionisierungsenergien der ersten 10 Elektronen für die Atome mit $Z = 3, ...\ 18$ abgebildet. Die Energiewerte sind in der atomphysikalischen Energieeinheit Elektronvolt aufgelistet. 1 **Elektronvolt** (1 eV) entspricht $1{,}602 \cdot 10^{-19}$ J und ist die Energie, die ein Elektron beim Durchlaufen einer Spannung von 1 V erhält.

| Z | Atomart | | Elektron | | | | | | | | | |
|---|---|---|---|---|---|---|---|---|---|---|---|---|
| | | | 1. | 2. | 3. | 4. | 5. | 6. | 7. | 8. | 9. | 10. |
| 3 | Li | Lithium | 5,4 | 75,6 | 122,4 | | | | | | | |
| 4 | Be | Beryllium | 9,3 | 18,2 | 153,9 | 217,7 | | | | | | |
| 5 | B | Bor | 8,3 | 25,1 | 37,9 | 259,3 | 340,1 | | | | | |
| 6 | C | Kohlenstoff | 11,3 | 24,4 | 47,9 | 64,5 | 391,9 | 489,8 | | | | |
| 7 | N | Stickstoff | 14,5 | 29,6 | 47,4 | 77,5 | 97,9 | 551,9 | 666,8 | | | |
| 8 | O | Sauerstoff | 13,6 | 35,2 | 54,9 | 77,4 | 113,9 | 138,1 | 739,1 | 871,1 | | |
| 9 | F | Fluor | 17,4 | 35,0 | 62,6 | 87,2 | 114,2 | 157,1 | 185,1 | 953,6 | 1100,0 | |
| 10 | Ne | Neon | 21,6 | 41,0 | 64,0 | 97,1 | 126,4 | 157,9 | 207,0 | 238,0 | 1190,0 | 1350,0 |
| 11 | Na | Natrium | 5,1 | 47,3 | 71,6 | 98,8 | 138,6 | 172,4 | 208,4 | 264,1 | 299,9 | 1460,0 |
| 12 | Mg | Magnesium | 7,6 | 15,0 | 80,1 | 109,3 | 141,2 | 186,7 | 225,3 | 266,0 | 328,2 | 367,0 |
| 13 | Al | Aluminium | 6,0 | 18,8 | 28,4 | 120,0 | 153,8 | 190,4 | 241,9 | 285,1 | 331,6 | 399,2 |
| 14 | Si | Silicium | 8,1 | 16,3 | 33,5 | 45,1 | 166,7 | 205,1 | 246,4 | 303,2 | 349,0 | 407,0 |
| 15 | P | Phosphor | 11,0 | 19,7 | 30,1 | 51,4 | 65,0 | 220,4 | 263,3 | 309,2 | 380,0 | 433,0 |
| 16 | S | Schwefel | 10,4 | 23,4 | 35,0 | 47,3 | 72,5 | 88,0 | 281,0 | 328,8 | 379,1 | 459,0 |
| 17 | Cl | Chlor | 13,0 | 23,8 | 39,9 | 53,5 | 67,8 | 96,7 | 114,3 | 348,3 | 398,8 | 453,0 |
| 18 | Ar | Argon | 15,8 | 27,6 | 40,9 | 59,8 | 75,0 | 91,3 | 124,0 | 143,5 | 434,0 | 494,0 |

## Das Energiestufenmodell der Atomhülle

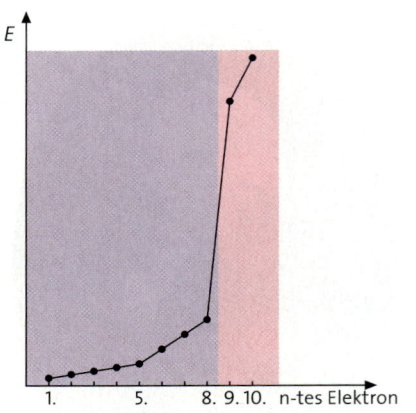

Die Auswertung von B4 (A1 bis A3) auf S. 47 liefert erstaunliche Ergebnisse. B1 zeigt am Beispiel Neon-Atom, dass die Ionisierungsenergie zunächst von Elektron zu Elektron gleichmäßig leicht zunimmt: Je mehr Elektronen bereits entfernt wurden, desto weniger verbleibende Elektronen schirmen das jeweils nächste zu entfernende Elektron gegen die elektrische Anziehungskraft des Atomkerns ab. Damit sind die auf ein Elektron wirkende Anziehungskraft des Kerns und infolgedessen die Ionisierungsenergie stets größer als bei dem zuvor abgetrennten.

Beim Schritt vom achten zum neunten Elektron nimmt die Ionisierungsenergie sprunghaft zu, ihre Zunahme vom neunten zum zehnten Elektron ist dann wieder deutlich geringer. Wie lässt sich der sprunghafte Anstieg der Ionisierungsenergie erklären?

Da die Ionisierungsenergie umso größer ist, je größer die elektrische Anziehungskraft zwischen Kern und Elektron ist, müssen wir annehmen, dass diese zwischen Kern und dem neunten und zehnten Elektron besonders groß ist. Die Stärke der Kraftwirkung zwischen elektrischen Ladungen mit bestimmter Größe ist auch von dem Abstand der Ladungen zueinander abhängig: Je kleiner dieser Abstand ist, desto größer sind die anziehenden Kräfte.

Folglich müssen sich zwei Elektronen im Neon-Atom näher am Kern befinden (große Ionisierungsenergie – starke Anziehungskraft – kleiner Kernabstand) als die anderen acht Elektronen (kleinere Ionisierungsenergie – schwächere Anziehungskraft – größerer Kernabstand).

Wir stellen uns vor, dass zunächst alle zehn Elektronen des Neon-Atoms denselben Abstand vom Kern haben. Um nun acht der Elektronen in ihre tatsächliche größere Entfernung vom Kern zu bringen, muss gegen die elektrische Anziehungskraft der Kernladung Energie aufgebracht werden. Das Elektron speichert diese zugeführte Energie (B2).

Kernferne Elektronen haben daher einen höheren Energiezustand, sie befinden sich auf einer höheren **Energiestufe** als kernnahe Elektronen.

Umgekehrt wird die von einem Elektron gespeicherte Energie in Form von Licht abgegeben, wenn es aus einem höheren in einen niedrigeren Energiezustand übergeht.

**Für die Abtrennung von Elektronen einer hohen Energiestufe aus einem Atom ist eine geringere Ionisierungsenergie notwendig als für die von Elektronen einer niedrigen Energiestufe (B3).**

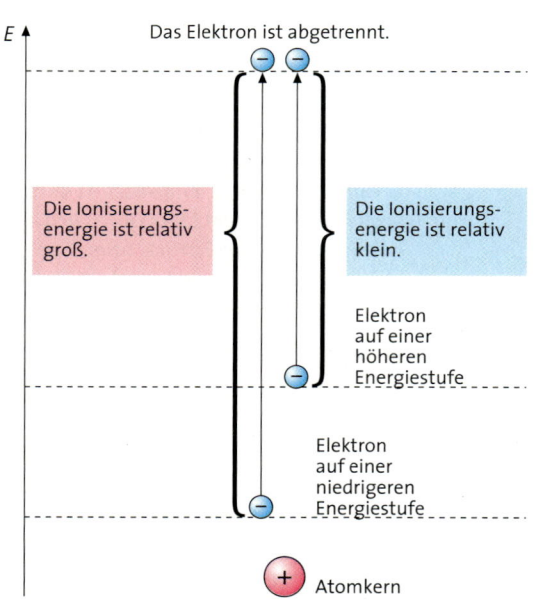

**B1** Grafische Darstellung der Ionisierungsenergie E für die aufeinanderfolgende Abtrennung der 10 Elektronen von einem Neon-Atom (Schema)

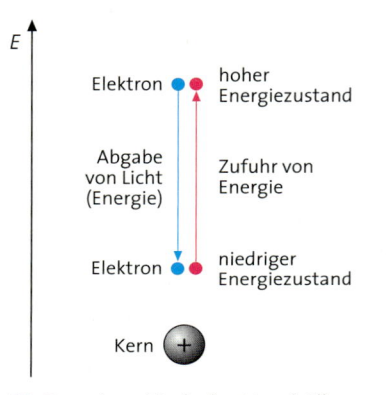

**B2** Energiezustände der Atomhülle

**B3** Kleinere Ionisierungsenergie bedeutet höheres Energieniveau, größere Ionisierungsenergie niedrigeres Energieniveau des Elektrons im Atom.

## 3.3 Elektron ist nicht gleich Elektron

Die experimentellen Befunde bei der Ionisierung von Neon-Atomen (B1) führen zu der Annahme, dass die zehn Elektronen eines Neon-Atoms nicht gleichmäßig oder ungeordnet in der Atomhülle verteilt sind, sondern sich gruppenweise auf zwei gut unterscheidbaren Energiestufen befinden (B4).

**Allgemein lassen sich die Elektronen der Atomhüllen gruppenweise nach Energiestufen ordnen.** Die Kennzeichnung dieser Energiestufen (einer Atomhülle) erfolgt durch **Hauptquantenzahlen**[1] n (n = 1, 2, 3, ..., 7) oder durch Großbuchstaben (K[2], L, M ..., Q), beginnend mit n = 1 bzw. K für die niedrigste (kernnahe) Energiestufe.

B5 zeigt die Ionisierungsenergie für die aufeinanderfolgende Abtrennung der 20 Elektronen eines Calcium-Atoms schematisch. Die Atomhülle des Calcium-Atoms kann demnach in 4 Energiestufen gegliedert werden (B6). Der höchsten Energiestufe ordnet man wie der niedrigsten zwei Elektronen, den beiden mittleren Energiestufen jeweils acht Elektronen zu.

Jede Energiestufe kann nur eine bestimmte Höchstzahl von Elektronen aufnehmen. Diese maximale Elektronenzahl $Z_{e\,max}$ pro Energiestufe ist nach der Formel $Z_{e\,max} = 2\,n^2$ zu berechnen; n ist dabei die jeweilige Hauptquantenzahl (B8).

### Aufgaben

**A1** Vergleiche die Angaben in B8 mit B6 und beurteile, ob alle Energiestufen (n = 1 bis n = 4) beim Calcium-Atom voll besetzt sind.

**A2** Stimmen die Aussagen des Kern-Hülle-Modells in B7 mit den experimentellen Ergebnissen überein? Erläutere deine Überlegungen.

**A3** Bestünde ein erwachsener Mensch nur aus Atomkernen, hätte er etwa die Größe einer Fliege. Begründe diesen Größenvergleich.

**A4** Warum sind die festen Dinge unseres Alltags für uns undurchdringlich, obwohl die Atome, aus denen sie bestehen, nahezu „leerer Raum" sind?

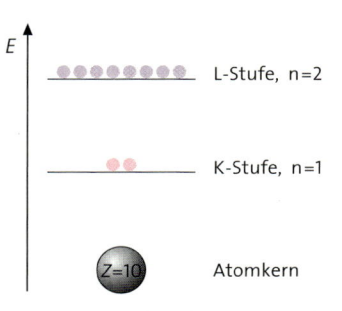

**B4** *Energiestufenschema für das Neon-Atom: Verteilung der 10 Elektronen des Neon-Atoms auf die (zwei) Energiestufen n = 1 und n = 2*

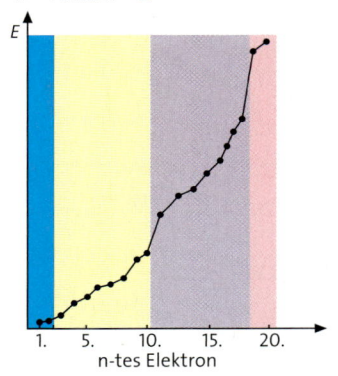

**B5** *Schematische Darstellung der Ionisierungsenergien für die aufeinanderfolgende Abtrennung der 20 Elektronen aus einem Calcium-Atom*

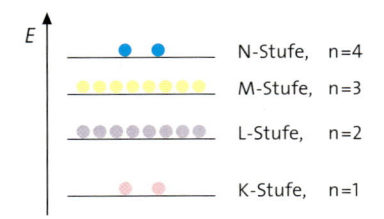

**B6** *Energiestufenschema für das Calcium-Atom (ohne Atomkern): Verteilung der 20 Elektronen des Calcium-Atoms auf die (vier) Energiestufen n = 1, n = 2, n = 3 und n = 4*

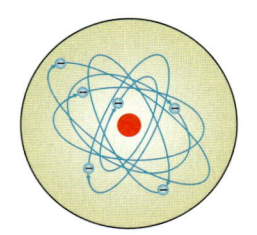

**B7** *Kern-Hülle-Modell eines Atoms*

| Energiestufe | Hauptquantenzahl | maximale Elektronenzahl |
|---|---|---|
| K-Stufe | n = 1 | 2 |
| L-Stufe | n = 2 | 8 |
| M-Stufe | n = 3 | 18 |
| N-Stufe | n = 4 | 32 |
| O-Stufe | n = 5 | 50 |
| P-Stufe | n = 6 | 72 |
| Q-Stufe | n = 7 | 98 |

**B8** *Energiestufen, Hauptquantenzahlen und maximale Elektronenzahlen pro Energiestufe ($2\,n^2$)*

---

[1] von *quantus* (lat.) = wie groß. Hiermit wird ausgedrückt, dass die Atomhülle in Energiestufen gegliedert ist.

[2] Der deutsche Physiker WALTHER KOSSEL (1868–1956) bezeichnete die niedrigste Energiestufe mit K, dem Anfangsbuchstaben seines Namens.

## Atombau und Periodensystem

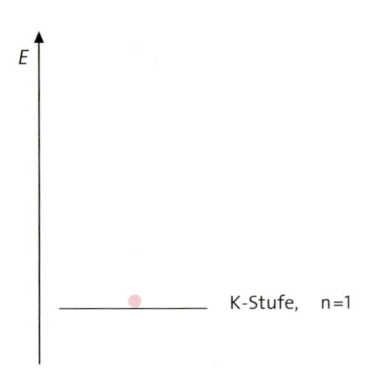

Die Atomarten lassen sich durch die Protonenzahl $Z$ ihrer Atome voneinander unterscheiden. Die Reihe der Atomarten beginnt mit dem Wasserstoff-Atom. Es hat nur ein Proton und damit auch nur ein Elektron in der K-Stufe (n = 1) (B1). Bei den anderen Atomarten wird jedes weitere Elektron nach dem **Prinzip vom Energieminimum** in die jeweils verfügbare energieärmste Energiestufe gegeben. Das Natrium-Atom z. B. hat 11 Protonen und damit 11 Elektronen, 2 auf der K-Stufe, 8 auf der L-Stufe und 1 Elektron auf der M-Stufe (B2).

Die Anordnung der Elektronen in der Atomhülle wird als **Elektronenkonfiguration**[1] bezeichnet. Der Bau des Atoms bildet die Grundlage für die Ordnung der Atomarten im **Periodensystem der Atomarten**.

Aus chemiehistorischen Gründen wird dieses auch als **Periodensystem der Elemente (PSE)** bezeichnet. Denn im Jahr 1868, als es von dem deutschen Chemiker LOTHAR MEYER (1830–1895) und dem russischen Chemiker DIMITRI MENDELEJEW (1829–1907) unabhängig voneinander entwickelt wurde, unterschied man noch nicht streng zwischen Element und Atomart, sondern verwendete beide Begriffe (teilweise) gleichbedeutend.

Die (waagerechten) Reihen im Periodensystem nennt man **Perioden**, die (senkrechten) Spalten **Gruppen**. Dabei werden die Perioden mit arabischen, die Gruppen mit römischen Ziffern gekennzeichnet (B3).

Mit jeder neuen Periode des Periodensystems beginnt die Besetzung einer neuen Energiestufe (B3). Damit gehören zu den Perioden entsprechende Hauptquantenzahlen.

**Die Periodennummer gibt die Anzahl der Energiestufen an, die bei den Atomarten dieser Periode besetzt sind.**

Die Elektronen in der jeweils höchsten bzw. äußersten Energiestufe nennt man **Außenelektronen** oder **Valenzelektronen**[2]. Sie lassen sich leichter vom Atom abtrennen als die übrigen Elektronen der Atomhülle und spielen daher für die Veränderung von Teilchen bei chemischen Reaktionen eine bedeutende Rolle.

Die übrigen Elektronen eines Atoms bilden zusammen mit dem Atomkern den positiv geladenen **Atomrumpf**. Somit baut sich ein Atom aus einem Atomrumpf und den Valenzelektronen auf.

Die Atome der ersten Gruppe des Periodensystems haben je ein Valenzelektron. **Die Anzahl der Valenzelektronen entspricht der Gruppennummer.** Denselben Zusammenhang entdecken wir z. B. bei den Atomen der Elemente der 7. Gruppe (B3). Da die Atome im Periodensystem nach steigender Protonenzahl angeordnet sind, wird diese auch **Ordnungszahl** genannt (B3).

**B1** *Energiestufenschema für das Wasserstoff-Atom, $Z = 1$ (und Elektronzuordnung)*

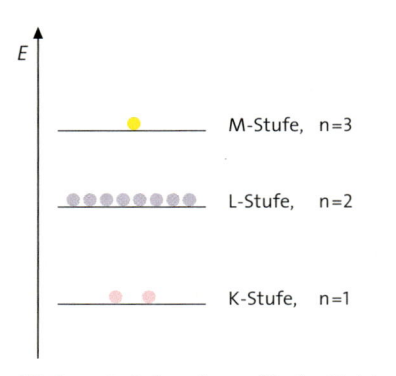

**B2** *Energiestufenschema für das Natrium-Atom, $Z = 11$ (und Elektronenverteilung)*

**B3** *Energiestufenschema für die Atome der ersten drei Perioden des Periodensystems. Jeder Punkt steht für ein Elektron, die Valenzelektronen sind rot gezeichnet.*

[1] von *configuratio* (lat.) = Gestalt;
[2] von *valere* (lat.) = wert sein. Die Valenzelektronen stehen mit der Wertigkeit in Zusammenhang.

## Stoffe und ihre Eigenschaften

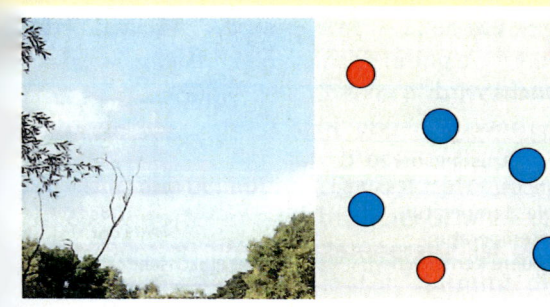

**B1** *Luft: Gasgemisch, homogen*

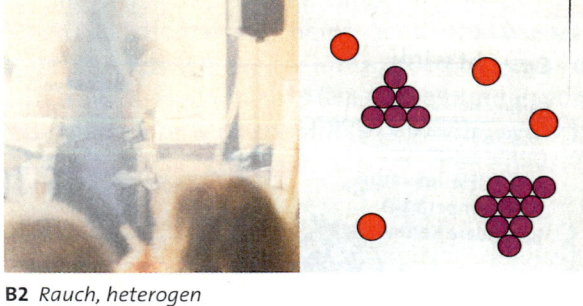

**B2** *Rauch, heterogen*

**B3** *Legierung, homogen*

**B4** *Milch: Emulsion, heterogen*

**B5** *Gemenge, heterogen*

**B6** *Lösung, homogen*

**B7** *Suspension, heterogen*

**B8** *Nebel, heterogen*

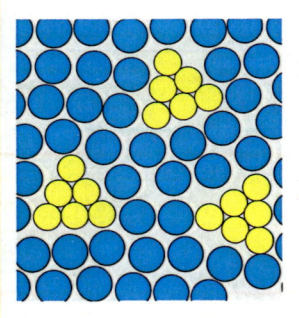

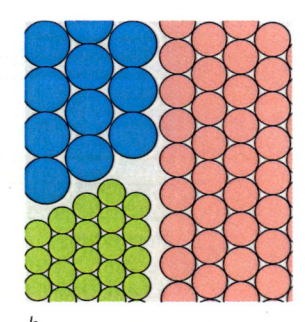

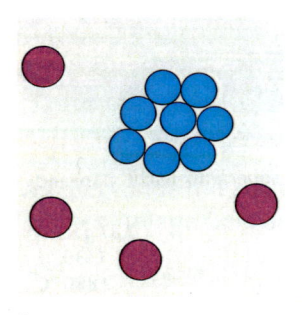

a

b

c

d

## 3.4 Ein Navigationssystem für die Welt der Atome

**Die Atome einer Gruppe von Elementen haben die gleiche Anzahl Valenzelektronen.**

Jede Periode – mit Ausnahme der 1. Periode – beginnt mit einem Alkalimetall-Atom und endet mit einem Edelgas-Atom. In jeder Periode – mit Ausnahme der 1. Periode – nimmt die Anzahl der Valenzelektronen von 1 bei den Alkalimetall-Atomen bis auf 8 bei den Edelgas-Atomen zu (B3). Das Helium-Atom hat zwei Elektronen auf der K-Stufe. Diese Elektronenkonfiguration wird als **Elektronenduett**[1] bezeichnet. Aufgrund dieser Elektronenkonfiguration könnte man das Helium-Atom **He** über das Beryllium-Atom **Be** in das Periodensystem einordnen. Wegen seiner charakteristischen Edelgaseigenschaften wird das Element Helium im Periodensystem jedoch über die anderen Edelgase geschrieben.
Die Atome aller weiteren Edelgase haben jeweils acht Außenelektronen (B3 und B4), ein **Elektronenoktett**[2].
Edelgas-Atome zeichnen sich gegenüber anderen Atomarten durch folgende besondere Eigenschaften aus.
1. Edelgasportionen bestehen im gasförmigen Zustand aus freien Atomen.
2. Edelgas-Atome sind gegenüber anderen Atomen äußerst reaktionsträge.

Die Elektronenkonfiguration der Edelgas-Atome wird als **Edelgaskonfiguration** bezeichnet.
Um Anzahl und Anordnung der Valenzelektronen von Atomen anzugeben, verwendet man die sogenannte **Punkt-Schreibweise**. Dabei werden die Valenzelektronen als Punkte dargestellt, die auf die Seiten des Atomsymbols verteilt werden. Für das Wasserstoff-Atom mit einem Valenzatom schreibt man **H·**, für das Sauerstoff-Atom **:Ö**.
Zur Kennzeichnung von Valenzelektronenpaaren fasst man üblicherweise zwei Punkte zu einem Strich am Atomsymbol zusammen, z. B. |Ō oder |C̄l·, und spricht dann von der **Valenzstrich-Schreibweise**.

| Gruppen-nummer | Bezeichnung der Elementgruppe | Anzahl der Valenzelektronen |
|---|---|---|
| I | Alkalimetalle[3] | 1 |
| II | Erdalkalimetalle | 2 |
| III | Erdmetalle | 3 |
| IV | Kohlenstoffgruppe | 4 |
| V | Stickstoffgruppe | 5 |
| VI | Sauerstoffgruppe (Chalkogene[4]) | 6 |
| VII | Halogene[5] | 7 |
| VIII | Edelgase | 8 |

**B4** *Elementgruppen des Periodensystems und Anzahl der Valenzelektronen der entsprechenden Atome*

### Aufgaben

**A1** Gib für das Stickstoff-Atom $_7$**N** a) die Anzahl der Valenzelektronen und b) die Energiestufe, auf der sich die Valenzelektronen befinden, an.

**A2** Skizziere das Energiestufenschema für das Kohlenstoff-Atom.

**A3** Welche der folgenden Atomarten hat die höchste zweite Ionisierungsenergie? Sauerstoff, Fluor, Neon, Natrium, Magnesium

**A4** Welche der vier Grafiken A bis D aus einem englischsprachigen Schulbuch stellt die Ionisierungsenergie für die ersten 18 Atomarten dar (vgl. S. 47, B6)?

**A5** Was zeigt diese grafische Darstellung aus dem englischsprachigen Schulbuch? Zu welcher Gruppe des Periodensystems gehört die Atomart X?

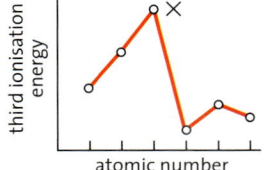

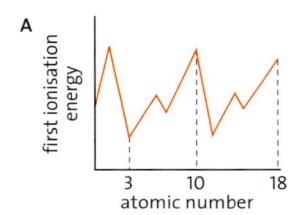

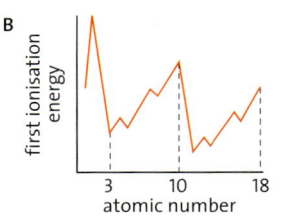

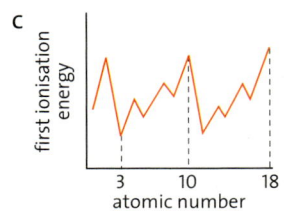

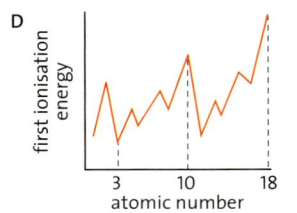

*Abbildungen zu Aufgabe 4*

---
[1] von *duo* (lat.) = zwei;  [2] von *octo* (griech.) = acht;  [3] von *alkalium* (arab.) = Pflanzenasche;
[4] von *chalkos* (griech.) = Erz und *genaein* (griech.) = erzeugen;  [5] von *hals* (griech.) Salz und *genaein* (griech.) = erzeugen

# Atombau und Periodensystem

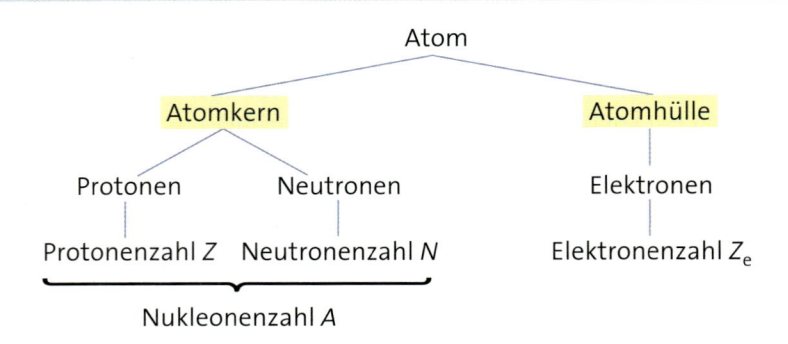

```
                        Atom
                   /            \
              Atomkern        Atomhülle
              /      \             |
         Protonen  Neutronen    Elektronen
             |         |            |
       Protonenzahl Z  Neutronenzahl N  Elektronenzahl $Z_e$
             _____/
              Nukleonenzahl A
```

Kennzeichnung einer Atomart X: $^A_Z X$

```
              Periodensystem
              /            \
```

**Periodennummer 1, 2, 3, ..., 7 =**
Anzahl der besetzten Energiestufen eines Atoms in der entsprechenden Gruppe

**Gruppennummer I, II, III, ..., VIII =**
Anzahl der Außenelektronen eines Atoms in der entsprechenden Gruppe

### Besetzung von Hauptenergiestufen mit Elektronen und Angabe der Valenzelektronen in Punkt- und Valenzstrich-Schreibweise

| Z | Atomart | | Hauptenergiestufen | | | | Punkt-Schreibweise | Valenzstrich-Schreibweise |
|---|---|---|---|---|---|---|---|---|
| | | | K-Stufe $n=1$ | L-Stufe $n=2$ | M-Stufe $n=3$ | N-Stufe $n=4$ | | |
| 1 | **H** | Wasserstoff | 1 | | | | H· | |
| 2 | **He** | Helium | 2 | | | | ·He· | \|He |
| 3 | **Li** | Lithium | 2 | 1 | | | Li· | |
| 4 | **Be** | Beryllium | 2 | 2 | | | ·Be· | \|Be |
| 5 | **B** | Bor | 2 | 3 | | | ·B̈· | \|B· |
| 6 | **C** | Kohlenstoff | 2 | 4 | | | ·C̈· | \|C̄ |
| 7 | **N** | Stickstoff | 2 | 5 | | | :N̈· | \|N̄· |
| 8 | **O** | Sauerstoff | 2 | 6 | | | :Ö: | \|Ō |
| 9 | **F** | Fluor | 2 | 7 | | | :F̈: | \|F̄ |
| 10 | **Ne** | Neon | 2 | 8 | | | :N̈e: | \|N̄e\| |
| 11 | **Na** | Natrium | 2 | 8 | 1 | | Na· | |
| 12 | **Mg** | Magnesium | 2 | 8 | 2 | | ·Mg· | \|Mg |
| 13 | **Al** | Aluminium | 2 | 8 | 3 | | ·Äl· | \|Al· |
| 14 | **Si** | Silicium | 2 | 8 | 4 | | ·S̈i· | \|S̄i |
| 15 | **P** | Phosphor | 2 | 8 | 5 | | :P̈· | \|P̄· |
| 16 | **S** | Schwefel | 2 | 8 | 6 | | :S̈: | \|S̄ |
| 17 | **Cl** | Chlor | 2 | 8 | 7 | | :C̈l: | \|C̄l |
| 18 | **Ar** | Argon | 2 | 8 | 8 | | :Är: | \|Ār\| |
| 19 | **K** | Kalium | 2 | 8 | 8 | 1 | K· | |
| 20 | **Ca** | Calium | 2 | 8 | 8 | 2 | ·Ca· | \|Ca |

Atombau und Periodensystem

## Elemente – historisch und literarisch

Bei der Untersuchung eines Klumpens des Erzes Argyrodit wurde der Freiberger Chemiker CLEMENS WINKLER im Jahre 1885 stutzig. Seine Analyse des Minerals ergab: 74 % Silber, 17 % Schwefel und kleinere Verunreinigungen von Zink, Eisen, Arsen und Antimon. Aber, so fragte sich WINKLER, um was handelt es sich bei den 7 %, die zur Gesamtmasse fehlen? Bald vermutete er, ein bislang unbekanntes Element entdeckt zu haben: *„Nach mehrwöchentlichem, mühevollem Suchen kann ich heute mit Bestimmtheit aussprechen, dass der Argyrodit ein neues, dem Antimon sehr ähnliches, aber von diesem doch scharf unterschiedenes Element enthält, welchem der Name Germanium beigelegt werden möge."*

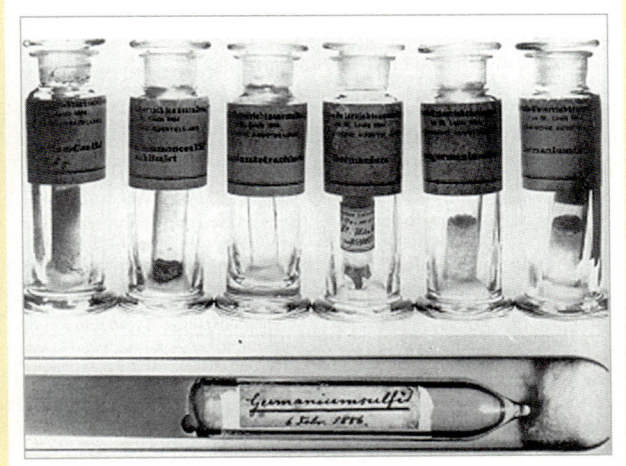

*Originalpräparate CLEMENS WINKLERS. Oben: Standgläser mit verschiedenen Germaniumverbindungen. Das vierte Glas von links enthält Germanium. Die Gläser wurden auf der Weltausstellung 1904 in St. Louis gezeigt. Unten: In dem Röhrchen ist das von WINKLER am 6. Februar 1886 isolierte Germaniumsulfid.*

**A1** Informiere dich mithilfe von Büchern und Internet über die Entdeckungsgeschichte des Germaniums sowie über weitere (berufliche) Leistungen WINKLERS.

**A2** Erstelle eine Liste der Eigenschaften von Germanium. Vergleiche sie mit denen von Antimon. Gibt es tatsächlich viele Ähnlichkeiten (siehe Zitat)? Welche Elemente sollten ähnliche Eigenschaften wie Germanium aufweisen? (*Hinweis*: Stellung im Periodensystem)

**A3** Wofür konnte Germanium früher verwendet werden, wozu nimmt man es heute?

**Das periodische System** heißt die Autobiographie des italienischen Schriftstellers und Chemikers PRIMO LEVI. Das Buch ist eine Sammlung von 21 Erzählungen, von denen jede als Titel den Namen eines chemischen Elements trägt. Das gewählte Element dient dem Autor als Stichwort, als Gleichnis, Anlass oder Vorwand für die Erinnerung an eine bestimmte Person oder Lebenssituation. LEVI ist dabei auf der Suche nach dem, *„worin sich chemische Elemente und menschliche Wesen gleichen: den Ähnlichkeiten in ihren Besonderheiten oder Absonderlichkeiten, in ihren Reaktionen und vielfältigen Verwandlungen"* (NATALIA GINZBURG).
Das erste Kapitel heißt **Argon** und beginnt wie folgt:

### Argon

Die Luft, die wir atmen, enthält die sogenannten trägen Gase. Sie führen seltsame gelehrte Namen griechischer Herkunft, die »das Neue«, »das Verborgene«, »das Untätige«, »das Fremde« bedeuten. Tatsächlich sind sie so träge, mit ihrem Zustand so zufrieden, daß sie sich an keiner chemischen Reaktion beteiligen, sich mit keinem anderen Element verbinden, und aus diesem Grunde sind sie jahrhundertlang unbemerkt geblieben: erst 1962 gelang es einem zuversichtlichen Chemiker nach langwierigen, raffinierten Bemühungen, »das Fremde« (Xenon) zu einer flüchtigen Verbindung mit dem äußerst gierigen, lebhaften Fluor zu zwingen, und das Unterfangen erschien so außergewöhnlich, daß ihm dafür der Nobelpreis verliehen wurde. Sie heißen auch Edelgase, und nun könnte man streiten, ob wirklich alle Edlen träge und alle Trägen edel sind; sie heißen schließlich auch seltene Gase, obwohl eines von ihnen, Argon, »das Untätige«, mit dem respektablen Anteil von einem Prozent in der Luft vertreten ist: das heißt zwanzig- oder dreißigmal häufiger als Kohlendioxyd, ohne das es keine Spur von Leben auf diesem Planeten gäbe.
Das wenige, was ich von meinen Vorfahren weiß, läßt sie diesen Gasen ähnlich erscheinen.

**A4** Welche Namen findest du in dem Zitat oben für welche Edelgase? Hast du eine Idee, wie die einzelnen Namensgebungen zustande gekommen sein könnten?

**A5** Erkundige dich in Lexika oder Chemiebüchern, wann und wie die einzelnen Edelgase entdeckt wurden.

**A6** Wieso nennt PRIMO LEVI Fluor „gierig" und „lebhaft"?

**A7** Erläutere, warum es ohne Kohlenstoffdioxid „keine Spur von Leben auf diesem Planeten gäbe"?

*Primo Levi: Das periodische System*

PRÜFE DEIN WISSEN

## Atombau und Periodensystem

**PRÜFE DEIN WISSEN**

**A8** Wen vergleicht Levi mit den Edelgasen? Welche Eigenschaften werden diesen Personen durch den Edelgas-Vergleich zugeschrieben?

**A9** Informiere dich über den Lebensweg Primo Levis sowie seine Werke als Schriftsteller. Welches furchtbare Leiden wurde ihm zugefügt und hat sein Werk geprägt?

**A10** Für Interessierte! Besorge dir das genannte Buch. Welche anderen Elemente werden als Überschriften verwendet? Wie „passt" das gewählte Element zum Inhalt des zugehörigen Kapitels?

**A11** Welche Atomarten sind gesucht? Vervollständige die Steckbriefe.

Gesucht wird:
Name: Kalium
Symbol: ???
Protonenzahl: ???
Elementarteilchen: ???
Elektronenverteilung: ???

Gesucht wird:
Name: ???
Symbol: ???
Protonenzahl: ???
Elementarteilchen: ???
Elektronenverteilung: (2, 8, 8)

Gesucht wird:
Name: ???
Symbol: ???
Protonenzahl: 11
Elementarteilchen: ???
Elektronenverteilung: ???

**A12** Begründe, warum das Periodensystem der Elemente auch als Periodensystem der Atomarten bezeichnet wird.

**A13** Protonen und Neutronen bestehen im Gegensatz zu Elektronen aus noch kleineren Elementarteilchen. Informiere dich über diese Elementarteilchen und erläutere, aus welchen Elementarteilchen „die stoffliche Welt" besteht.

**A14** Bilde aus den Bruchstücken vollständige Sätze mit zutreffenden Aussagen zum Merken. Im Periodensystem gilt:

Innerhalb einer [Periode / Gruppe] nimmt [der Atomradius / die Zahl der Protonen / die Zahl der Elektronen / die Zahl der Außenelektronen / die Zahl der Energiestufen] zu. / ab.

**A15** Aus Alpha-Strahlen bildet sich das Gas Helium. Erkläre, was man unter Alpha-Strahlen versteht und wieso die Bildung von Helium möglich ist (vgl. S. 44).

**A16** Übertrage die Tabellen a) und b) in dein Heft und vervollständige sie.

a)

| Atomart | Z | Periode | Gruppe | äußerste, besetzte Energiestufe | Valenzelektronen |
|---|---|---|---|---|---|
|  |  |  | IV | L |  |
|  | 19 |  |  |  |  |
|  |  | 1 | VIII |  |  |
|  |  |  |  | M | 7 |

b)

| Atomart | Z | N | $Z_e$ |
|---|---|---|---|
| Calcium | 20 |  | 20 |
| Kohlenstoff |  |  |  |
|  |  | 7 |  |
|  |  |  | 2 |
| Fluor |  |  |  |

$Z_e$ = Anzahl der Elektronen

**A17** Die Atomart Roentgenium **Rg** (Z = 111) wurde 1995 von Mitarbeitern der Gesellschaft für Schwerionenforschung (GSI) in Darmstadt entdeckt. Es entsteht, wenn sich durch Beschuss einer Wismutfolie (Z = 83) mit Nickel-Kernen (Z = 28) die beiden Arten von Atomkernen vereinigen. Bereits 1993 wurde ebenfalls in Darmstadt die Atomart Darmstadtium **Da** mit Z = 110 entdeckt. Nenne eine Möglichkeit, wie diese Atomart hergestellt werden könnte.

# 4 Bau und Eigenschaften der Salze

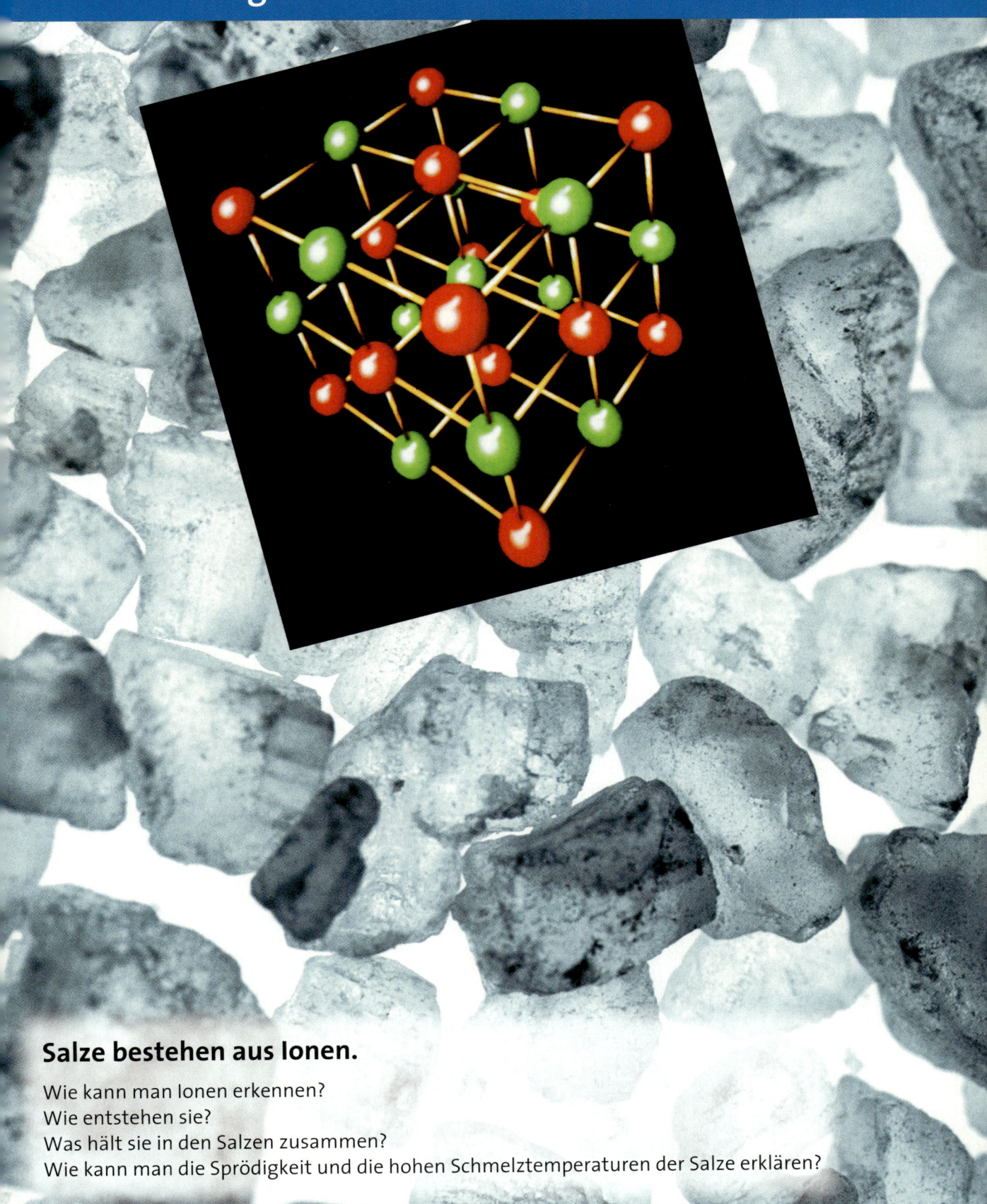

**Salze bestehen aus Ionen.**

Wie kann man Ionen erkennen?
Wie entstehen sie?
Was hält sie in den Salzen zusammen?
Wie kann man die Sprödigkeit und die hohen Schmelztemperaturen der Salze erklären?

## 4.1 Den Ionen elektrisch nachgespürt

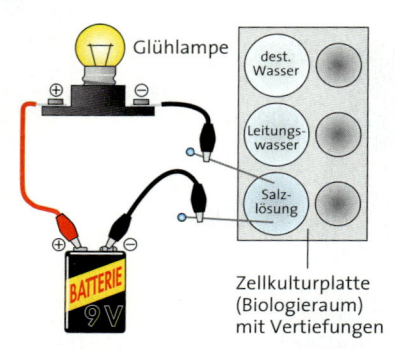

**B1** Versuchsaufbau zur Messung der Leitfähigkeit verschiedener Lösungen

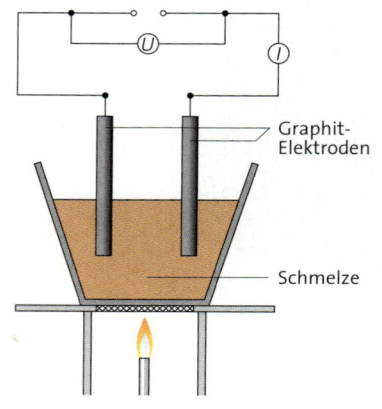

**B2** Versuchsanordnung zur Elektrolyse einer Kaliumnitrat-Schmelze

# Wanderung und Entladung von Ionen

Kochsalz oder Zucker? Mineralwasser oder destilliertes Wasser? Anschauen reicht nicht! Rein äußerlich sind viele Stoffe kaum auseinanderzuhalten. Stoffe können aber ein ganz bestimmtes Verhalten z. B. gegenüber elektrischem Strom zeigen und danach unterschieden werden. Was geschieht mit den Ionen beim Anlegen einer Spannung?

### Versuche

**V1** Baue eine Apparatur wie in B1 zur Messung von Leitfähigkeiten zusammen und teste damit verschiedene Stoffe, z. B. destilliertes Wasser, Leitungswasser, Mineralwasser, Salzlösung, Zuckerwasser, verdünnte Salzsäure* oder Cola-Limonade, auf ihre Leitfähigkeit.

**LV2** In Kaliumnitrat* (oder ein Gemisch aus Kaliumnitrat* und Natriumnitrat*), das sich in einem Eisentiegel befindet, stecken zwei Graphit-Elektroden. An diese wird eine Gleichspannung von ca. 10 V angelegt. Das Kaliumnitrat* (oder das Gemisch) wird bis zur Schmelze erhitzt (B2) und der Stromstärkemesser (Messbereich 10 A) beobachtet. Dann lässt man die Schmelze erstarren und verfolgt auch dies am Stromstärkemesser. (*Hinweis:* Das Salzgemisch hat eine niedrigere Schmelztemperatur als ein Salz einzeln.)

**LV3** Eine wässrige Zinkbromid*-Lösung wird in ein U-Rohr mit Fritte gefüllt. In die Lösung wird in jedem Schenkel des U-Rohrs eine Graphit-Elektrode getaucht, an die eine Gleichspannung von ca. 6 V angelegt wird (B3). Beobachtung der Elektroden.

**LV4** Die äußeren Schenkel eines Doppel-U-Rohrs mit Fritten werden mit Kaliumnitrat*-Lösung gefüllt, der innere mit einer Mischung aus ammoniakalischer Kupfersulfat*-Lösung und Kaliumchromat*-Lösung (oder Kaliumpermanganat-Lösung*) (B4). Es wird eine Gleichspannung von $U$ = 20 V angelegt. Beobachtung?

### Auswertung

a) Tabelliere sämtliche Ergebnisse der Leitfähigkeitsmessungen (V1 und LV2) und bewerte sie.
b) Begründe anhand der Stoffabscheidungen bei der Elektrolyse in LV3, wie die entsprechenden Teilchen in der Lösung geladen sind.
c) Wie lässt sich die Beobachtung in LV4 deuten?

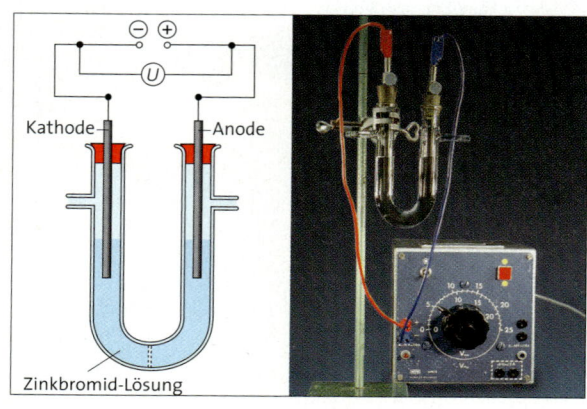

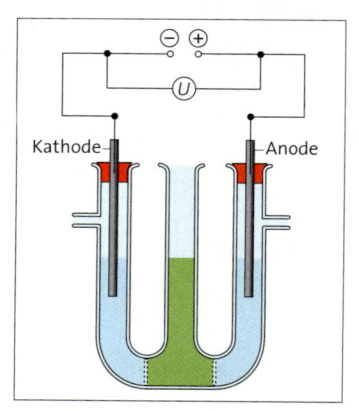

**B3** Zu LV3

**B4** Versuchsanordnung zu LV4

## 4.1 Den Ionen elektrisch nachgespürt

Bei LV3 verwenden wir **Elektroden**[1]. Als Elektrode bezeichnet man den Teil eines Elektronenleiters (Metall oder Graphit), der in direktem Kontakt mit einem Ionenleiter (Salzschmelze oder -lösung) steht. Hier bestehen die Elektroden aus Graphit und führen den Ionen der Lösung Elektronen zu oder ab.

Die Elektrode, die mit dem Minuspol der elektrischen Energiequelle verbunden ist, weist einen Elektronenüberschuss auf und heißt **Kathode**[2]. Bei Stromfluss ist sie die Elektrode, die den Ionen der Lösung Elektronen zuführt, sie wirkt somit als Elektronenspender.

Die Elektrode, die mit dem Pluspol der elektrischen Energiequelle verbunden ist, weist einen Elektronenmangel auf und heißt **Anode**[3]. Bei Stromfluss ist sie die Elektrode, die Elektronen von den Ionen der Lösung abführt und somit als Elektronensauger wirkt.

In LV3 entsteht an der Kathode Zink. Offenbar werden Zink-Atome abgeschieden, die sich zu einem Atomverband wie im Zink zusammenlagern. An der Anode entsteht Brom, folglich müssen sich Brom-Atome bilden, die sich sofort zu zweiatomigen Brom-Molekülen wie in Brom verbinden. Die Atome der beiden sich abscheidenden Stoffe müssen aus den Ionen der Zinkbromid-Lösung hervorgehen. Da Atome elektrisch neutral sind, müssen in der Zinkbromid-Lösung elektrisch positiv geladene **Zink-Ionen** vorliegen, die an der Kathode durch Elektronen zu Zink-Atomen entladen werden. An der Anode werden (negativ geladene) **Bromid-Ionen** durch Elektronenabgabe zu (neutralen) Brom-Atomen entladen.

Die Entladungsvorgänge an den Elektroden lassen sich folgendermaßen formulieren:

Anode: Bromid-Ionen → Brom-Atome + Elektronen
Kathode: Zink-Ionen + Elektronen → Zink-Atome

Positiv geladene Ionen wandern bei der Elektrolyse zur Kathode. Man nennt sie daher **Kationen**.
Negativ geladene Ionen wandern zur Anode und heißen **Anionen** (B6).
Die elektrisch geladenen Elektroden und die elektrisch geladenen Ionen üben gegenseitig Anziehungs- und Abstoßungskräfte aufeinander aus. Es kommt daher zu einer gerichteten Wanderung der Ionen. Für eine „Wanderung" unter dem Einfluss einer elektrischen Spannung müssen die Ionen weitgehend frei beweglich sein (B5 und B6).

LV2 zeigt, dass eine Schmelze des Salzes Kaliumnitrat den elektrischen Strom leitet, das feste Salz dagegen nicht. In der Schmelze liegen frei bewegliche Ionen wie in Lösungen vor, die während der Elektrolyse zu den entsprechenden Elektroden wandern und dort entladen werden.

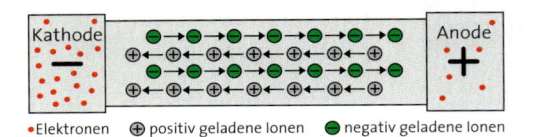

**B6** *Schema zur Leitung des elektrischen Stroms durch eine Salzlösung (Teilchenmodell)*

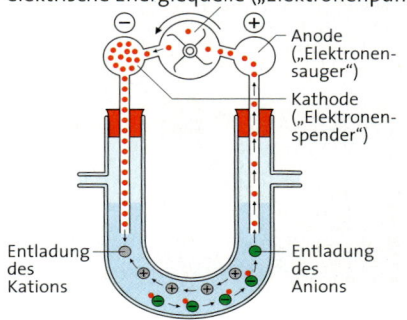

**B5** *Schema der Elektrolyse einer Zinkbromid-Lösung (Teilchenmodell)*

### Aufgaben

**A1** Führt man LV3 statt mit einer Zinkbromid-Lösung mit einer Kupferchlorid-Lösung durch, läuft ebenfalls eine Elektrolyse ab. Kupferchlorid-Lösung besteht aus frei beweglichen Kupfer- und Chlorid-Ionen.
a) Welche stofflichen Veränderungen sind an der Kathode, welche an der Anode zu erwarten, wenn an die Elektroden eine Gleichspannung anlegt wird?
b) Beschreibe die Entladungsvorgänge an den Elektroden mithilfe des Teilchenmodells (B5, B6).

**A2** Trinkwasser leitet den Strom besser als Regenwasser. Mineralwasser leitet besser als Trinkwasser. Wie erklärst du das?

**A3** Kochsalz, Kaliumnitrat und Zucker sind weiße, kristalline Feststoffe. Welche Auskunft geben die Leitfähigkeitsmessungen (V1, LV2) über die Art der Teilchen, aus denen die drei Stoffe aufgebaut sind?

---

[1] von *odos* (giech.) = Weg; [2] von *kata* (griech.) = hinab, auch Katode; [3] von *ana* (griech.) = hinauf

**B1** Im Salzbergwerk

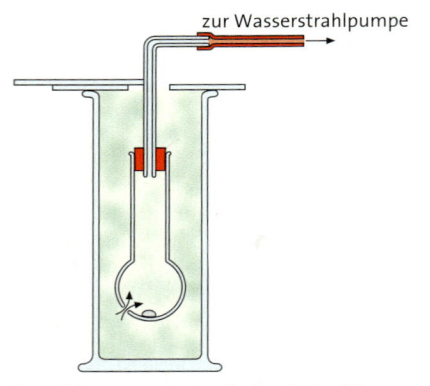

**B2** Bildung von Kochsalz durch Reaktion von Natrium mit Chlor

## Die Bildung von Ionen aus Atomen

Das von uns in der Küche verwendete Kochsalz trägt den chemischen Namen **Natriumchlorid**. Für Industrie und Haushalt wird es aus Meerwasser gewonnen (Meersalz, B4) oder in Salzbergwerken (Steinsalz, B1) abgebaut (vgl. S. 26, B1 und B2). Im Labor gibt es aber noch eine weitere Möglichkeit, Natriumchlorid zu erhalten!

### Versuche
**LV1 Vorsicht! Abzug!** In ein Rggl. wird unten seitlich ein kleines Loch geblasen. Dann gibt man ein erbsengroßes, gereinigtes Stück Natrium* hinein. Ein mit Chlor* gefüllter Standzylinder steht bereit. Er ist mit zwei Platten abgedeckt, deren untere eine für das Rggl. passierbare Öffnung hat. Nachdem das Natrium* im Rggl. zu einer Kugel geschmolzen wurde, senkt man es sofort in die Chloratmosphäre* im Zylinder. Durch Verbindung des Rggl. mit einer Wasserstrahlpumpe kann man die Heftigkeit der Reaktion steuern. Man beginnt nach Ablaufen der Reaktion mit geringer Saugleistung (B2). Beobachtung?
**V2** Ein Wärmekissen (z. B. aus der Apotheke) enthält eine Lösung des Salzes Natriumacetat*. Drücke solch ein Kissen so, dass das darin enthaltene Metallplättchen geknickt wird. Was passiert mit dem Kissen, wie fühlt es sich an? Beschreibe.

### Auswertung
a) Beschreibe die Beobachtungen in LV1. Welche Art Stoffgemisch bildet sich?
b) Halogene und Alkalimetalle (vgl. B4, S. 51) kommen in der Natur nicht als Atome oder Moleküle vor. Dagegen findet man Alkalimetall-Ionen und Halogenid-Ionen häufig in Salzen. Deute diese Tatsache. Welche Aussage lässt sich danach über die Beständigkeit der entsprechenden Ionen bzw. Atome machen?
c) Formuliere die Energiestufenschemata für das Natrium- und für das Chlor-Atom.
d) Formuliere die Energiestufenschemata für das Neon- und für das Argon-Atom.

### Aufgabe
**A1** Mit dem gleichen Prozess erhält man zwei wertvolle Produkte. Vergleiche B3 und B4 und erläutere, welches Produkt jeweils gewünscht und warum es „lebensnotwendig" ist. Vergleiche auch Kap. 1. 4.

**B3** Sieden von Meerwasser – zur Salzgewinnung schon vor über 400 Jahren (Holzschnitt aus „De re metallica", 1556)

**B4** Sieden von Meerwasser – zur Süßwassergewinnung heute (Entsalzungsanlage in den Vereinigten Arabischen Emiraten)

## 4.2 Kochsalz kann man auch anders gewinnen!

In LV1 reagieren das Metall Natrium und das Nichtmetall Chlor exotherm zu Natriumchlorid nach folgender Reaktionsgleichung:

$2\ Na(s) + Cl_2(g) \rightarrow 2\ NaCl(s)$, $Q < 0$

Das Salz Natriumchlorid **NaCl** ist aus Ionen aufgebaut. Bei der Bildung dieses Salzes werden die Atomhüllen der Natrium-Atome und Chlor-Atome so verändert, dass aus elektrisch neutralen Atomen geladene Ionen entstehen.

Der deutsche Physiker W. Kossel (1888–1956) und der amerikanische Chemiker G.N. Lewis (1875–1946) stellten im Jahr 1916 zur Erklärung der Entstehung von Ionen aus Atomen die **Edelgasregel** auf.

**Atome können durch Abgabe oder Aufnahme von Elektronen in ihren Elektronenhüllen Edelgaskonfiguration erreichen.**

Wir wenden die Edelgasregel auf die Bildung der Ionen in Natriumchlorid an. Dazu betrachten wir die Energiestufenschemata (vgl. Auswertung c) von Natrium- und Chlor-Atomen. B5 zeigt, dass durch **Elektronenübergang** sowohl ein Natrium- als auch ein Chlor-Atom Edelgaskonfiguration erreichen können.

Bei der Ionenbildung gibt jedes Natrium-Atom ein Elektron ab, jedes Chlor-Atom nimmt ein Elektron auf. Ein Natrium-Atom wirkt damit als Elektronenspender, als **Elektronendonator**[1], und ein Chlor-Atom als Elektronenempfänger, als **Elektronenakzeptor**[2]. Man spricht von einer **Donator-Akzeptor-Reaktion**.

Durch die Aufnahme eines Elektrons entsteht aus dem Chlor-Atom ein **Chlorid-Ion**, es hat ein Elektron mehr als Protonen im Kern. Da das Elektron eine negative Elementarladung trägt, hat damit ein Chlorid-Ion einen Ladungsüberschuss von einer negativen Elementarladung. Es ist einfach negativ geladen und hat dieselbe Anzahl und Anordnung der Elektronen wie ein Atom des Edelgases Argon.

Durch die Abgabe eines Elektrons entsteht aus einem Natrium-Atom ein Natrium-Ion, das die gleiche Anzahl und Anordnung der Elektronen aufweist wie ein Atom des Edelgases Neon. Das Natrium-Ion besitzt mit 11 Protonen und 10 Elektronen einen Ladungsüberschuss von einer positiven Elementarladung und ist somit einfach positiv geladen.

Das Natrium-Ion ist genau wie das Chlorid-Ion **einwertig**.

Die Anzahl und Art der überschüssigen Elementarladungen, die ein Ion trägt, wird **Ladungszahl** z eines Ions genannt. Diese Ladungszahl wird am Atomsymbol als rechts hochgestellte Zahl angegeben (B6). Hierbei ist die Anzahl der Elementarladungen als arabische Ziffer dem Vorzeichen der Ladung voranzustellen. Bei einfach geladenen Ionen entfällt die Ziffer 1.

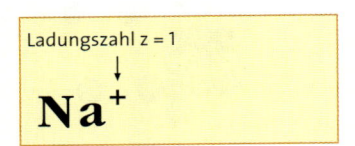

Ladungszahl z = 1
$$Na^+$$

**B6** *Atomsymbol und Ladungszahl*

---

Elektronenabgabe
(1) $Na\cdot \rightarrow Na^+ + e^-$
Natrium-Atom   Natrium-Ion

Elektronenaufnahme
(2) $:\ddot{C}l\cdot + e^- \rightarrow :\ddot{C}l:^-$
Chlor-Atom   Chlorid-Ion

Elektronenübergang
(1)+(2) $Na\cdot + :\ddot{C}l\cdot \rightarrow Na^+ + :\ddot{C}l:^-$

Es ist üblich, Valenzelektronenpaare durch einen Strich am Atomsymbol anzugeben:

$Na\cdot + |\overline{\underline{Cl}}\cdot \rightarrow Na^+ + |\overline{\underline{Cl}}|^-$

Werden nur die Ladungszahlen der beteiligten Teilchen berücksichtigt, so lautet die Reaktionsgleichung:

$Na + Cl \rightarrow Na^+ + Cl^-$

Chlor besteht aus zweiatomigen Chlor-Molekülen, bei der Bildung von (zwei) Chlorid-Ionen nimmt jedes Chlor-Molekül daher zwei Elektronen auf:

(3) $Cl_2 + 2e^- \rightarrow 2\ Cl^-$

Bei den Elektronenübergängen gehen so viele Elektronen von Natrium-Atomen auf Atome der Chlor-Moleküle über, wie von diesen aufgenommen werden können. Wir multiplizieren daher den Vorgang (1) mit 2, damit die Elektronenbilanz stimmt:

(1') $2\ Na \rightarrow 2\ Na^+ + 2e^-$
(1') + (3) $2\ Na + Cl_2 \rightarrow 2\ Na^+ + 2\ Cl^-$

Bei der Bildung von Natriumchlorid **NaCl** aus den Elementen entstehen aber nicht isolierte Natrium- und Chlorid-Ionen. Es bildet sich eine feste Salzportion mit der Verhältnisformel **NaCl**. Wir schreiben daher:

$2\ Na(s) + Cl_2(g) \rightarrow 2\ NaCl(s)$.

Der Verhältnisformel **NaCl** können wir entnehmen, dass in Natriumchlorid Natrium- und Chlorid-Ionen im Anzahlverhältnis $N(Na^+) : N(Cl^-) = 1 : 1$ vorliegen. Wir sehen, dass bei der durch die Verhältnisformel beschriebenen Zusammensetzung des Natriumchlorids die Bedingung der elektrischen Neutralität erfüllt ist.

**B5** *Formulierung der Ionenbildungsreaktion. Es gilt die Grundregel: Anzahl der abgegebenen Elektronen = Anzahl der aufgenommenen Elektronen.*

*Aufgabe*

*A2* Schreibe jeweils Atomsymbol und Ladungszahl z für das Sulfid-, das Chlorid- und das Calcium-Ion.

---

[1] von *donare* (lat.) = schenken, geben;   [2] von *accipere* (lat.) = annehmen, übernehmen

## Ionenbindung und Ionengitter

Kristalle und Mineralien haben bemerkenswerte geometrische Formen (B1). Welche Ordnung(skraft) steckt dahinter?

*Versuche*

**V1** Bringe einen Tropfen einer Natriumchlorid-Lösung auf einen Objektträger und lasse das Wasser verdunsten. Betrachte die entstandenen Kriställchen dann unter dem Mikroskop (B2) und beschreibe, was du siehst.

**V2** Löse 43 g des Doppelsalzes Kaliumaluminiumalaun $KAl(SO_4)_2 \cdot 12\,H_2O(s)$ in 200 ml dest. Wasser. Erwärme dabei vorsichtig bis auf 50 °C. Lasse dann auf Raumtemperatur abkühlen und filtriere die Lösung in ein Becherglas. Stelle das Becherglas an einen kühlen, erschütterungsfreien Ort und hänge in die Lösung einen Impfkristall, den du an einem Nylonfaden befestigt hast (B3). Beobachte die Lösung und den Kristall über mehrere Tage und Wochen. Fülle bei Bedarf gesättigte Lösung nach.

**V3** Übe mit einem Spatel Druck auf einen kleinen Kristall aus deinen Versuchen aus. Was passiert?

**LV4** *Modellversuch zur Ionenbindung* In einem flachen Kasten aus durchsichtigem Plexiglas werden einige Ringmagneten, deren Nordpol nach oben zeigt, und einige Ringmagneten, deren Südpol nach oben zeigt und deren Mittelloch zugeklebt ist, verteilt (B4a). Nun werden die Magnetscheiben im geschlossenen Kasten auf dem Tageslichtprojektor stark bewegt (B4b und c). Beobachtung?

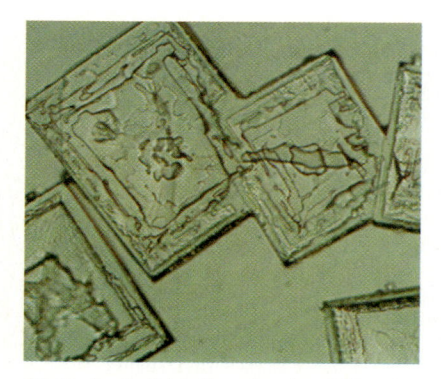

*Auswertung*

a) Welche Funktion hat der Impfkristall in V2?
b) Warum wählt man für den Versuch V2 einen kühlen, erschütterungsfreien Ort, z. B. einen Kühlschrank?
c) Vergleiche das Zustandekommen der Ionenbindung im Kochsalz-Kristall mit dem Modellversuch LV4. Erörtere Gemeinsamkeiten und Unterschiede.
d) Vergleiche die Schmelztemperatur von Kochsalz (vgl. S. 11, B6) mit der von anderen Feststoffen. Welchen Schluss kannst du aus den Unterschieden ziehen?
e) Betrachte B1. Erkläre, worauf die Sprödigkeit von Kristallen zurückzuführen ist.

**B1** *Salzkristalle – Fluorit (oben), Apatit (unten, links) und Olivin*

**B2** *Kochsalz-Kristalle unter dem Mikroskop*

**B3** *Kristallzüchtung*

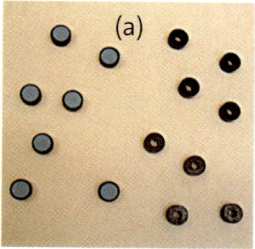

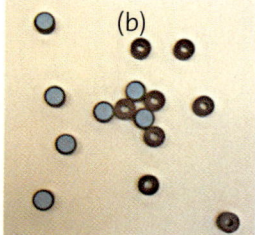

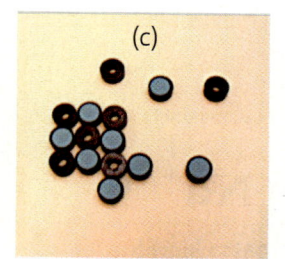

**B4** *Ablauf in LV3*

## 4.3 Die Ordnungskraft hinter den Kristallen

In Kochsalz, Natriumchlorid, sind die Natrium- und Chlorid-Ionen Träger ungleichnamiger Ladungen. Jedes positiv geladene Natrium-Ion zieht alle negativ geladenen Chlorid-Ionen seiner Nachbarschaft an (B5). Die Chlorid-Ionen ihrerseits üben starke elektrische Anziehungskräfte auf alle sie umgebenden Natrium-Ionen aus. Die Folge ist, dass jedes Ion sich mit Ionen der entgegengesetzten Ladung umgibt, und zwar mit so vielen, wie Platz vorhanden ist. Die **chemische Bindung in Salzen** beruht somit auf der Anziehungskraft zwischen Kationen und Anionen, sie wird **Ionenbindung** genannt.

Natriumchlorid-Kristalle haben eine ganz charakteristische äußere Form (V1, B2). Wie steht diese „äußere Form", die Kristallform, des Natriumchlorids mit der „inneren Form", dem Aufbau des Natriumchlorids auf Teilchenebene, in Zusammenhang?

Die räumliche Anordnung der Natrium- und Chlorid-Ionen ergibt sich aus dem Volumenverhältnis $V$ (Kation) : $V$ (Anion). Die für die Berechnung notwendigen Ionenradien[1] sind experimentell bestimmbar: $r$ (**Na$^+$**) : $r$ (**Cl$^-$**) ≈ 1 : 2. Danach ist der Aufbau der Kochsalz-Kristalle durch die annähernd doppelt so großen Chlorid-Ionen bestimmt. Sie sind so angeordnet, dass eine möglichst große Raumausfüllung, eine dichteste **Kugelpackung**, daraus resultiert. Die etwa halb so großen Natrium-Ionen besetzen dabei die Lücken zwischen den Chlorid-Ionen. B6 zeigt solch eine Kugelpackung der Ionen im Natriumchlorid-Kristall (Packungsmodell).

Zur besseren Veranschaulichung sind in B7 nur die Zentren der Ionen als gleich große Kugeln dargestellt und es ergibt sich ein räumliches Gitter (Gittermodell). Allgemein bezeichnet man solch einen Verband aus Ionen, in dem Kationen und Anionen regelmäßig angeordnet sind, als **Ionengitter**. B7 zeigt, dass im Ionengitter von Natriumchlorid jedes Natrium-Ion unmittelbar von 6 Chlorid-Ionen und jedes Chlorid-Ion unmittelbar von 6 Natrium-Ionen umgeben ist.

Diese regelmäßige Form des Ionengitters sehen wir in der gleichermaßen regelmäßigen Form des Kristalls (B1, B2).

Der **Aufbau der Salze** erklärt ihre **Eigenschaften**: Die starken Anziehungskräfte, die zwischen den Kationen und Anionen wirken, sind Grund für die **feste Form**, die **Härte** und die **niedrige Flüchtigkeit** der Salze.

Salze sind **Nichtleiter**: Die elektrischen Kräfte, die bei Anlegen einer elektrischen Spannung wirken, reichen nicht aus, um die Ionen voneinander zu trennen und gegeneinander zu bewegen.

Salze sind **spröde**: Durch mechanisches Einwirken (z.B. Schlagen) bricht der Salzkristall. Dabei kommt es zur Verschiebung der Gitterebenen und infolgedessen der gegenüberliegenden Ionen gegeneinander. Dadurch wird der Abstand zwischen gleichartig geladenen Ionen so gering, dass starke Abstoßungskräfte zur Spaltung des Kristalls führen (B8).

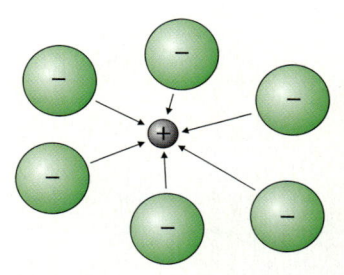

**B5** *An das positiv geladene Natrium-Ion (grau) lagern sich so viele negativ geladene Chlorid-Ionen (grün) an, wie gerade Platz ist.*

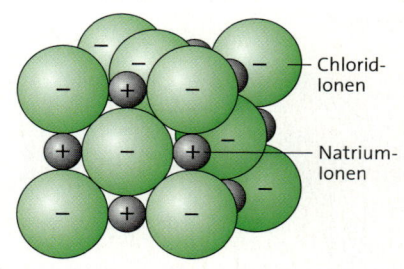

**B6** *Kugelpackung der Ionen in einem Kochsalz-Kristall (Packungsmodell)*

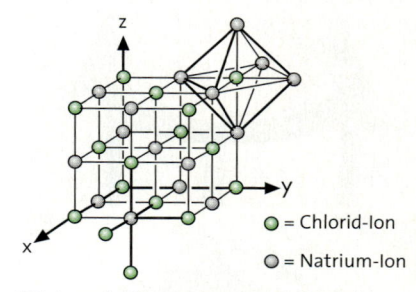

**B7** *Ausschnitt aus dem Ionengitter des Kochsalz-Kristalls (Gittermodell). In den drei Raumrichtungen x, y, z besteht die gleiche wiederkehrende Folge von Natrium- und Chlorid-Ionen. Im unteren Teil ist ein Natrium-Ion mit den 6 unmittelbar benachbarten Chlorid-Ionen hervorgehoben. Oben rechts ist verdeutlicht, dass ein Chlorid-Ion 6 Natrium-Ionen als direkte Nachbarn hat. Die 6 Nachbarn jedes Natrium-Ions und jedes Chlorid-Ions liegen jeweils an den Ecken eines **Oktaeders**.*

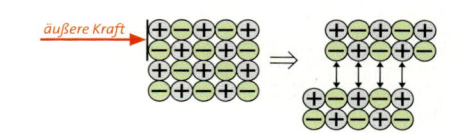

### Aufgabe

**A1** Entscheide und begründe, wann sich die größten (kleinsten) Natriumchlorid-Kristalle bilden. a) Abdampfen von Wasser aus einer Kochsalz-Lösung; b) Stehenlassen einer Kochsalz-Lösung

**B8** *Verschiebung von Gitterebenen – die Kristallspaltung im Teilchenmodell*

[1] Unter dem Ionenradius versteht man den Abstand zwischen Atomkern und der Oberfläche des Ions.

## 4.4 Ab- und Zuneigung für Elektronen

**B1** Metalle und Nichtmetalle. Grün: Metalle; hellblau: Halbmetalle; gelb: Nichtmetalle. Die rote senkrechte Linie deutet die Stelle der ausgelassenen Metalle an.

### Elektronenübergänge bei der Salzbildung

Bei der Bildung von Natriumchlorid geben Natrium-Atome Elektronen ab, Chlor-Atome nehmen diese auf. Gibt es für diesen Elektronenaustausch eine allgemeine Regel?

*Versuche*

**LV1** *Vorsicht! Nicht direkt in die Flamme sehen!* Ein Magnesiumband wird mit einer Tiegelzange in die Flamme gehalten. Eine Porzellanschale wird untergestellt und das Verbrennungsprodukt aufgefangen.

**LV2** *Schutzbrille!* Ein längeres Glasrohr wird am vorderen Ende mit etwas Aluminiumpulver* beschickt. Nachdem man das Rohr direkt in die nichtleuchtende Flamme des Brenners gebracht hat, bläst man das Pulver mithilfe eines Gummiballs in die Flamme. Beobachtung?

**LV3** Die Spitze eines kegelförmigen, etwa 2 cm hohen Häufchens Magnesiumpulver* wird auf einem Keramiknetz mit der rauschenden Brennerflamme entzündet (B2a).
*Vorsicht! Brennende Metallstückchen können wegspritzen!*
Nun wird ein Becherglas über das brennende Magnesium gestülpt. Nach dem Abkühlen wird der Kegel auf die Reaktionsprodukte hin untersucht.

*Auswertung*

a) Vergleiche die Versuche. Welche Gemeinsamkeiten haben die beteiligten Stoffe (B1)?
b) Formuliere eine allgemeine Regel zur Herstellung von Salzen.
c) Bei LV3 steht für das Magnesium nur Luft als Reaktionspartner zur Verfügung. Leite ab, um welchen Stoff es sich bei dem gelben Produkt (B2b) in LV3 handeln muss.

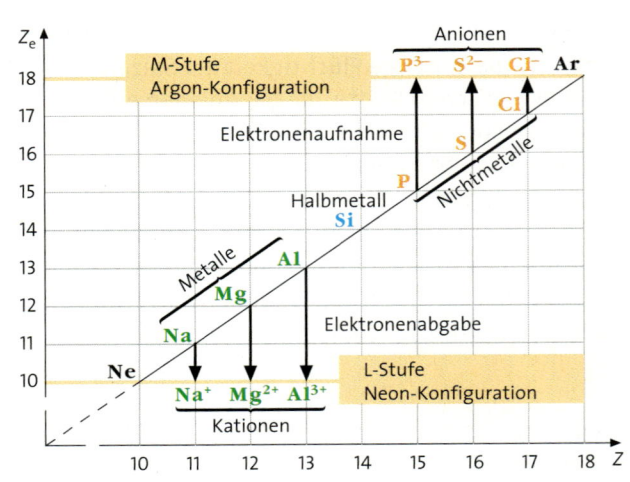

**B2** Zu LV3

**B3** Elektronenaufnahme und -abgabe bei Atomen der 3. Periode. Die Protonenzahl $Z$ ist gegen die Elektronenzahl $Z_e$ aufgetragen. (Die Verbindungsgerade dient nur der Veranschaulichung.)

## 4.4 Ab- und Zuneigung für Elektronen

In LV1 wird Magnesiumoxid, eine salzartige Verbindung, gebildet. Das Magnesium-Atom steht in der 2. Gruppe des Periodensystems und hat damit 2 Valenzelektronen. Zur Erfüllung der Edelgasregel, kann es diese 2 Elektronen abgeben. Es entsteht ein zweifach positiv geladenes Magnesium-Ion.

(1) $\text{Mg} \rightarrow \text{Mg}^{2+} + 2\,e^-$
Magnesium-Atom    Magnesium-Ion

Das „Magnesium-zwei-plus-Ion" hat die gleiche Elektronenkonfiguration wie das Neon-Atom.
Ein Sauerstoff-Atom hat 6 Valenzelektronen. Es wird durch Aufnahme von 2 Elektronen zum **Oxid-Ion**. Dieses hat die gleiche Elektronenkonfiguration wie das Neon-Atom. Da Sauerstoff aus zweiatomigen Molekülen besteht, nimmt jedes Sauerstoff-Molekül bei Bildung von 2 Oxid-Ionen 4 Elektronen auf.

(2) $\text{O}_2 + 4\,e^- \rightarrow 2\,\text{O}^{2-}$
Sauerstoff-Molekül    Oxid-Ionen

Wir multiplizieren die Teilgleichung (1) mit 2, damit die Anzahl der abgegebenen bzw. aufgenommenen Elektronen gleich ist (Elektronenbilanz).

(1') $2\,\text{Mg} \rightarrow 2\,\text{Mg}^{2+} + 4\,e^-$

Wir fassen (1') und (2) zusammen:

$2\,\text{Mg} + \text{O}_2 \rightarrow 2\,\text{Mg}^{2+} + 2\,\text{O}^{2-}$

Für Magnesiumoxid gilt das Anzahlverhältnis, in dem die Ionen das Salz bilden, $N(\text{Mg}^{2+}) : N(\text{O}^{2-}) = 1 : 1$ und die Verhältnisformel ist **MgO**.
Die Reaktionsgleichung für die Bildung von Magnesiumoxid aus den Elementen lässt sich nun wie folgt formulieren:

$2\,\text{Mg(s)} + \text{O}_2\text{(g)} \rightarrow 2\,\text{MgO(s)}$.

Sowohl das Magnesium-Ion als auch das Oxid-Ion sind **zweiwertig**. Die früher rein formal eingeführte Wertigkeit (2.8) erhält jetzt eine theoretische Grundlage:
Die **Ionenwertigkeit** entspricht der **Ionenladungszahl**.
Die Ionenwertigkeit gibt Auskunft über die Zahl der von einem Atom abgegebenen bzw. aufgenommenen Elektronen.
**Salzbildungen aus den Elementen sind mit Elektronenübergängen zwischen Teilchen verknüpft.**

Positiv geladene Metall-Ionen entstehen aus Metall-Atomen durch Abgabe von Valenzelektronen. Metall-Atome, die im gekürzten Periodensystem von B1 aufgeführt sind, bilden Kationen mit Edelgaskonfiguration.
Negativ geladene Ionen, die aus Nichtmetall-Atomen entstehen, weisen in ihren Elektronenhüllen immer Edelgaskonfiguration auf.
Ionen mit Edelgaskonfiguration besitzen meist 8 Außenelektronen (B1), die Edelgasregel wird daher auch als **Oktettregel** bezeichnet.
Das Silicium-Atom **Si** hat 4 Valenzelektronen, ihm stehen folglich beide Möglichkeiten der Ionenbildung offen. Es könnte prinzipiell vierfach positiv geladene Kationen bzw. vierfach negativ geladene Anionen bilden (B4). Silicium gehört wie Bor **B**, Germanium **Ge**, Arsen **As**, Selen **Se** und Tellur **Te** zu den **Halbmetallen**. Sie stehen an der Grenze zwischen Metallen und Nichtmetallen (B1).

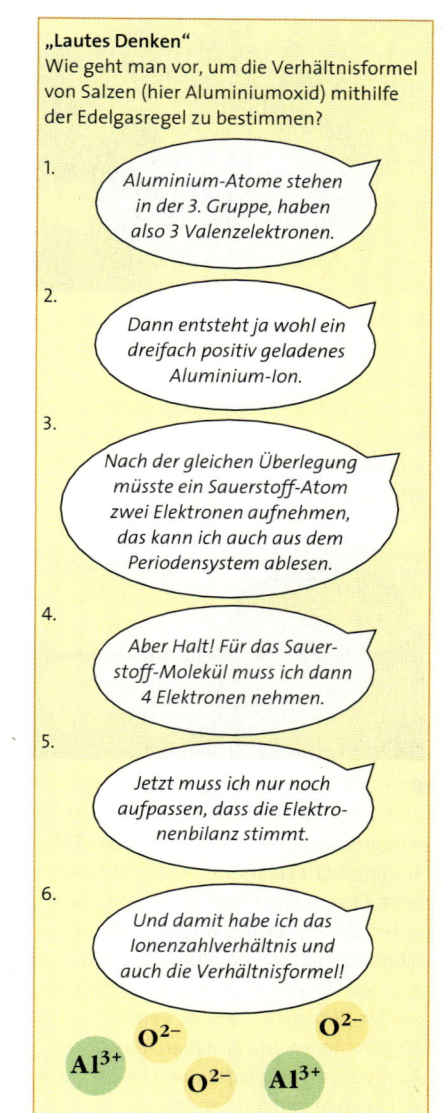

---

**„Lautes Denken"**
Wie geht man vor, um die Verhältnisformel von Salzen (hier Aluminiumoxid) mithilfe der Edelgasregel zu bestimmen?

1. *Aluminium-Atome stehen in der 3. Gruppe, haben also 3 Valenzelektronen.*

2. *Dann entsteht ja wohl ein dreifach positiv geladenes Aluminium-Ion.*

3. *Nach der gleichen Überlegung müsste ein Sauerstoff-Atom zwei Elektronen aufnehmen, das kann ich auch aus dem Periodensystem ablesen.*

4. *Aber Halt! Für das Sauerstoff-Molekül muss ich dann 4 Elektronen nehmen.*

5. *Jetzt muss ich nur noch aufpassen, dass die Elektronenbilanz stimmt.*

6. *Und damit habe ich das Ionenzahlverhältnis und auch die Verhältnisformel!*

$\text{Al}^{3+}\quad \text{O}^{2-}\quad \text{O}^{2-}\quad \text{O}^{2-}\quad \text{Al}^{3+}$

---

*Aufgaben*

**A1** Lies „Lautes Denken". Schreibe die Teilgleichungen für die Elektronenabgabe und -aufnahme, die Gleichung für den Gesamtvorgang, das Ionenanzahlverhältnis und die Verhältnisformel für Aluminiumoxid auf.

**A2** Bestimme mithilfe der Edelgasregel die Verhältnisformeln folgender Salze: a) Natriumsulfid, b) Calciumfluorid, c) Magnesiumnitrid (LV3), d) Kaliumfluorid, e) Calciumoxid und f) Natriumoxid.

# Salze und Ionen in Natur und Technik

*Salz* heißt nicht nur Kochsalz und Salze begegnen uns auch nicht nur in Küche und im Chemielabor.
Schon „Wasser" enthält verschiedenste gelöste Salze – und *Meer*wasser zeigt wieder eine andere Salz-Zusammensetzung als *Mineral*wasser!
Auf den Etiketten von Wasserflaschen ist meist eine Analyse mit den Inhaltsstoffen zu finden, die Analyse von Meerwasser zeigt folgende Zusammensetzung (in mg/l):

| | |
|---|---|
| Chlorid-Ionen $Cl^-$ | 19 300 |
| Natrium-Ionen $Na^+$ | 10 700 |
| Sulfat-Ionen $SO_4^{2-}$ | 2 700 |
| Magnesium-Ionen $Mg^{2+}$ | 1 300 |
| Calcium-Ionen $Ca^{2+}$ | 400 |
| Kalium-Ionen $K^+$ | 380 |
| Hydrogencarbonat-Ionen $HCO_3^-$ | 140 |
| Bromid-Ionen $Br^-$ | 65 |
| Andere | 40 |

**B1** *Die Strandaster gehört zu den Salzpflanzen (Halophyten) und gedeiht heutzutage sogar an Autobahnen.*
**A:** *Wo wachsen Salzpflanzen eigentlich? Wodurch zeichnen sich ihre Wuchsorte aus und durch welche Mechanismen sind die Pflanzen an diese angepasst?*

**B2** *Dank Salz – Metallschaum wie ein Brötchen! Zur Herstellung eines Metallschaums wird dem Metallpulver das **Salz** Titanhydrid $TiH_2(s)$ als Treibmittel zugesetzt. Es zersetzt sich oberhalb von 350 °C unter Wasserstoffabgabe, was das Aufschäumen des schmelzenden Metalls bewirkt: Das Metall (hier Zink) „geht auf" wie ein (Brötchen-)Teig!* **A:** *Vergleiche Metallschaum und Brötchen hinsichtlich Aussehen, Eigenschaften und Herstellung. Wodurch geht der Brotteig auf?*

## Auswertung

a) Vergleiche die Daten der Analyse von Meerwasser mit der Zusammensetzung einer Sorte Mineralwasser deiner Wahl.
b) Welche Salze könntest du aus den blau unterlegten Ionen in der Meerwasseranalyse bilden? Ermittle ihre Verhältnisformeln.
c) Überlege, wie Salze in das Meerwasser kommen.
d) Was ist an der Artikelbezeichnung „Jodsalz mit Fluor" auf einer Haushaltspackung Salz nicht korrekt?
e) An Küsten und Autobahnen wachsen heute oft die gleichen Pflanzen (B1). Informiere dich und nimm kritisch Stellung zu dieser Entwicklung!

**B3** *Lotuseffekt. Das Lotusblatt ist selbstreinigend, Wassertropfen perlen ab und nehmen den Schmutz mit.*

**Salze** finden auch dort Verwendung, wo man sie auf den ersten Blick nicht vermuten würde (B2, B3). Fein verteilte, mikroskopisch kleine Teilchen (Nanopartikel) aus Aluminiumoxid $Al_2O_3(s)$ sorgen dafür, dass Oberflächen wie Fliesen oder Badewannen nicht mehr verschmutzen können. („Lotuseffekt", auch beim Weißkohl beobachtbar.) Durch die „Noppen" des Aluminiumoxids können Schmutzpartikel nicht mehr haften und sind leicht abwaschbar.

## Aufgabe

**A1** Berichtige folgende Aussage: *„Mineralwasser enthält Natrium, Magnesium, Kalium, Calcium … ."*

→ Exkurs

Namen wie Salzburg, Salzkammergut, Salzgitter und Bad Reichenhall sowie der Begriff *Salzstraßen*, jene alten Verkehrswege des Salzhandels von den Salzbergwerken in alle Teile Europas, zeigen die Bedeutung, die Kochsalz, das „weiße Gold", viele Jahrhunderte als Handelsgut hatte (B5). Dort, wo eine der berühmtesten Salzstraßen die Isar überquerte, entstand die Stadt München.

**Kochsalz**, Natriumchlorid **NaCl**, ist in der Küche unentbehrlich und dient als Speisewürze.

Wir erhalten es als Meersalz aus Meerwasser (S. 26) oder als **Steinsalz**. Steinsalz kommt in mächtigen unterirdischen Lagern vor und wird häufig von **Kalisalzen**, die Kalium-Ionen enthalten, begleitet. Die Lagerstätten sind vor Millionen von Jahren durch Verdunstung von Meerwasser entstanden. Steinsalz und Kalisalze werden in großen Bergwerken in Tiefen bis über 1000 m abgebaut (B5). Steinsalz wird als Pökel-, Vieh- und Streusalz verwendet und zu Salzsäure, Soda und Natronlauge weiterverarbeitet. Chlor und Natronlauge zählen seit Beginn der chemischen Industrie im 19. Jahrhundert zu den wichtigsten Vorprodukten für die unterschiedlichsten Chemieerzeugnisse.

Salze können gesteinsbildend sein. **Kalkstein** besteht aus Calcium-Ionen und Carbonat-Ionen, die durch die Ionenbindung zusammengehalten werden. Die salzartige Verbindung ist kaum wasserlöslich und kommt daher an vielen Stellen der Erde vor, z. B. als Marmor (B6) bei Carrara in Italien und Kreide auf der Insel Rügen. Einige Gebirge, wie die Schwäbische und Fränkische Alb sowie die Kalkalpen (B7) bestehen aus Kalkstein.

Lebewesen sind auf Salze angewiesen. Tiere nehmen mit der Nahrung Natrium-, Kalium-, Calcium- und Eisen-Ionen in Form von Salzen auf. Untersucht man tierisches Gewebe, so findet man in den Zellen viel Kalium-Ionen und wenig Natrium-Ionen, während die Flüssigkeit um die Zellen herum reich an Natrium-Ionen und arm an Kalium-Ionen ist. Die Funktion der Nerven hängt entscheidend von diesem $Na^+/K^+$-Verhältnis in und außerhalb der Nervenfaser ab.

Calcium-Ionen kommen bei Tieren auch im Blut vor. Ohne Calcium-Ionen würde bei einer Verletzung das Blut an der Wunde nicht gerinnen. Calcium-Ionen bauen zudem Knochen und Zähne auf.

Der wichtigste Bestandteil der roten Blutkörperchen ist der rote Blutfarbstoff **Hämoglobin** (vgl. S. 87), mit dessen Hilfe Sauerstoff aus der Lunge in das Gewebe transportiert wird. Das sehr kompliziert gebaute Hämoglobin-Molekül enthält als zentrales Teilchen ein Eisen-Ion $Fe^{2+}$, das letztlich das Sauerstoff-Molekül bindet.

Die Bedeutung der Pflanzen für alles Leben ist bekannt. Nur Pflanzen vermögen die Energie des Sonnenlichts direkt in innere Energie von Traubenzucker und anderen Kohlenhydraten umzuwandeln.

Die **Fotosynthese** ist an den grünen Blattfarbstoff **Chlorophyll** gebunden. Das komplizierte Molekül enthält als zentrales Teilchen ebenfalls ein Ion, ein Magnesium-Ion $Mg^{2+}$.

**B4** *Salzstadel in Regensburg. Die großen Salzstädel erinnern heute noch an den einträglichen Handel mit Salz.*

**B5** *Steinsalz und Kalisalze werden in großen Bergwerken abgebaut.*

**B6** *Skulptur aus Carrara-Marmor*

**B7** *Die Kalkalpen*

*Aufgaben*

**A2** Suche in Biologiebüchern und/oder im Internet nach Abbildungen (Modellen sowie Rastertunnelmikroskop-Aufnahmen) von Chlorophyll.

**A3** Wo liegt Carrara (Atlas)? B6 zeigt eine berühmte Marmor-Skulptur. Welche, von wem stammt sie und wo steht sie?

## Bau und Eigenschaften der Salze

### Salzportionen und Teilchenverbände

Stoffportionen liegen als Teilchenverbände vor. Nur Edelgasportionen bestehen im gasförmigen Zustand aus freien Atomen. Die Art der Teilchen, ihre Anordnung und ihr Zusammenhalt durch chemische Bindungen bestimmen den Stoff, aus dem die Stoffportion besteht.

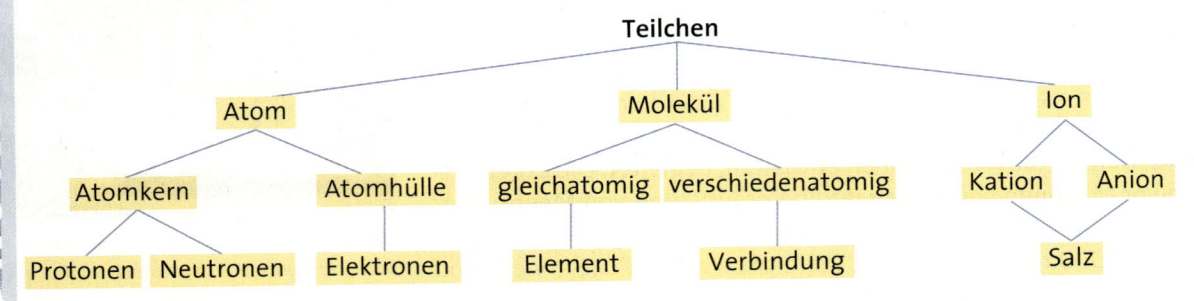

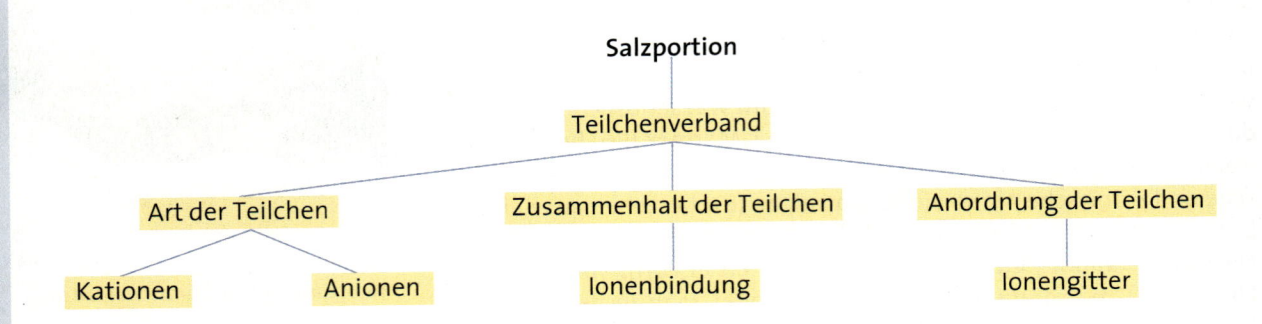

```
                              Teilchen
            ┌───────────────────┼───────────────────┐
           Atom               Molekül               Ion
         ┌───┴───┐         ┌─────┴─────┐         ┌───┴───┐
      Atomkern Atomhülle gleichatomig verschiedenatomig Kation Anion
      ┌───┴───┐    │         │             │              └───┬───┘
   Protonen Neutronen Elektronen Element Verbindung          Salz
```

```
                          Salzportion
                              │
                        Teilchenverband
            ┌─────────────────┼─────────────────┐
       Art der Teilchen  Zusammenhalt der  Anordnung der Teilchen
         ┌─────┴─────┐      Teilchen              │
      Kationen    Anionen  Ionenbindung       Ionengitter
```

Metall-Atome werden durch Abgabe von Elektronen zu edelgaskonfigurierten **Kationen**. Nichtmetall-Atome werden durch Aufnahme von Elektronen zu edelgaskonfigurierten **Anionen**.

Die **Ionenbindung** beruht auf der Anziehungskraft zwischen Kationen und Anionen.

Im **Ionengitter** sind die Kationen und Anionen regelmäßig in den drei Raumrichtungen angeordnet. Der **Bau der Salze** erklärt ihre Eigenschaften: feste Form, Härte, Sprödigkeit.

In der wässrigen Lösung oder der Schmelze von Salzen kommt es beim Anlegen einer elektrischen Spannung zur **Ionenwanderung**.

# Bau und Eigenschaften der Salze

## PRÜFE DEIN WISSEN

**A1** So entsteht eine Ionenverbindung. Formuliere die richtigen Aussagen!

| Nichtmetall-Atome | geben | Protonen | auf. |
| Metall-Atome | nehmen | Außenelektronen | ab. |
| | | alle Elektronen | |
| | | Neutronen | |

| Dadurch entstehen | positive | Ionen. |
| | negative | Atome. |
| | neutrale | Moleküle. |

**A2** Um Eisenteile technischer Geräte vor Rost zu schützen, überzieht man sie durch Elektrolyse mit einem nichtrostenden Metall, z.B. mit Kupfer. Dieses Verfahren heißt Galvanisieren. In der Abbildung unten sind die dabei ablaufenden Vorgänge dargestellt. Sie ähneln denen bei der Elektrolyse einer Salzlösung.
Formuliere die Reaktionsgleichungen der Vorgänge, die beim Verkupfern des Eisennagels an den Polen auftreten.

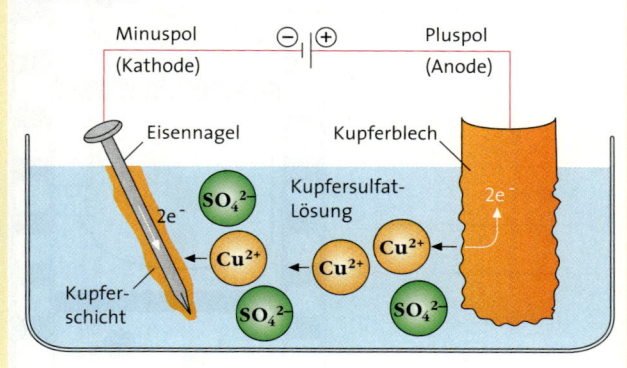

**A3** Übertrage die nachfolgende Tabelle in dein Heft und ergänze sie.

| Name des Salzes | Art und Anzahl der enthaltenen Ionen in Ionenschreibweise | Verhältnisformel des Salzes |
|---|---|---|
| Kaliumoxid | | |
| | | $ZnF_2$ |
| | ... $Mg^{2+}$/ ... $I^-$ | |
| Chrom(III)-oxid | | |
| | | $Cr_3O_4$ |

**A4** Finde in der Abbildung die 5 Fehler.

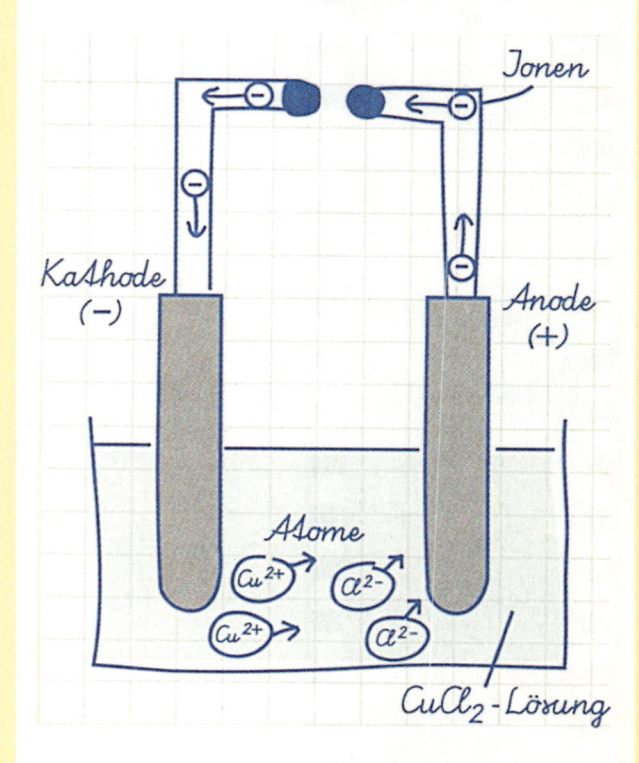

**A5** Bilde mit den Begriffen unten Sätze nach folgendem Muster: *Ein Natrium-Atom gibt ein Elektron ab. Es entsteht ein Natrium-Kation.*

| Natrium-Atom | | | |
| Chlor-Molekül | | | |
| Kalium-Atom | | | |
| Iod-Molekül | | | |
| Barium-Atom | | ein Elektron | |
| Brom-Molekül | gibt | zwei Elektronen | ab. |
| Strontium-Atom | nimmt | drei Elektronen | auf. |
| Lithium-Atom | | | |
| Sauerstoff-Molekül | | | |
| Aluminium-Atom | | | |

Es entsteht ein ... .

**A6** Welche Aussage ist richtig? Begründe deine Entscheidung. Bei der Bildung von Salzen aus den Elementen bleiben
a) die Elemente,
b) die Atome oder
c) die Atomkerne und Elektronen
unverändert erhalten.

## PRÜFE DEIN WISSEN

**68** Bau und Eigenschaften der Salze

**Experiment** | **Beschreibung** | **Teilchenebene**

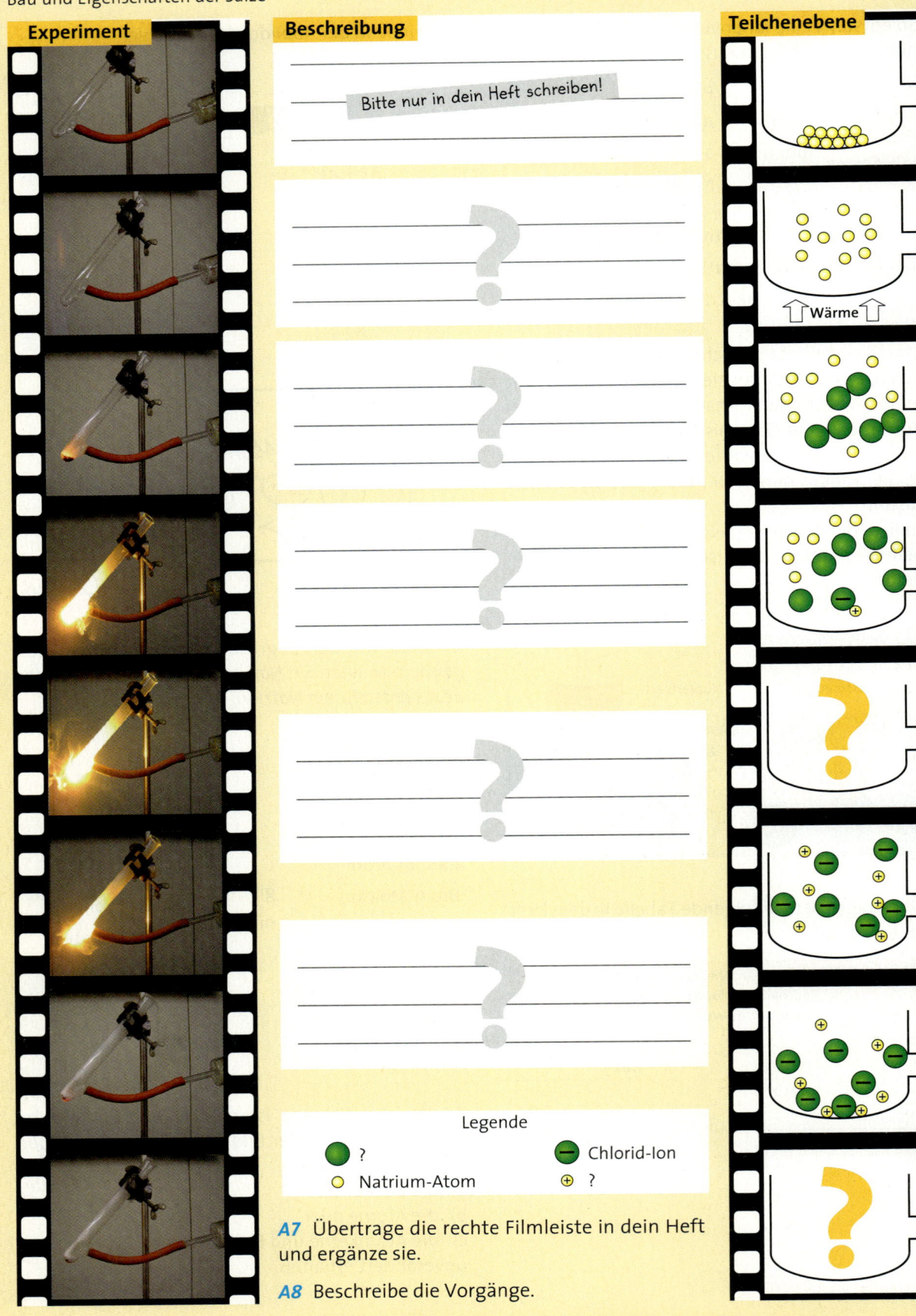

Bitte nur in dein Heft schreiben!

**Legende**
- 🟢 ?
- 🟡 Natrium-Atom
- 🟢⊖ Chlorid-Ion
- ⊕ ?

**A7** Übertrage die rechte Filmleiste in dein Heft und ergänze sie.

**A8** Beschreibe die Vorgänge.

# 5 Bau und Eigenschaften der Metalle

**Metalle sind unentbehrliche Werkstoffe.**

Wie wird Eisen, das wichtigste Gebrauchsmetall, gewonnen?
Welches sind die Bausteine der Metalle und was hält sie zusammen?
Wie kann man die Verformbarkeit und die Leitfähigkeit der Metalle erklären?
Was geschieht mit den Teilchen, wenn Metalle sich an Luft verändern?

## 5.1 Metalle aus Metalloxiden

## Die Darstellung von Eisen

Du kennst und nutzt verschiedene Metalle täglich (B1). Aber in der Natur kommen sie, außer Gold und Silber, als solche praktisch nicht vor. Wie können sie gewonnen werden?

*Versuche*

**LV1** In ein Rggl. gibt man ein Gemisch aus 2,0 g schwarzem Kupferoxid und 1,5 g Zinkpulver*. Man erhitzt im **Abzug** bis zum Start der Reaktion mit der Bunsenbrennerflamme. Beobachtung?

**LV2** Ein Rohr aus schwer schmelzbarem Glas wird mit schwarzem Kupferoxid bestückt (B2). Man lässt Wasserstoff* durchströmen. Sobald die Knallgasprobe mit dem entweichenden Gas negativ ausfällt, zündet man den durch das spitze Röhrchen entweichenden Wasserstoff*. Rückschlagsicherung aus Kupferwolle nicht vergessen. Jetzt erhitzt man mit der Brennerflamme, bis eine Reaktion einsetzt. Beobachtung?

**LV3** 2 Volumenanteile rotes Eisenoxid werden mit 3 Volumenanteilen Holzkohlepulver in der Reibschale gut verrieben. Das Gemisch wird in ein Rggl. gegeben (maximale Füllhöhe ca. 25%). Man erhitzt fünf Minuten im **Abzug** auf Rotglut. Das Reaktionsprodukt wird mit einem Magneten geprüft, seine Farbe wird mit der des Eisenoxids verglichen.

**LV4 Vorsicht! Versuch im Freien durchführen!** Eine geeignete Vorrichtung zur Thermitreaktion zeigt B3. Das käufliche Thermitgemisch befindet sich in einem kleinen Blumentopf, der Bodenöffnung auf Bodenöffnung in einem mittelgroßen Blumentopf steht, wobei der Boden des kleinen Blumentopfes mit einer dünnen Aluminiumfolie abgedeckt ist. Ein schwenkbarer großer Blumentopf wird sofort nach dem Entzünden eines oder mehrerer Zündstäbchen (oder Wunderkerzen) über die Vorrichtung gebracht. Der Funkenregen wird dadurch in eine Blechwanne mit dicker Sandschicht abgeleitet. Die Zündung kann man sichern, indem man auf das Gemisch etwas Magnesiumpulver* häuft. Den Zündstab steckt man etwa 4 cm tief in das Gemisch.

*Auswertung*

a) Welche Metalle entstehen bei den Versuchen?
b) Warum muss bei LV2 erst die Knallgasprobe durchgeführt werden, bevor der Wasserstoff angezündet wird?
c) Um welchen Stoff handelt es sich bei den Flüssigkeitströpfchen in LV2, die sich an den kalten Stellen der Apparatur niederschlagen?
d) Vergleiche den Wärmeumsatz bei LV3 und LV4.

**B1** *Gebrauchsgegenstände aus Metall.*
**A:** *Welche Metalle sind hier verarbeitet?*

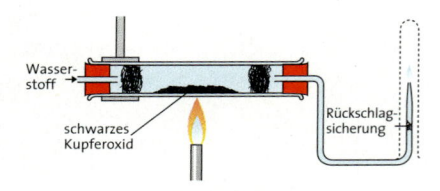

**B2** *Reaktion von Wasserstoff mit Kupferoxid*

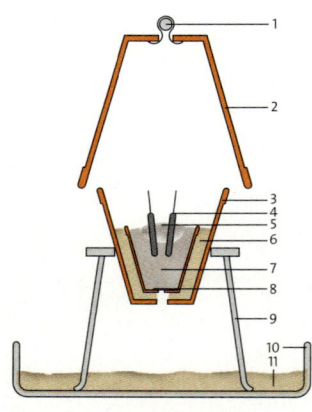

**B3** *Vorrichtung für die Durchführung der Thermitreaktion*

1 Stativrohr mit gleitbarem Aufhänger
2 Blumentopf (groß)
3 Blumentopf (mittelgroß)
4 Zündstab
5 Zündgemisch
6 Sand
7 Thermitgemisch
8 dünne Aluminiumfolie
9 Dreifuß
10 Blechwanne
11 Sand

## 5.1 Metalle aus Metalloxiden

Metalle kommen in der Natur selten vor. Metall-Ionen sind dagegen häufig zu finden, in gelöster Form in Gewässern (vgl. S. 64) oder in gebundenem Zustand in Salzen und Erzen. **Erze** sind Gesteine, aus denen Metalle gewonnen werden können. Sie enthalten (neben Begleitstoffen) oft **Metalloxide**, die als Ausgangsstoffe für die Metallgewinnung durch chemische Reaktionen dienen (LV1 bis LV4).

**Eisen** ist für uns das wichtigste Gebrauchsmetall. Man gewinnt es im **Hochofen** (B4). Ein Hochofen wird abwechselnd mit Schichten von Koks und Eisenerz mit Zuschlagstoffen, vor allem Kalk, beschickt. Die Zuschlagstoffe ergeben durch chemische Reaktionen mit unerwünschten Gesteinsresten, die am Eisenoxid haften, die Schlacke. Diese sammelt sich über dem flüssigen Roheisen an (B4).

**Koks** wird durch Erhitzen von Kohle unter Luftabschluss gewonnen und besteht hauptsächlich aus Kohlenstoff.

Der Sauerstoff der im Winderhitzer vorgewärmten Luft trifft im unteren Teil des Hochofens auf den Kohlenstoff, der zu Kohlenstoffdioxid $CO_2$ verbrennt. Bei den dort herrschenden Temperaturen von ca. 2000 °C reagiert Kohlenstoffdioxid mit weiterem Kohlenstoff zu Kohlenstoffmonooxid $CO(g)$. Der größte Teil des Kohlenstoffmonooxids steigt dann im Hochofen nach oben und reagiert mit dem Eisenoxid $Fe_2O_3(s)$ des Erzes zu Eisen und Kohlenstoffdioxid:

$Fe_2O_3(s) + 3CO(g) \rightarrow 2Fe(s) + 3CO_2(g);\ Q < 0$

Die Reaktion ist exotherm.

Ein Teil des Kohlenstoffmonooxids reagiert zu Kohlenstoffdioxid und fein verteiltem Kohlenstoff. Dieser Kohlenstoff überführt in einer endotherm verlaufenden Reaktion weiteres Eisenoxid in Eisen (LV3):

$Fe_2O_3(s) + 3C(s) \rightarrow 2Fe(s) + 3CO(g);\ Q > 0$

Das im Hochofen entstehende **Roheisen** schmilzt, je nach Zusammensetzung, bei 1100 °C bis 1300 °C, reines Eisen dagegen erst bei 1528 °C.
Alle 4 bis 6 Stunden erfolgt der Roheisenabstich. Das Gasgemisch, das aus dem Hochofen austritt, nennt man Gichtgas. Es enthält zu einem Volumenanteil von 30 % brennbares Kohlenstoffmonooxid sowie Stickstoff und Kohlenstoffdioxid. Es dient als Heizgas im Winderhitzer.
Roheisen enthält außer Eisen Kohlenstoff mit einem Massenanteil von 3 % bis 6 % und geringe Mengen weiterer Stoffe. Roheisen ist spröde, daher nicht schmiedbar und als **Gusseisen** einsetzbar.
Der weitaus größte Teil des Roheisens wird jedoch zu **Stahl** weiterverarbeitet. Stahl ist eine schmiedbare Legierung des Eisens mit Kohlenstoff, dessen Massenanteil unter 1,7 % liegt. Die Schmelztemperatur von Stahl liegt bei ca. 1500 °C.

Aus Eisenoxid lässt sich Eisen auch unter Verwendung von Aluminium herstellen (LV4). In einer heftigen, exothermen Reaktion, als **Thermitverfahren** bezeichnet, entsteht flüssiges Eisen, das zum Verschweißen von Schienenfugen verwendet wird (B5).

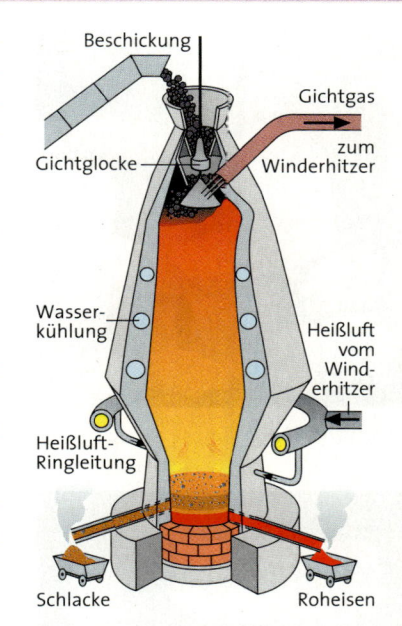

**B4** *Schema eines Hochofens*

### Aufgaben

**A1** Fertige ein Prozessdiagramm für die Eisenherstellung im Hochofen an und beschreibe sie unter Verwendung der Fachbegriffe dieser Seite.

**A2** Warum sammelt sich das Eisen im Hochofen ganz unten an?

**A3** Bei LV1 entsteht als zweites Reaktionsprodukt Zinkoxid $ZnO(s)$. Wie lautet die Reaktionsgleichung hierfür?

**A4** Bei der Reaktion des Thermitgemisches aus Aluminiumpulver und Eisen(III)-oxid entstehen Eisen und Aluminiumoxid. Schreibe die Reaktionsgleichung.

**B5** *Thermitschweißen von Eisenbahnschienen*

## 5.2 Was die Metalle zusammenhält

### Die Metallbindung

Chemiker unterscheiden zwischen Metallen und Nichtmetallen. Etwa $^4/_5$ der Elemente sind Metalle. Ihre typischen Eigenschaften sind Grund für die vielfältigen Verwendungsmöglichkeiten als unentbehrliche Werkstoffe. Welche Metalleigenschaften kannst du den Abbildungen B1 bis B3 entnehmen?

*B1 Blattvergoldung*

*B2 Silber-, Gold- und Platinbarren*

*B3 Auch hier ist Kupfer verarbeitet!*
**A:** Informiere dich über Funktion und Anwendungen der abgebildeten Gegenstände, vielleicht auch bei einem (Informations-)Techniker.

*Versuche*

**V1** Reibe einen Eisennagel oder andere Gegenstände aus Eisen mit Schmirgelpapier. Vergleiche „vorher und nachher".

**LV2  Vorsicht. Schutzscheibe! Schutzbrille! Natrium nicht mit den Fingern anfassen.** Ein Stück Natrium* wird mit einer Pinzette dem Vorratsgefäß entnommen und auf Filterpapier mit dem Messer durchgeschnitten. Beobachtung?

**V3 Vorsicht!** Halte mit der Hand nacheinander eine Eisennadel und einen Glasstab in die Flamme eines Bunsenbrenners. Beobachtung?

**V4** Halte mit einer Tiegelzange ein Drahtnetz aus Kupfer über die Flamme eines Bunsenbrenners und bewege es nach unten auf die Flamme zu. Beobachtung? Lege das Drahtnetz nun auf den Brenner (abgestellte Gaszufuhr), zünde das Gas an und hebe das Netz. Beobachtung?

**V5** Lege auf eine Keramikplatte möglichst gleich große Portionen verschiedener Stoffe (z. B. Kupfer, Eisen, Aluminium, Zink, Glas, Marmor, Kunststoff) (B4). Tropfe auf jede Stoffportion einen gleich großen Tropfen Kerzenwachs. Erwärme nach dem Erkalten des Wachses die Keramikplatte vorsichtig mit einer kleinen, nicht leuchtenden Brennerflamme. Beobachtung? In welcher Reihenfolge schmilzt das Kerzenwachs?

**V6** Falte einen „Briefumschlag" aus Kupfer. Beobachtung?

**V7** Zerkleinere unter Verwendung von Reibschale und Pistill einen Salzbrocken. Beobachtung?

*Auswertung*

a) Protokolliere die Versuchsbeobachtungen.
b) Warum glänzt Eisen nur im geschmirgelten Zustand?
c) Warum glänzt Natrium nur an der frischen Schnittfläche? Wie verändert sich die Schnittfläche im Verlauf weniger Minuten? Begründe die Beobachtung. Welche Beobachtung deutet darauf hin, dass Natrium ein Metall ist?
d) Deute die Beobachtungen von V3, V4, V6 und V7.

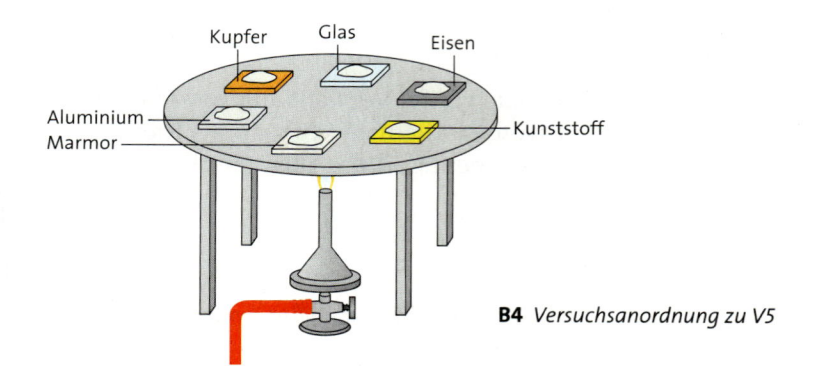

*B4 Versuchsanordnung zu V5*

## 5.2 Was die Metalle zusammenhält

Metalle zeigen eine Reihe gemeinsamer Eigenschaften, durch die sie sich recht gut von Nichtmetallen und anderen Stoffen unterscheiden lassen. Sie haben eine glänzende Oberfläche (V1, B1, B2 und LV2), sind gute Leiter für Wärme (V3, V4 und V5) und elektrischen Strom (B3) und sie sind verformbar (B1 und B2, V6).
Wie lassen sich diese Eigenschaften auf Teilchenebene erklären?
Die **Metalle** stehen im Periodensystem links und ihre Atome besitzen wenige Außenelektronen. Sie erreichen Edelgaskonfiguration dadurch, dass sie diese wenigen Elektronen abgeben. Es bleiben positiv geladene **Metall-Atomrümpfe** zurück. Diese bilden trotz gleicher elektrischer Ladung ein stabiles **Metallgitter**, da die abgegebenen Elektronen die Metall-Atomrümpfe ähnlich wie ein Gas umgeben, sodass elektrische Neutralität des Gitters gegeben ist. Diese frei beweglichen Elektronen werden in ihrer Gesamtheit auch als **Elektronengas** bezeichnet. Es übernimmt die Rolle der negativ geladenen Ionen eines Ionengitters und bewirkt den Zusammenhalt eines Metallgitters. Diese Art Bindung wird als **Metallbindung** bezeichnet. Mit dem **Elektronengas-Modell** für die **Metallbindung** (B5) lassen sich die Eigenschaften der Metalle gut erklären.
So beruhen die elektrische Leitfähigkeit und die Wärmeleitfähigkeit auf der leichten Beweglichkeit des Elektronengases als Träger von elektrischen Ladungen. Wird einem Metallstab an einem Ende Wärme zugeführt, werden die Gitterbausteine des Metalls zu starken Schwingungen angeregt. Dadurch beschleunigen sie Elektronen und diese dann wiederum bei ihrer Bewegung durch das Metall weitere Gitterbausteine. So wird die zugeführte Wärme innerhalb kurzer Zeit auf den ganzen Stab übertragen.
Metalle sind im Gegensatz zu Salzen verformbar (V6 und V7), da die Metall-Atomrümpfe des Metallgitters im Unterschied zu den Kationen und Anionen eines Ionengitters alle gleich groß sind und aufgrund des Elektronengases leicht verschoben werden. Dabei können die Elektronen den Bewegungen der Metall-Atomrümpfe folgen (B6 und B7).
Viele Metalle sind deutlich härter als Natrium (LV2). In diesen Metallen steuern die Metall-Atome mehr als je ein Valenzelektron zum Elektronengas bei, wodurch die Metallbindung stärker wird. Dies bewirkt kürzere Abstände zwischen den Atomrümpfen und äußert sich in hohen Schmelz- sowie Siedetemperaturen und eben größerer Härte der Metalle.

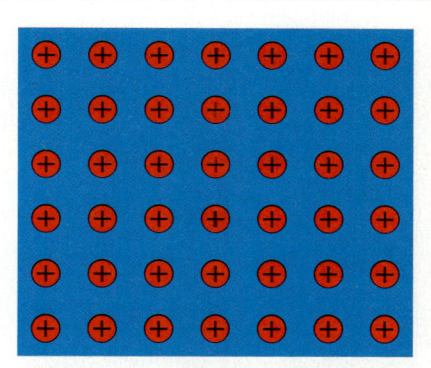

**B5** *Querschnitt durch ein Metallgitter mit einfach positiv geladenen Atomrümpfen. Die blaue Fläche stellt das Elektronengas dar.* **A:** *Welche Metall-Atome bilden zweifach, welche dreifach positiv geladene Atomrümpfe (vgl. S. 52, B1)?*

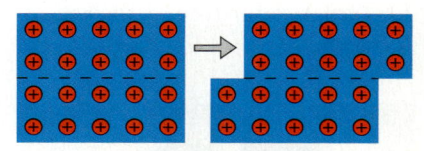

**B6** *Verschiebung eines Metallgitters längs einer Ebene*

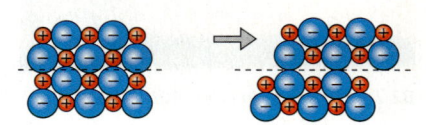

**B7** *Verschiebung eines Ionengitters längs einer Ebene*

### Aufgaben
**A1** Erkläre mit dem Elektronengas-Modell der Metallbindung die elektrische Leitfähigkeit der Metalle.
**A2** Erläutere mithilfe des Teilchenmodells, warum der elektrische Widerstand bei abnehmender Temperatur kleiner wird.
**A3** Die Geschwindigkeit der Elektronen im Metallgitter ist bei angelegter elektrischer Spannung verhältnismäßig gering. Warum werden elektrische Signale bei Einschalten des Stroms trotzdem fast mit Lichtgeschwindigkeit im Metall übertragen?

## Edle und unedle Metalle

Gold, das auch in Jahrtausenden seine Farbe und seinen Glanz nicht verändert, gilt als Wertmaßstab in jeder Hinsicht (B1). Durch Rostbildung an Gegenständen aus Eisen entstehen dagegen wirtschaftliche Schäden von sehr hohem Ausmaß (B2). Was geschieht mit den Teilchen bei der stofflichen Veränderung bestimmter Metalle an der Luft?

### Versuche

**LV1** Vier Standzylinder, deren Böden mit Sand beschichtet sind, werden durch Luftverdrängung mit Sauerstoff gefüllt und mit einer Glasplatte verschlossen. Mit einem Eisenlöffel führt man kleine erwärmte Portionen von Eisen-, Aluminium-*, Zink-* und Kupferpulver ein. Beobachtung?

**LV2** Ein Platindraht wird erhitzt und in einen Standzylinder mit Sauerstoff gehalten. Beobachtung?

**LV3** In einen mit Chlor* gefüllten Standzylinder, dessen Boden mit Sand beschichtet ist, bringt man mit der Tiegelzange angewärmte Eisenwolle. In einen zweiten mit Chlor* gefüllten Standzylinder hängt man angewärmte Kupferwolle. Beobachtung?

**LV4** Auf ein dünnes Kupferblech streut man etwas Iodpulver*. Dann deckt man es mit einem Uhrglas ab und lässt die Versuchsanordnung ca. 30 min stehen (B3). Beobachtung?

**LV5 Vorsicht! Alkalimetalle nur mit trockenem Werkzeug anfassen! Schutzbrille!** Stücke Lithium*, Natrium* und Kalium* werden mit einer trockenen Pinzette den Vorratsgefäßen entnommen und jeweils auf Filterpapier mit dem Messer durchschnitten. Beobachtung der Schnittflächen.

### Auswertung

a) Vergleiche die Versuchsergebnisse bei LV1 und LV2.
b) Warum werden die Böden der Standzylinder bei LV1 und LV3 mit Sand bedeckt?
c) Vergleiche die Beobachtungen bei LV1, LV3 und LV4.
d) Beschreibe die Schnittflächen der Alkalimetalle bei LV5 vergleichend.

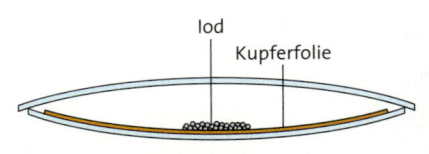

**B1** *Maske aus Gold des ägyptischen Pharaos* TUT-ENCH-AMON. **A:** *Informiere dich über* TUT-ENCH-AMON *und den ägyptischen Totenkult.*

**B2** *Rostbildung an einer Autokarosserie*

**B3** *Reaktion von Kupfer mit Iod, LV4*

**B4** *Lithium, Natrium und Kalium sowie Rubidium und Caesium und ihre Aufbewahrung.* **A:** *Informiere dich über die besonderen und unterschiedlichen Aufbewahrungsmethoden dieser Metalle und versuche, sie zu erklären.*

## 5.3 Edle und Gemeine

Metalle verhalten sich an Luft recht unterschiedlich (B1, B2, B5). Zink, Magnesium, Kupfer, Eisen und andere Metalle reagieren bei Zimmertemperatur nur sehr langsam mit dem Sauerstoff der Luft unter Bildung von Schichten der entsprechenden Metalloxide an den Oberflächen.
Bei Zufuhr von Aktivierungsenergie reagieren diese Metalle dagegen heftig mit reinem Sauerstoff (LV1). Die Atome dieser **unedlen Metalle** geben dabei ihre Außenelektronen an die Atome der Sauerstoff-Moleküle ab. So entstehen positiv geladene Metall-Ionen und negativ geladene Oxid-Ionen. Sie schließen sich zu einem Ionengitter, wie es in Salzen vorliegt, zusammen, den jeweiligen **Metalloxiden**.
Die Metalle Silber, Gold und Platin reagieren auch bei höherer Temperatur nicht mit Sauerstoff (LV2). Man nennt sie deshalb **Edelmetalle**. Ihre Atome zeigen kaum Neigung, Elektronen an Sauerstoff-Moleküle abzugeben. Edelmetalle sind daher an Luft beständig.
Die unterschiedlich ausgeprägte Fähigkeit der Metall-Atome, Elektronen abzugeben, wird durch ihren **Metallcharakter** ausgedrückt.
Die Metalle stehen im Periodensystem links. Der Metallcharakter nimmt innerhalb der Gruppen von oben nach unten zu (B6) und innerhalb der Perioden von links nach rechts ab. Die Metalle mit dem stärksten Metallcharakter stehen daher im Periodensystem links unten: Caesium, Rubidium und Barium.
Beim Schneiden von Lithium, Natrium und Kalium erkennt man an den Schnittflächen den metallischen Glanz (LV5, B4, B5). Dieser verschwindet jedoch bei Kalium durch Reaktion mit Sauerstoff der Luft fast sofort, nicht ganz so rasch bei Natrium. Die Schnittfläche von Lithium bleibt längere Zeit glänzend. Versuche, Rubidium und Caesium an Luft zu schneiden, scheitern an der Reaktionsfreudigkeit dieser Metalle: Sie entzünden sich nach wenigen Sekunden unter Bildung eines weißen Rauches.
Wegen dieser Reaktion an der Luft müssen die **Alkalimetalle** in einer möglichst sauerstofffreien Umgebung aufbewahrt werden (B4). Lithium, Natrium und Kalium lagert man unter Petroleum, da diese Flüssigkeit nur wenig Sauerstoff zu lösen vermag. Allerdings reicht dieser aus, dass auch so gelagerte Metalle nach einiger Zeit „krustig" werden. Die noch reaktionsfreudigeren Alkalimetalle Rubidium und Caesium müssen daher in mit Stickstoff gefüllten sauerstofffreien Ampullen aus Glas eingeschmolzen und aufbewahrt werden. Die „frischen" Schnittflächen der Alkalimetalle glänzen silbrig-weiß, nur Caesium zeigt einen goldgelben Glanz (B4, B5).

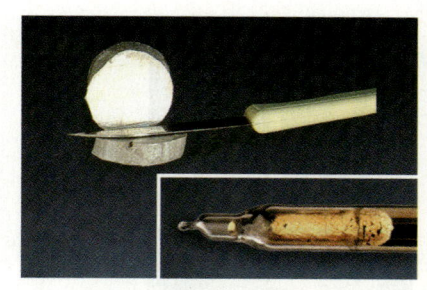

**B5** *Natrium, frisch angeschnitten, und Caesium.* **A:** *Wiederhole mit eigenen Worten, warum Natrium und erst recht nicht Caesium Kontakt mit Luft haben dürfen.*

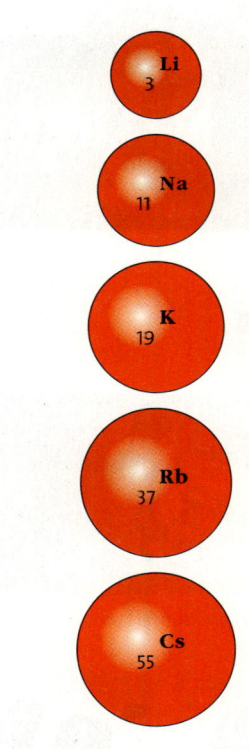

**B6** *Zunahme der Radien der Alkalimetall-Atome mit steigender Protonenzahl (maßstabsgetreu).* **A:** *Erkläre die Änderung des Metallcharakters bei den Alkalimetallen.*

### Aufgaben

**A1** Schreibe die Gleichungen für die Reaktionen bei LV1, LV3 und LV4. (*Hinweis*: Eisen-Atome bilden dreifach geladene, Kupfer- und Zink-Atome zweifach geladene Ionen.)
**A2** Viele Metalle des alltäglichen Gebrauchs glänzen nicht. Erkläre diese Beobachtung.
**A3** Warum nimmt der Metallcharakter innerhalb der Periode von links nach rechts ab?

## Kupfer – das älteste Gebrauchsmetall

Kupfer wurde bereits in der Spätphase der Jungsteinzeit von den Menschen als Werk- und Schmuckwerkstoff genutzt und kann daher als das älteste **Gebrauchsmetall** (B1) bezeichnet werden.

Zunächst wurde nur natürlich vorkommendes Kupfer bearbeitet. Die ältesten Kupferfunde datieren aus dem 8. Jahrtausend v. Chr. und stammen aus Anatolien. In Mitteleuropa begann die auch als **Kupferzeit** bezeichnete Phase ca. 4300 v. Chr. und endete ca. 2200 v. Chr. mit Beginn der Bronzezeit.

In dieser Kupferzeit wurden bereits grundlegende Techniken der Metallbearbeitung und auch -gewinnung entwickelt, der Gebrauchswert von Metallgegenständen blieb allerdings bis zur Entdeckung der Bronze gering.

Für die in **Verhüttungsprozessen** erfolgende Gewinnung von Kupfer dienten oxidische und sulfidische Erze, die seit dem 5. Jahrtausend v. Chr. bergmännisch abgebaut wurden. Das bedeutendste Erz der Frühgeschichte ist **Malachit** (B2). Bereits bei Ägyptern, Griechen und Römern als Schmuckstein und in Pulverform für Augenschminke verwendet, wurde Malachit bis in die Barockzeit hinein als Grünpigment u. a. in der Fresken-, Buch- und Ölmalerei eingesetzt.

**B1** *Kupfer ist „gut zu gebrauchen"!*
**A:** *Welche Anwendungsmöglichkeiten von Kupfer zeigen die Fotos?*

**B2** *Malachit*

**B3** *„Ötzi" und sein Kupferbeil*

**B4** *zu V1: Kupfer aus Malachit*

### Aufgaben

**A1** Wiederhole: Was versteht man unter einem Erz? Was sind „oxidische", was „sulfidische" Erze? Nenne auch je ein Beispiel.

**A2** Suche in Büchern und/oder im Internet nach Bildern der frühen Verwendung von Malachit als Schmuckstein, Schminke-Pulver und für die Malerei. Den „Beweis" für die frühzeitliche Nutzung von Kupfer lieferte „Ötzi", eine Gletschermumie, die 1991 im österreichisch-italienischen Grenzgebiet im Hauslabjoch gefunden wurde. Sie gehört dem wohl bekanntesten Menschen der Kupferzeit, der ca. 3300 v. Chr. lebte und ein Kupferbeil bei sich trug (B3).

### Versuch/Auswertung

**V1** Findet in Gruppenarbeit auf experimentellem Weg heraus, wie das Kupfer für das bei „Ötzi" gefundene Beil aus Malachit hergestellt worden sein könnte (B4). Euch stehen Malachit-Perlen, Brenner, Glasgeräte und all die Materialien zur Verfügung, die es auch schon in der Kupferzeit gegeben haben muss.

a) Was ist Malachit? Informiert euch über die Verhältnisformel dieses Erzes.
b) Überlegt und formuliert Hypothesen, wie Kupfer aus Malachit herzustellen ist.
c) Entwickelt die entsprechenden Experimente und führt sie durch.
d) Protokolliert Durchführung und Ergebnisse der Versuche. Untersucht auch auftretende Zwischenprodukte auf ihre Zusammensetzung.
e) Welche Vermutung (Hypothese) konnte bestätigt (verifiziert) werden? Habt ihr damit eine experimentelle Methode zur Kupfergewinnung gefunden?
f) Formuliert die Reaktionsgleichung(en) für die Herstellung von Kupfer aus Malachit.

→ Exkurs

## Das ist Aluminium – leicht, schön, praktisch und recycelbar!

Aluminium ist nicht nur sehr vielseitig verwendbar, sondern auch gut wiederverwertbar (V3) – ein Metall mit Zukunft! Im Haushalt dient es als Verpackungsfolie für Lebensmittel („Alufolie"), als Getränkedose, gar zum Reinigen von Gegenständen (V2) und es sorgt manchmal auch für Kerzenlicht (V1). B1 zeigt, dass auch Reisen, Autofahren oder Arbeit durch Aluminium „leichter" werden können.

Werfe leere **Teelichtbehälter** nicht weg! Du kannst damit viel anfangen, denn sie sind im Gegensatz zu Flaschenverschlüssen und Getränkedosen weder lackiert noch mit Kunststoff überzogen. Sie bestehen nur aus Metall. Aufgrund der geringen Masse solch eines Behälters kannst du vermuten, dass dieses Metall **Aluminium** ist.

### Versuch
**V1** Plane ein Experiment, das bestätigt, dass Teelichtbehälter aus Aluminium hergestellt sind. Beschreibe deine Vorgehensweise und protokolliere Durchführung und Ergebnisse des Versuchs.
**A1** Nenne fünf weitere Gegenstände, die aus Aluminium sind.

**Angelaufenes Silber** ist hauptsächlich von einer Schicht aus schwarzem Silber(I)-sulfid überzogen (B2). Wie kann diese Schicht einfach und schonend entfernt werden?

### Versuch
**V2** Wickle angelaufenes Silberbesteck in Aluminiumfolie ein und lege es einige Zeit in eine heiße Soda* (Natriumcarbonat*)-Lösung. Beobachtung?
**A2** Ist Silber oder Aluminium das edlere Metall?
**A3** Aluminium verhält sich „scheinbar" wie ein edles Metall. Finde heraus, welcher sehr stabile Oberflächenbelag, der sich an Luft sehr rasch bildet, dafür verantwortlich ist.

**Recycling lohnt sich**: Für die Herstellung von 1 kg Primäraluminium, reines Aluminium, das direkt aus Erzen hergestellt wurde, werden etwa 100 MJ Energie benötigt, zum Einschmelzen von 1 kg Aluminiumschrot nur etwa 2,5 MJ! Beim Schmelzen des unedlen Metalls Aluminium muss die Bildung von Aluminiumoxid verhindert werden. Dazu wird die Schmelze mit einer Salzmischung abgedeckt. Die darin enthaltenen Fluoride bewirken auch, dass das geschmolzene Metall zusammenfließt.

### Versuch
**LV3** Eine Mischung aus 45 g Natriumchlorid, 45 g Kaliumchlorid und 10 g Natriumfluorid* wird im Mörser fein pulverisiert und in einen ca. 6,5 cm hohen Porzellantiegel gefüllt. Der zu 2/3 gefüllte Tiegel wird verschlossen und durch 2 Bunsenbrenner (B3) erhitzt, bis das Salzgemisch geschmolzen ist. 10 bis 20 saubere, wachsfreie Teelichtbehälter werden in je 4 Stücke geschnitten. Ein einzelnes Aluminiumstück wird in die rotglühende Salzschmelze gegeben und geschmolzen, erst dann wird das nächste Stück hinzugefügt und ebenfalls geschmolzen. Das geschmolzene Aluminium muss stets von der Salzschmelze bedeckt sein. Sind der Reihe nach alle Aluminiumstücke eingeschmolzen, lässt man abkühlen. Unter der erstarrten Salzschmelze ist Recycling-Aluminium.

**B1** Leicht, beständig, fest, schön... moderne Anwendungsmöglichkeiten von Aluminium. **A:** Welche Eigenschaften dieses Metalls spielen für die genannten Anwendungen die jeweils entscheidende Rolle?

**B2** Angelaufenes Silber wird dank Aluminium wieder glänzend (V2)!

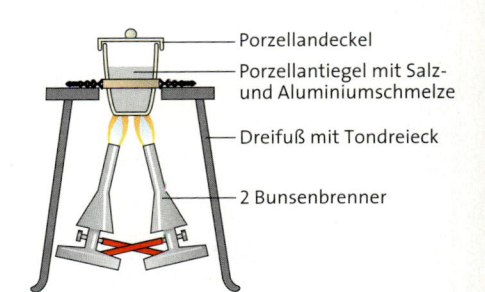

**B3** Skizze zum Versuchsaufbau zu LV3

**A4** Erkundige dich, wie Aluminium gewonnen wird, ein Stichwort dabei ist „Schmelzelektrolyse". Welches Gestein (Erz) dient als Ausgangsstoff für die Aluminiumherstellung?

## Bau und Eigenschaften der Salze und Metalle im Vergleich

### Natriumchlorid-Gitter

Chlorid-Ion
Natrium-Ion

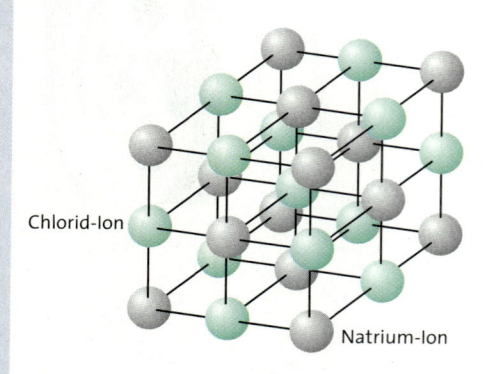

Im Natriumchlorid-Gitter bewirkt die Anziehungskraft zwischen den entgegengesetzt geladenen Ionen den Zusammenhalt des Ionenverbandes.

### Natrium-Gitter (Packungsmodell)

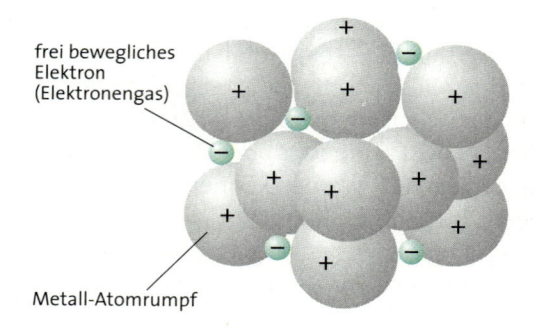

frei bewegliches Elektron (Elektronengas)
Metall-Atomrumpf

Im Natrium-Gitter übernehmen Elektronen die Aufgabe der Chlorid-Ionen und halten die positiv geladenen Metall-Atomrümpfe an ihren Gitterplätzen. Dabei halten sich die Elektronen nicht an bestimmten Gitterplätzen auf, sondern füllen als Elektronengas den gesamten Raum zwischen den Metall-Atomrümpfen.

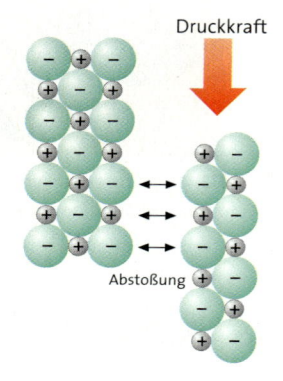

Druckkraft
Abstoßung
Salzkristalle brechen.

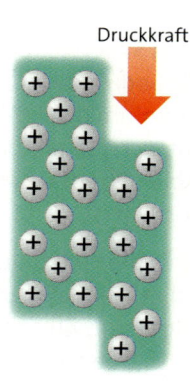

Druckkraft
Metalle verformen sich.

Die Abbildungen verdeutlichen die extrem unterschiedlichen mechanischen Eigenschaften von Metallen und Salzen anhand der jeweiligen Gitterstruktur.
In **Salzen** führt eine solche Verschiebung zum Zerspringen des Kristalls, da Ionen gleicher elektrischer Ladung aneinander vorbeigleiten müssen.
**Metalle** sind verformbar, weil das Elektronengas der Verschiebung von Gitterbausteinen entlang einer Gleitebene leicht folgen kann.
Auch für die Leitung von Wärme und elektrischem Strom in Metallen spielen die Elektronen des Elektronengases die entscheidende Rolle. Die Abnahme der elektrischen Leitfähigkeit der Metalle mit steigender Temperatur lässt sich durch stärker werdende Schwingungen der Metall-Atomrümpfe um ihre festen Lagen erklären. Die vermehrten Zusammenstöße der Elektronen mit den Atomrümpfen behindern bei angelegter Spannung den Elektronenfluss.

Bau und Eigenschaften der Metalle

## Werkstoff Stahl – hochmodern

*Die 26 Seile der Alamillobrücke in Sevilla bestehen aus Stahl.*

**Stahl** ist der vielseitigste und am meisten verwendete Werkstoff. Als Büroklammer, Messer oder Kochgerät erleichtert er den Alltag. In Form von Schmuckstücken, Boulekugeln oder Klaviersaiten bereichert er das Leben. Eingesetzt in Autos, Robotern, Brücken, im Schiffbau oder in der Luft- und Raumfahrt steht er für Hightech.
Diese enorme Vielseitigkeit erreicht man durch Zugabe oft kleinster Mengen Mangan, Silicium, Nickel, Chrom, Titan oder Vanadium. So erhält man über 2000 verschiedene **Legierungen**, jede hat ihre besonderen Eigenschaften, die die gewünschte Anwendung gerade erfordert. Ein weiterer Vorteil von Stahl ist seine hundertprozentige Wiederverwertbarkeit.

**A1** Suche in Büchern und im Internet nach verschiedenen Stahlsorten. Erstelle eine Tabelle, die Zusammensetzung und Eigenschaften der verschiedenen Stahlsorten zeigt.

**A2** Bei Grabungen in Fundstätten des als „Eisenzeit" bezeichneten Zeitraums finden Archäologen in der Regel viel mehr Gegenstände aus Gold oder Silber als aus Eisen. Warum hat der Name dennoch seine Berechtigung? Erkläre aus „chemischer Sicht"!

**A3** Welcher Begriff passt nicht in die Reihe? Welchen Überbegriff kannst du jeder einzelnen Reihe zuordnen?
- Gold – Eisen – Silber – Platin
- Aluminium – Kupfer – Lithium – Magnesium
- Rost – Zinkoxid – Magnesiumoxid – Silber
- Stahl – Aluminium – Bronze – Messing – Amalgam
- Blei – Eisen – Magnesium – Quecksilber
- Silber – Zink – Magnesium – Eisen

**A4** Berichtige folgende Aussage: „Erze sind metallhaltige Gesteine."

**A5** Welche Reaktionen sind nach Meinung des Leserbriefschreibers abgelaufen? Formuliere die Reaktionsgleichungen. Nimm Stellung zu diesen Aussagen und begründe deine Meinung.

### Ursachen verdeckt
#### Betrifft: Katastrophe am Kitzsteinhorn

■ Es ist erschreckend, wie die in den Medien geäußerten Ansichten und das Dummstellen der Verantwortlichen die wahren Ursachen für die Katastrophen verdecken. Es wurde von Verantwortlichen gesagt, dass die Bahn aufgrund der Metallkonstruktion als unbrennbar galt. Jeder Chemiker kennt folgende Tatsachen, die auch in jedem Lexikon unter „Aluminium" nachzulesen sind: Aluminium ist brennbar, es geht sehr aggressiv mit Sauerstoff eine Verbindung her. Ein Gemisch von Aluminium und Rost wurde zum Verschweißen von Eisenbahnschienen verwendet. Wenn ein Gemisch aus Aluminium und Rost gezündet wird, gibt es eine heftige, nicht mehr aufzuhaltende Reaktion mit Temperaturen bis zu 3000 °Grad Celsius.
Bei einer so alten Bahn gibt es sicher genügend Rost. Bei entsprechender Reibungshitze, z.B. eine schleifende Bremse oder andere schleifende Teile, kann dann eine heftige Verbrennung zustande kommen, die dann in einer Kettenreaktion nicht mehr aufzuhalten ist. Erschwerend kommt noch hinzu, dass Aluminium nach Entzündung zur Verbrennung auch mit Kohlenmonoxid und auch Kohlendioxid auskommt. Verbrennungsgase von Holz und Kunststoff, die eigentlich ein Feuer löschen, fachen brennendes Aluminium weiter an.
Der Verbrennungsvorgang ist nicht mehr aufzuhalten. Aluminium wird in der Technik auch dazu eingesetzt, Metalloxide in reine Metalle umzuwandeln, da es so aggressiv eine Verbindung mit Sauerstoff eingeht. Ein Brandschutz ist bei einem Brand eines Aluminiumwaggons, sobald das Aluminium selbst gezündet ist, absolut wirkungslos. Insofern reicht ein Alibifeuerlöscher aus. Eine Sprinkleranlage wäre bei einem solchen Brand ein Witz. Rettungswege kann man bei einem solchen explosionsartigen Brand und der extremen Hitze vergessen. Nur die nach unten Flüchtenden hatten eine Chance, da sich durch die Kaminwirkung und die Hitze der explosionsartige Brand nach oben richtete.

## Bau und Eigenschaften der Metalle

**A6** Die Eigenschaft bestimmt die Verwendung! Begründe mithilfe untenstehender Tabelle, welche Metalle besonders für die folgenden Anwendungen geeignet sind. Diskutiert in der Klasse, welche zusätzlichen Kriterien außerdem über die Verwendungsmöglichkeiten der Metalle entscheiden.

- Flugzeugteile
- elektrische Leitungen
- Legierungsmetall für Zahnfüllungen oder zum Löten
- Thermometer- und Barometerflüssigkeit
- Wasserrohre
- Dachrinnen
- Dachabdeckungen, Schmuck
- Korrosionsschutz
- Zahnkronen

|  | Dichte in $kg/dm^3$ | Schmelztemperatur in °C | Wärmeleitfähigkeit (relative Werte) | elektrische Leitfähigkeit (relative Werte) |
|---|---|---|---|---|
| Aluminium | 2,70 | 660 | 0,53 | 35 |
| Blei | 11,34 | 1600 | 0,083 | 4,82 |
| Eisen | 7,87 | 1530 | 0,18 | 10,3 |
| Gold | 19,32 | 1064 | 0,71 | 45,7 |
| Kupfer | 8,96 | 1083 | 0,94 | 60 |
| Quecksilber | 13,55 | −38,9 | 0,02 | 1,06 |
| Silber | 10,49 | 960 | 1,00 | 63 |
| Zink | 7,14 | 419 | 0,27 | 16,9 |
| Zinn | 7,30 | 232 | 0,16 | 8,7 |

**A7** Sieh dir das abgebildete Feuer an. In ihm liegen verschiedene Metallwürfel. Welche der Metalle reagieren tatsächlich? Erstelle die Reaktionsgleichungen.

**A8** Ergänze das Satzbruchstück sinnvoll: *Wenn Metalle verbrennen, dann … .*
Schreibe ein allgemeines Reaktionsschema für die beschriebene chemische Reaktion.

**A9** Beschreibe jeweils Durchführung und Ergebnis der auf den Abbildungen dargestellten Experimente a) bis c). Welche Fragestellung lässt sich durch diese Experimente klären?

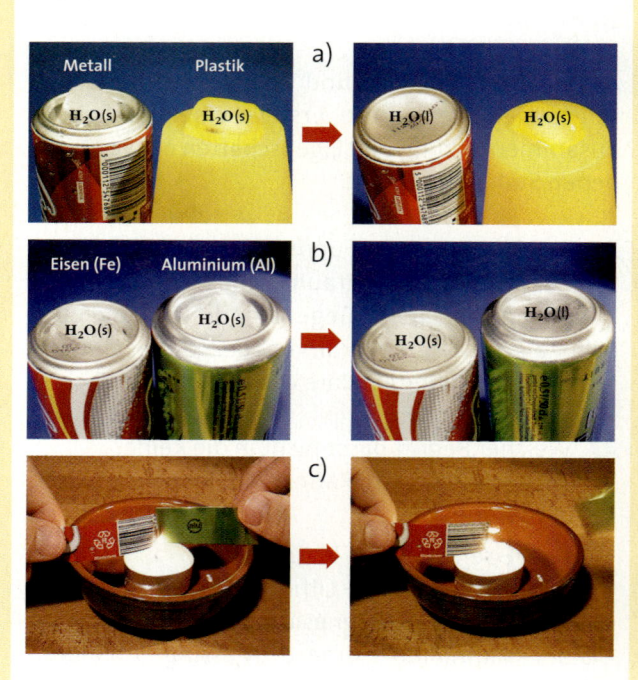

# 6 Moleküle und Elektronenpaarbindung

**Luft, Wasser, Lebewesen und auch Kunststoffe bestehen aus Molekülen.**

Wie kann man Chlor, einen wichtigen Grundstoff der chemischen Industrie, herstellen?
Was hält die Atome in den Molekülen zusammen?
Welche Rolle spielen molekular gebaute Stoffe in unserem Leben?

## Nichtmetall: Chlor

Ob im Freibad oder Hallenbad, Taucher bekommen oft rote, brennende Augen. *„Das liegt am Chlor."* sagen alle. Warum gibt man „ungesundes" Chlor ins Schwimmbadwasser (B1)? Wo überall wird Chlor eingesetzt? Wie kann man es herstellen?

*Versuche*

**LV1 Abzug! Schutzbrille!** Darstellung und Eigenschaften von Chlor* (g)
*Vorbereitung:* Ein Microscale-Gasentwickler wird nach B2, links, zusammengebaut und ein Aktivkohle-Adsorptionsröhrchen wird bereitgelegt. Mehrere 20-ml-Einwegspritzen mit Dichtung werden mit Silikonöl gut gefettet, sodass der Spritzenkolben leicht beweglich ist.
a) Ein Spatel Kaliumpermanganat* wird in das Reagenzglas des Microscale-Gasentwicklers gegeben und der mit zwei Kanülen durchbohrte Weichgummistopfen aufgesetzt. Eine 2-ml-Einwegspritze wird mit konz. Salzsäure* gefüllt und fest auf den einen Kanülenanschluss des Gasentwickler-Stopfens gesteckt. Ein grünes Blatt wird in eine der gefetteten 20-ml-Spritzen gegeben und mit dem Kolben vorsichtig bis zum Spritzenboden befördert. Die Spritze wird auf die zweite Kanüle des Gasentwickler-Stopfens aufgesetzt. Man tropft langsam konz. Salzsäure* aus der 2-ml-Spritze auf das Kaliumpermanganat* und fängt das sich bildende Chlor*(g) in der 20-ml-Einwegspritze auf. (Der Kolben muss zwischendurch immer wieder leicht nach oben bewegt werden, um ein Verkanten zu vermeiden.) Mehrere 20-ml-Spritzen werden so mit Chlor*(g) gefüllt. Anschließend wird statt der 20-ml-Spritze rasch das Aktivkohle-Adsorptionsröhrchen auf den Kanülenanschluss gesetzt und der Microscale-Gasentwickler in ein Reagenzglasgestell im Abzug abgestellt.
Wie verändert sich die Farbe der Blätter unter Einwirkung von Chlor?
b) Chlor* wird aus einer der 20-ml-Einwegspritzen in eine Kaliumiodid-Stärke-Lösung, die sich in einer Microscale-Waschflasche (B2, rechts) befindet, eingedüst. Beobachtung?
c) Eine mit Chlor* gefüllte Einwegspritze wird mit dem Kanülenanschluss nach unten in ein mit Wasser gefülltes Becherglas gestellt. Beobachtung?

**LV2 Abzug!** Man füllt bei offenen Hähnen die mit Graphit-Elektroden versehene Apparatur in B3 mit konz. Salzsäure*, die mit Natriumchlorid gesättigt wurde, durch Anheben der Versuchsbehälter. Nach Verschließen der Hähne legt man eine Gleichspannung von 10–20 V an. Beobachtung? Nach einiger Zeit unterbricht man die Stromzufuhr und prüft das am Pluspol entstandene Gas mit Kaliumiodid-Stärke-Papier, das am Minuspol entstandene Gas auf Brennbarkeit. Nun füllt man die beiden äußeren Rohre der Apparatur wieder bis oben mit Salzsäure*, schließt die Hähne und legt erneut Spannung an. Nach Sättigung der Lösung mit Chlor* werden die Volumenverhältnisse der an den Elektroden gebildeten Gase verglichen.

*Auswertung*
a) Protokolliere die Versuchsergebnisse. Welche Gase werden in LV2 nachgewiesen?

**B1** *Schwimmbadwasser enthält ca. 0,3 mg Chlor pro Liter. Atemluft mit einem Massenanteil an Chlor von 1% ist tödlich.*

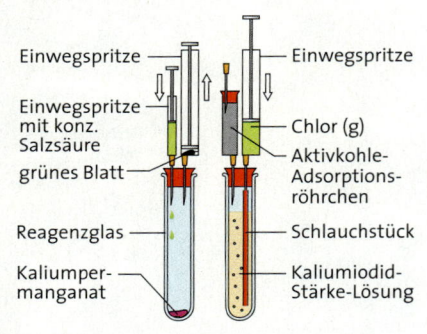

**B2** *links: zu a) Microscale-Gasentwickler; rechts: zu b) Nachweis von Chlor (g)*

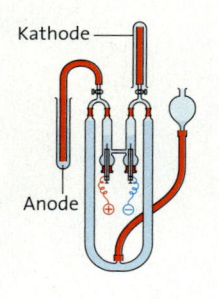

**B3** *Bildung von Chlor und Wasserstoff durch Elektrolyse von Salzsäure*

*Auswertung*
b) Vergleiche die Volumenverhältnisse V(Wasserstoff) : V(Chlor) zu Beginn und nach längerer Durchführung der Elektrolyse in LV2.
c) Erläutere unter Zuhilfenahme der Ergebnisse aus LV 1c), warum die bei LV 2 gebildeten Volumina an Chlor im Gegensatz zu den entstehenden Gasvolumina bei der Wasserelektrolyse erst ermittelt werden können, wenn die Elektrolyse längere Zeit gelaufen ist.

## 6.1 Aggressiv, unbeliebt – aber unentbehrlich

Wo viele Menschen baden, besteht Infektionsgefahr, weil durch das Wasser Krankheitskeime übertragen werden können. Durch Versetzen des Wassers mit **Chlor** werden die Krankheitserreger wirksam beseitigt. Auch ein Großteil unseres Trinkwassers wird durch Zusatz von Chlor desinfiziert. Chlor ist aber auch für Menschen giftig (B4). Enthält ein Liter Atemluft mehr als 0,05 mg Chlor, können Vergiftungserscheinungen auftreten.

Infolge seiner außerordentlichen Reaktionsfähigkeit kommt das gelbgrüne, stechendriechende **Chlor** mit der Molekülformel $Cl_2$ in der Natur nicht vor.

Die wichtigste Verbindung zur Gewinnung von Chlor ist **Natriumchlorid**. Aus wässrigen Lösungen von Natriumchlorid erhält man Chlor durch Elektrolyse. Zur Herstellung von Chlor im Schullabor kann Salzsäure elektrolysiert (LV2) oder auf Kaliumpermanganat (LV1) bzw. Chlorkalk aufgetropft werden.

Chlor löst sich mäßig in Wasser (LV1c), reagiert heftiger mit Metallen als Luft (B5) und bleicht Farbstoffe (LV1a). Chlor wird deshalb immer noch zum Bleichen von Papier verwendet. Auch mit Nichtmetallen wie Wasserstoff, Schwefel oder Phosphor und mit organischen Verbindungen aus Erdgas und Erdöl reagiert Chlor. Dabei entstehen Verbindungen, deren Moleküle Chlor-Atome enthalten, die meist wiederum reaktionsfähig sind und bei der technischen Synthese vieler Gebrauchsstoffe verwendet werden. So werden z. B. Polyvinylchlorid **PVC** (B6), aber auch Produkte, die letztlich gar keine Chlor-Atome mehr enthalten, wie Reinstsilicium für Computerchips und Solarzellen oder Spezialkunststoffe und CDs mithilfe von Chlorverbindungen synthetisiert. **Chlor ist somit eines der wichtigsten Grundprodukte der chemischen Industrie.** Weltweit werden jährlich ca. 38 Mio Tonnen Chlor erzeugt, davon in Deutschland ca. 3,5 Mio Tonnen. Nur etwa die Hälfte davon ist in den Molekülen der Endprodukte als Chlor-Atome enthalten, die andere Hälfte wird in Form von Chlorid-Ionen der Umwelt zugeführt. Wegen der Giftigkeit von Chlor und der Umweltbelastung durch organische Verbindungen, die Chlor-Atome in ihren Molekülen enthalten, wurden einige Produkte ganz, z. B. die „Ozonkiller" **FCKW** (Fluorchlorkohlenwasserstoffe) (B7), oder teilweise, z. B. die Chlorbleiche bei der Papierherstellung, durch Produkte und Verfahren ersetzt, die frei von Chlor-Atomen in den Molekülen sind.

### Aufgaben

**A1** Schreibe mithilfe der Versuchsergebnisse und des Internets einen Steckbrief für Chlor (Kenneigenschaften, auch Dichte und Löslichkeit).
**A2** Wie viel mal schwerer als Luft ist Chlor? Zur Herstellung von Chlorwasser wird Chlor in Wasser gelöst. Wie viel ml Chlor können bei Raumtemperatur maximal in 100 ml Wasser gelöst werden (vgl. A1)?
**A3** Nenne Gründe, warum Chlor „ungeliebt – aber unentbehrlich" ist.
**A4** Salzsäure heißt auch Wasserstoffchlorid-Lösung. Bei der Elektrolyse von Salzsäure entstehen Wasserstoff und Chlor im Volumenverhältnis 1 : 1, der Massenanteil der Salzsäure an Wasserstoffchlorid nimmt ab. Schreibe die Reaktionsgleichung für die Elektrolyse der Salzsäure.

**100 im Krankenhaus, Atemwege verätzt**
**Alfeld.** „Gehen Sie in den Keller oder in die oberen Stockwerke Ihrer Häuser!" Diese Lautsprecher-Warnung erschreckte gestern nachmittag die 24000 Einwohner der niedersächsischen Kleinstadt Alfeld (Leine). Aus dem defekten Rohr einer Papierfabrik war um 14.40 Uhr hochgiftiges Chlorgas ausgeströmt. Eine gelbgrünliche Wolke zog durch die nahe Fußgängerzone, senkte sich auf den Boden hinab. Polizei und Feuerwehrmänner in Schutzanzügen und Gasmasken bekämpften das Giftgas mit Wasser … Bis zu 100 Einwohner kamen ins Krankenhaus. Die Meisten wegen Verätzung der Atemwege.

**B4** *Aus einer Tageszeitung*

**B5** *Eisen und Magnesium reagieren mit Chlor.* **A:** *Formuliere die Reaktionsgleichungen für die Herstellung von Eisen(III)-chlorid und von Magnesiumchlorid.*

**B6** *Rohre aus PVC.* **A:** *Informiere dich über PVC. Warum kam es in Verruf, welche Produkte sind heute noch aus PVC?*

**B7** *Treibmittel – heutzutage besser ohne FCKW!* **A:** *Welche Funktionen haben (hatten) FCKW?* **A:** *Wo überall kannst du den Vermerk „FCKW frei" finden? Welches sind die Alternativen für FCKW?*

**B1** Beispiele für „Strichformeln"

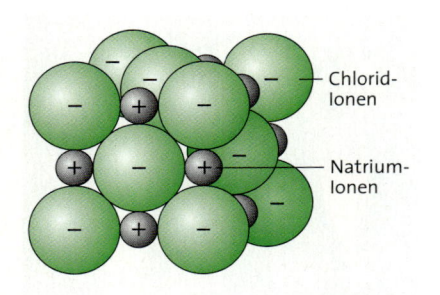

**B2** Räumliche Darstellung des **Ionengitters** (Natriumchlorid, Packungsmodell)

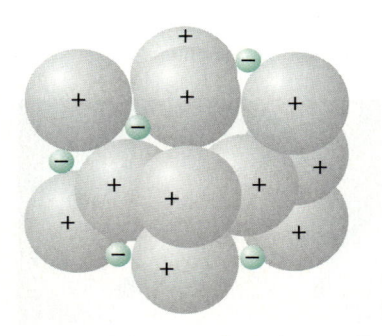

**B3** Räumliche Darstellung des **Metallgitters** (Natrium, Packungsmodell)

**B4** Räumliche Darstellung von Chlor-**Molekülen** $Cl_2$

## Die Valenzstrichformel

Auf der Wandtafel siehst du Beispiele für chemische Formeln (B1). Die Atomsymbole sind durch einfache Striche, durch Doppel- oder Dreifachstriche miteinander verbunden. Was bedeuten die Striche zwischen den Atomsymbolen?

Für die Ausbildung chemischer Bindungen sind grundsätzlich die Außenelektronen oder **Valenzelektronen** maßgeblich.

Bei der Bildung von Natriumchlorid aus Natrium und Chlor geben die Natrium-Atome je ein Valenzelektron ab, die Atome der Chlor-Moleküle nehmen je ein Elektron auf. Dabei entstehen edelgaskonfigurierte Ionen, die ein Gitter bilden (B2). Im Gitter werden die Ionen durch elektrische Anziehungskräfte entgegengesetzter Ladungen zusammengehalten.

Im Metall Natrium werden die positiv geladenen Natrium-Atomrümpfe durch das Elektronengas gebunden (B3).

Bei der Bildung von Molekülen treten die Atome ebenfalls mit ihren Valenzelektronen in Wechselwirkung, nur in anderer Art und Weise als bei Salzen oder Metallen.

Bei der Bildung des Wasserstoff-Moleküls $H_2$ kommt es zur Ausbildung eines gemeinsamen Elektronenpaares, das beiden Atomen im Molekül zugeordnet werden kann. Das **Bindungselektronenpaar** besteht aus zwei Elektronen, wobei jedes Wasserstoff-Atom sein (einziges) Valenzelektron beisteuert. Dargestellt wird dies auch durch zwei Punkte, die zwischen die Symbole der beiden verbundenen Atome eingetragen werden.

$$H\cdot \; + \; \cdot H \quad \rightarrow \quad H:H$$
Wasserstoff-Atome      Wasserstoff-Molekül

Man spricht in dieser Schreibweise von **Elektronenformel.**

Die Elektronenformel wird dadurch vereinfacht, dass man die beiden Punkte für jedes Elektronenpaar durch einen Strich ersetzt:

$$H\cdot \; + \; \cdot H \quad \rightarrow \quad H-H$$

Elektronenformeln, bei denen Elektronenpaare durch einen Strich symbolisiert werden, nennt man **Valenzstrichformeln.** Ein gemeinsames Elektronenpaar bedeutet eine Atombindung. Die Bindungsart selbst wird als **Elektronenpaarbindung** bezeichnet.

**Die Atombindung ist gleichbedeutend mit der Ausbildung eines gemeinsamen Elektronenpaares zwischen den verbundenen Atomen.**

Die Kenntnisse über das Wasserstoff-Molekül können wir auf das Chlor-Molekül $Cl_2$ (B4) übertragen. Das Chlor-Atom hat 7 Valenzelektronen. Diese notieren wir als 3 Elektronenpaare und ein Einzelelektron: $|\overline{\underline{Cl}}\cdot$

Bei der Bildung des Chlor-Moleküls bilden die zwei Einzelelektronen der beiden Chlor-Atome ein Bindungselektronenpaar und damit eine Elektronenpaarbindung:

$$|\overline{\underline{Cl}}\cdot \; + \; \cdot\overline{\underline{Cl}}| \quad \rightarrow \quad |\overline{\underline{Cl}} - \overline{\underline{Cl}}|$$

## 6.2 Moleküle und Edelgaskonfiguration

Die bei der Ausbildung der Elektronenpaarbindung nicht beanspruchten Valenzelektronenpaare werden als **nichtbindende** oder **freie Elektronenpaare** bezeichnet. Durch gedankliche Zuordnung des Bindungselektronenpaares zu jedem der beiden durch es verbundenen Atome erhält jedes Chlor-Atom 8 Außenelektronen, also ein **Elektronenoktett** (B5). In gleicher Weise kann man für die übrigen **Halogen**-Atome folgende Valenzstrichformeln aufstellen:

Fluor-Molekül $|\overline{\underline{F}} - \overline{\underline{F}}|$, Brom-Molekül $|\overline{\underline{Br}} - \overline{\underline{Br}}|$, Iod-Molekül $|\overline{\underline{I}} - \overline{\underline{I}}|$.

Allen Atomen in diesen Molekülen kann man 8 Valenzelektronen, ein **Oktett** wie bei den Edelgas-Atomen (außer Helium), zuschreiben.
Um den Atomen Edelgaskonfiguration zu verleihen, reicht die Zahl der vorhandenen Elektronen nicht aus. Es entsteht bei der Ausbildung von Elektronenpaarbindungen daher („nur") ein Zustand, der der **Edelgaskonfiguration** ähnlich ist.
Ein Sauerstoff-Atom hat 6 Außenelektronen, es fehlen folglich 2 Elektronen zum Oktett. In einem Sauerstoff-Molekül sollten demnach 2 Bindungselektronenpaare vorliegen, sodass dieses Modell mithilfe einer **Doppelbindung** beschrieben wird:

$\cdot \overline{\underline{O}} \cdot + \cdot \overline{\underline{O}} \cdot \rightarrow \langle O = O \rangle$.

Das Stickstoff-Molekül formulieren wir demnach mit einer **Dreifachbindung**:

$\cdot \overline{N} \cdot + \cdot \overline{N} \cdot \rightarrow |N \equiv N|$.

Für das Wasser-Molekül $H_2O$ lässt sich die Valenzstrichformel folgendermaßen aufstellen:

$2 H \cdot + \cdot \overline{\underline{O}} \cdot \rightarrow H - \overline{\underline{O}} - H$.

B7 zeigt die räumliche Anordnung der Atome einiger Moleküle. Moleküle sind im Gegensatz zu Ionen- und Metallgittern klar abgegrenzte Teilchenverbände. Die Anzahl der Elektronenpaarbindungen, die ein Atom in einem Molekül ausbildet, ist die **Bindigkeit** dieses Atoms, die wir früher als Wertigkeit bezeichnet haben.
Wasserstoff-Atome und Halogen-Atome sind in den Wasserstoff-Molekülen und Halogen-Molekülen einbindig (einwertig), die Sauerstoff-Atome in den Sauerstoff-Molekülen zweibindig (zweiwertig) und die Stickstoff-Atome in den Stickstoff-Molekülen dreibindig (dreiwertig).

*Aufgaben*

**A1** Schreibe die Valenzstrichformeln der Moleküle folgender Verbindungen: a) Kohlenstofftetrachlorid $CCl_4$, b) Wasserstoffbromid $HBr$, c) Kohlenstoffdioxid $CO_2$, d) Wasserstoffsulfid $H_2S$, e) Ammoniak $NH_3$. Bestimme jeweils die Bindigkeit der in diesen Molekülen gebundenen Atome.

**A2** Gegeben sind folgende Formeln und, in Klammern, die Siedetemperaturen der entsprechenden Stoffe:

$MgO$ (3 600 °C), $Ar$ (−185,9 °C), $HF$ (+20 °C).

Welche Teilchenart liegt jeweils vor? Begründe deine Aussagen (vgl. S. 33).

**A3** Bei Zimmertemperatur sind Wasserstoff, Sauerstoff und Stickstoff gasförmig, Wasser hingegen ist flüssig. Beschreibe und erläutere diese Beobachtung auf Teilchenebene.

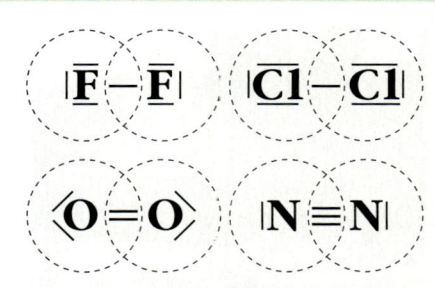

**B5** *Zuordnung der Bindungselektronen: Jeder Kreis umschließt ein Oktett.*

| Molekül | Edelgaskonfiguration der Atome im Molekül | Edelgas-Atom zum Vergleich |
|---|---|---|
| $H_2$ | 2 | He |
| $F_2$ | 2, 8 | Ne |
| $Cl_2$ | 2, 8, 8 | Ar |
| $Br_2$ | 2, 8, 18, 8 | Kr |
| $I_2$ | 2, 8, 18, 18, 8 | Xe |

**B6** *Mit der Molekülbildung erreichen die Atome Edelgaskonfiguration.*

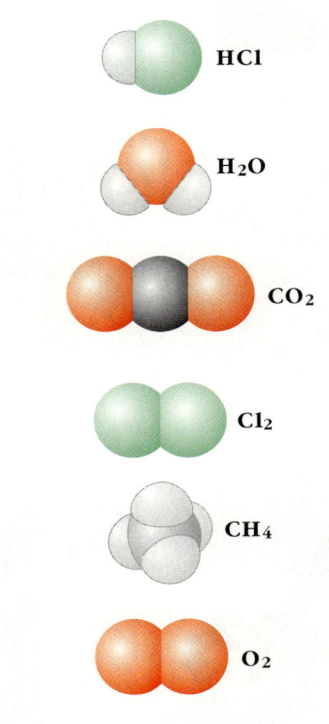

**B7** *Modelle einiger Moleküle*

## 6.3 Baustein Nummer Eins: das Molekül

### Die Vielfalt molekular gebauter Stoffe

Kunststoffe haben das äußere Bild unserer Umgebung verändert wie kaum eine andere technische Entwicklung – wir leben im „Zeitalter der Kunststoffe".

Stell dir vor, im Bereich eines belebten Großstadtplatzes (B1) würden alle Kunststoffe verschwinden. Augenblicklich wären die Menschen zum Teil unbekleidet. Die Autos blieben stehen und würden sich in Blechwracks verwandeln. Einige Häuser wären ihre Fassade los, andere ihre Fenster, da diese keine Rahmen mehr hätten. Das Innere der Häuser wäre finster, weil alle elektrischen Leitungen ohne Isolierung wären. Du würdest über nackten Betonboden schreiten, die Möbel wären zerfallen, ihre Bezüge verschwunden. Auch die Wände und Decken wären zum Teil nackt. In den Küchen blieben nur Drähte, Bleche und einzelne Bretter übrig. In den Büros fändest du kaum noch ein Schreibgerät. Alles in allem eine schaurige Vorstellung.

Kunststoffe sind aus unserer Welt nicht mehr wegzudenken. Gegenstände aus den unterschiedlichsten Bereichen des täglichen Lebens sind aus Kunststoffen hergestellt (B2). Ob Bauwesen, Autoindustrie, Elektrotechnik, Landwirtschaft, Medizin, Sport- und Freizeitartikelindustrie, es gibt kaum Bereiche, in denen solche künstlichen Werkstoffe nicht zunehmend verwendet werden.

Sämtliche Kunststoffe bestehen aus Molekülen, in denen Tausende von Atomen fest aneinander gebunden sind. Es sind Riesen- oder **Makromoleküle**.

Pflanzen, Tiere und Menschen bestehen aus einer Vielzahl von Zellen. Beim Menschen schätzt man ihre Anzahl auf ca. 60 Billionen. Doch Zellen sind keineswegs die kleinsten Bausteine des Lebens. Denn Zellen bestehen ihrerseits aus Molekülen und Moleküle wiederum aus Atomen.

**Lebewesen zeichnen sich als solche unter anderem durch ihren Aufbau aus Makromolekülen aus.**

Zu diesen natürlichen Makromolekülen gehören **Proteine, viele Kohlenhydrate** und **Nukleinsäuren**. Typische Inhaltsstoffe der Zellen sind auch die **Fette** (B3).

**B1** Das Leben in der Großstadt „steckt" voller Kunststoffe. **A:** In welchen Gegenständen findest du sie?

**B2** Kunststoffe in Alltag, Freizeit und Sport. **A:** Nenne weitere Beispiele für die Verwendung von Kunststoffen.

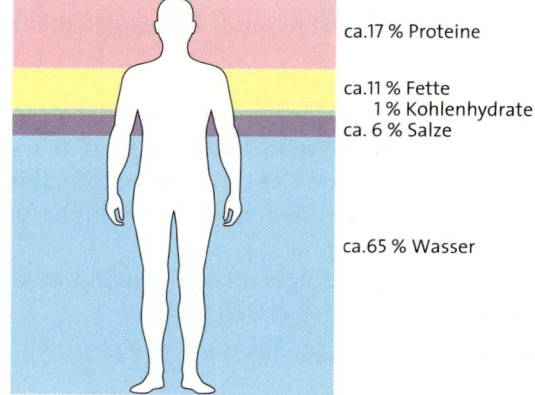

**B3** Die Zusammensetzung des menschlichen Körpers (Massenanteile)

ca. 17 % Proteine
ca. 11 % Fette
1 % Kohlenhydrate
ca. 6 % Salze
ca. 65 % Wasser

## 6.3 Baustein Nummer Eins: das Molekül

Leben besteht aus Molekülen, die selbst „nicht leben". In den Zellen findet man vor allem Wasser, das eine *niedermolekulare* (Moleküle sind aus wenigen Atomen aufgebaut) Verbindung ist. Ein erwachsener Mensch besteht zu etwa 65 % aus Wasser (B3), an dessen Vorhandensein alle Lebensvorgänge gebunden sind.

Die makromolekularen **Proteine** kann man aufgrund ihrer vielfältigen Aufgaben als die eigentlichen Moleküle des Lebens bezeichnen. Es gibt kaum eine Reaktion im lebenden Organismus, in der Proteine nicht eine entscheidende Rolle spielen. Beispielsweise werden die Moleküle des Sauerstoffs, den wir mit der Luft einatmen, von Protein-Molekülen, den Hämoglobin-Molekülen (B4), durch die Blutbahn in die einzelnen Zellen getragen. Auch bei der Verbrennung von Traubenzucker in den Zellen, die die Energie zur Erhaltung der Lebensvorgänge liefert, sind zahlreiche Proteine beteiligt. Sie bewirken u.a., dass die Verbrennung bei Zimmertemperatur und in vielen aufeinanderfolgenden Schritten abläuft, wobei die Energie portionsweise frei wird. Proteine wirken als Biokatalysatoren (Enzyme, vgl. S. 29) in den Reaktionen der Zelle. Proteine bauen Muskeln, Sehnen, Knorpelgewebe, Haut, Haare und Nägel auf. Auch die Antikörper des Immunsystems und viele Hormone sind Proteine, z.B. Insulin, das den Blutzuckerspiegel senkt.

**Kohlenhydrate** und **Fette** versorgen Tiere und Menschen mit Energie. 1 g Kohlenhydrate liefert bei der Verbrennung 17,2 kJ und 1 g Fett 39 kJ an Energie. Fette und fettähnliche Stoffe sind aber nicht nur Brennstofflieferanten, sie wirken auch als Körperbausteine. Sie sind Hauptbestandteil der Zellmembranen, isolieren Nervenfasern, dienen der Wärmeisolierung und als „Stoßdämpfer" für empfindliche Organe wie etwa die Nieren. Hauptbestandteil der pflanzlichen Zellwände ist die Cellulose. Jährlich werden etwa $10^{11}$ Tonnen Cellulose hergestellt (B5), womit sie um ein Vielfaches häufiger als alle anderen makromolekularen Naturstoffe ist. Mit der Nahrung werden Kohlenhydrate vorwiegend in Form von Stärke aufgenommen. Die Enzyme der Verdauungsorgane spalten die Stärke-Moleküle letztlich in Traubenzucker-Moleküle auf.

„Das Programm des Lebens", die Information zur Produktion von Proteinen, ist im Erbmolekül Desoxyribonukleinsäure DNA, einer der sog. **Nukleinsäuren**, gespeichert (B6).

Nukleinsäuren als Informationsmoleküle und Proteine als Funktionsmoleküle sind die entscheidenden Moleküle des Lebens. Das Zusammenspiel der Makromoleküle bedingt die grundlegenden Eigenschaften der lebenden Zelle, den **Stoffwechsel** und die Fähigkeit zur **Vermehrung**.

So ist die Frage nach den Lebensvorgängen letztlich eine Frage an die Chemie.

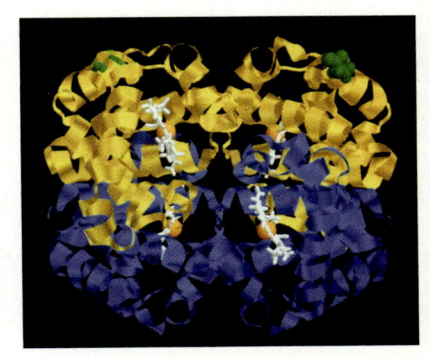

**B4** *Computergrafik eines Hämoglobin-Moleküls*

**B5** *Gerste. Die Getreidekörner enthalten Stärke, ihre Hüllen sowie die anderen Pflanzenteile bestehen aus Cellulose.*

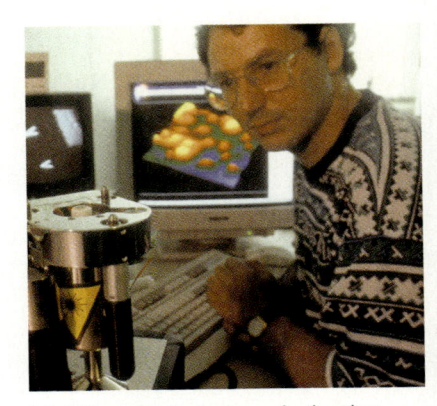

**B6** *Mit einem Rastertunnelmikroskop kann der Naturwissenschaftler ein DNA-Molekül (Bildschirm) sichtbar machen.*

# Stoffe und Teilchen

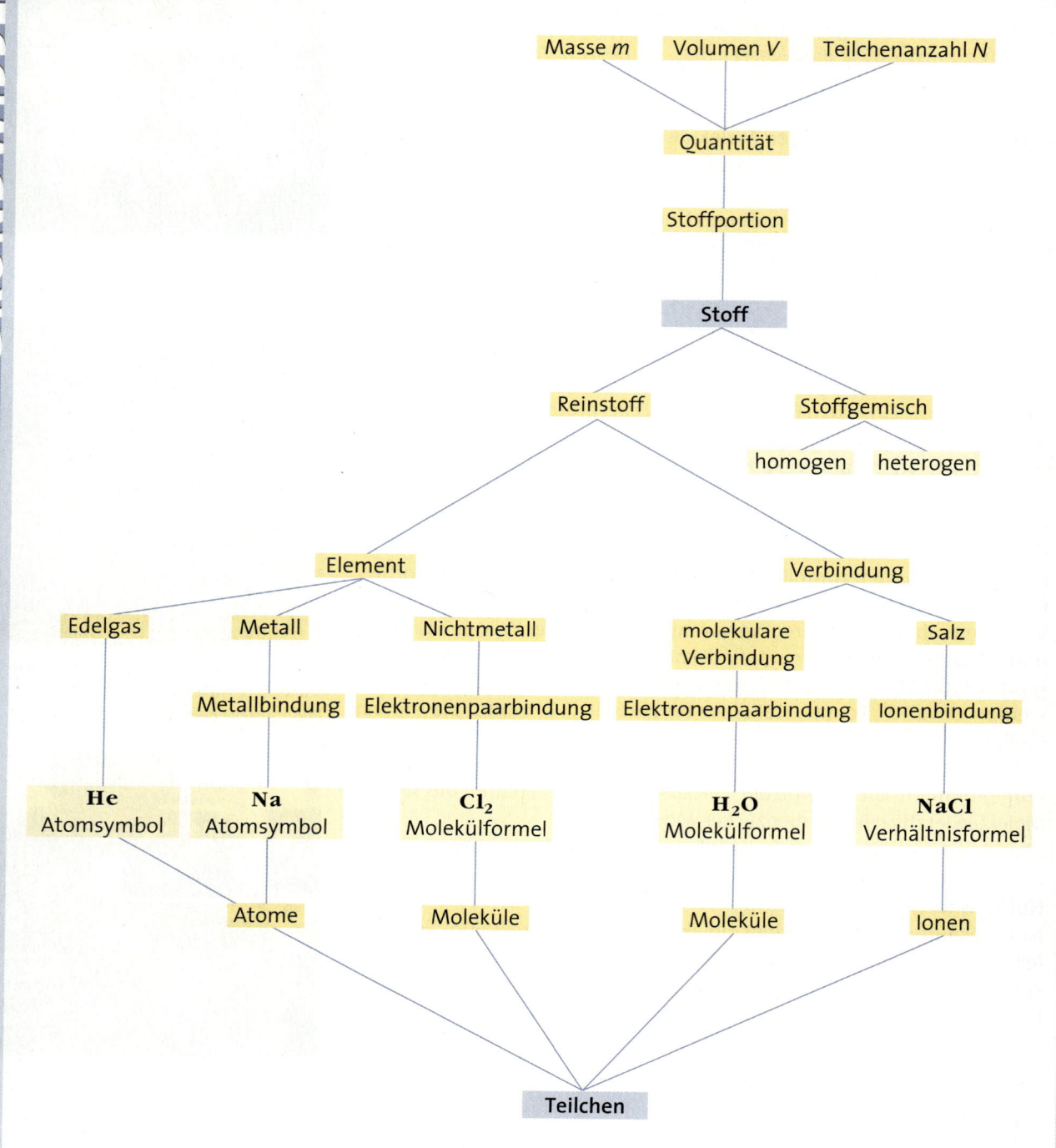

- Masse $m$ — Volumen $V$ — Teilchenanzahl $N$
  - Quantität
    - Stoffportion
      - **Stoff**
        - Reinstoff
          - Element
            - Edelgas
              - **He** Atomsymbol → Atome
            - Metall — Metallbindung
              - **Na** Atomsymbol → Atome
            - Nichtmetall — Elektronenpaarbindung
              - **Cl$_2$** Molekülformel → Moleküle
          - Verbindung
            - molekulare Verbindung — Elektronenpaarbindung
              - **H$_2$O** Molekülformel → Moleküle
            - Salz — Ionenbindung
              - **NaCl** Verhältnisformel → Ionen
        - Stoffgemisch
          - homogen
          - heterogen

Teilchen

Moleküle und Elektronenpaarbindung

*Info* Der härteste Stoff der Welt ist **Diamant**. Außer seiner Härte zeigt er weitere extreme Eigenschaften: Der Diamant ist der am wenigsten zusammenpressbare Stoff, seine Brillanz zusammen mit seiner höchsten Lichtdurchlässigkeit für Strahlung ist ohne Beispiel.
Die Abbildung unten zeigt im Modell einen Ausschnitt aus einem Diamant-Molekül. (Du kannst das Modell mithilfe eines Molekülbaukastens nachbauen.)

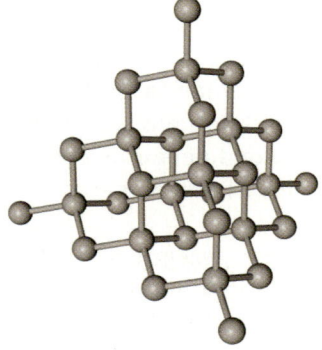

*A1* Welche Bindigkeit zeigt das Kohlenstoff-Atom? Wie lässt sich dies erklären?

*A2* Kannst du aus dem Molekülbau eine Erklärung für die besondere Härte des Diamants ableiten?

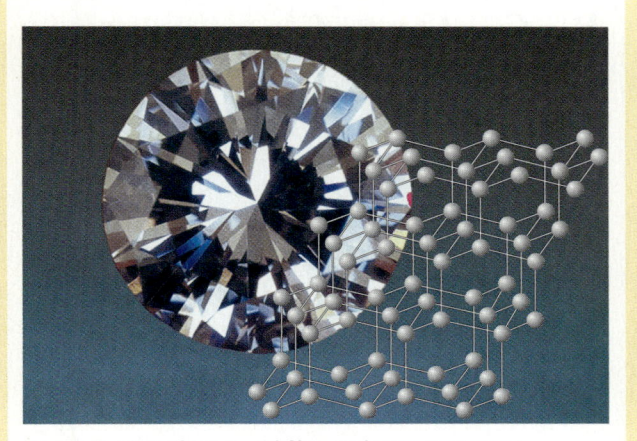

*Diamant, als Brillant geschliffen, und Diamantgitter*

*A3* Graphit zeigt ganz andere Stoffeigenschaften als Diamant, beide Stoffe sind aber (nur) aus Kohlenstoff-Atomen aufgebaut. Welche Eigenschaften zeichnen Graphit aus? Suche nach einer Abbildung des Graphitgitters und zeige an ihr die Unterschiede zum Diamantgitter auf. Welche dritte Kohlenstoff-Art ist seit 1985 bekannt?

*A4* Modelle des Aufbaus der Teilchenverbände bei Salzen und Metallen sind das Gitter- und das Packungsmodell. Erläutere und vergleiche die beiden Modellvorstellungen.

*A5* Dämpfe der Alkalimetalle bestehen aus freien Metall-Atomen. Daneben findet man auch freie, zweiatomige Metall-Moleküle (bei Siedetemperatur etwa 20 %). Dämpfe der Erdalkalimetalle bestehen nur aus freien Metall-Atomen. Erkläre diese Befunde mithilfe der Edelgasregel.

**Bunt dank Farbstoffen**

Bis zum 19. Jhd. war der Großteil der Bevölkerung eine „graue Masse". Es gab nämlich nur wenige Farbstoffe zum Färben von Textilien – und diese waren äußerst teuer und deshalb für die meisten Menschen unerschwinglich. Nur Kaiser und Könige konnten sich den Farbstoff Purpur leisten.
Dass heute fast alles, nicht nur die Kleidung, bunt ist, verdanken wir der Chemie. Mit ihrer Hilfe ist es inzwischen möglich, bestimmte Farbstoffe mit unglaublicher Brillanz und Farbechtheit „maßgeschneidert" für jeden Anwendungsbedarf herzustellen.

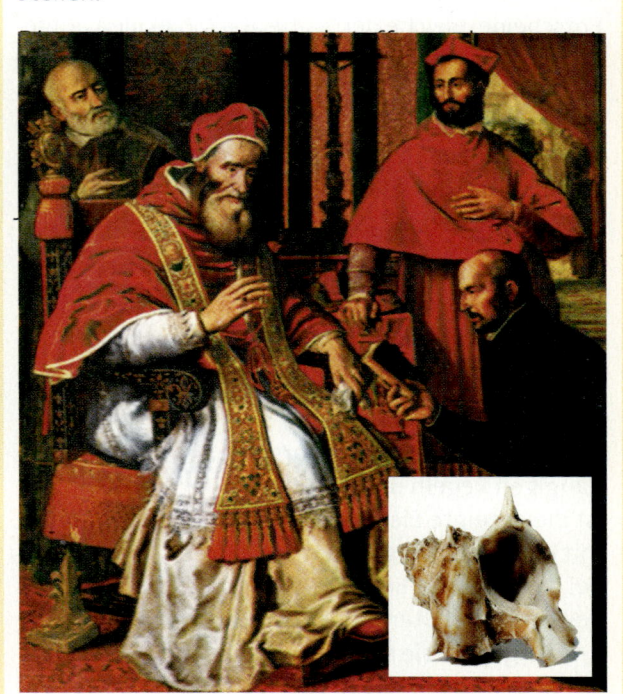

*Purpurmäntel und Purpurschnecke*

*A6* Informiere dich, woraus und wie der Naturfarbstoff Purpur gewonnen wird. Welche anderen natürlichen Farbstoffe wurden und werden verwendet?

**PRÜFE DEIN WISSEN**

## Moleküle und Elektronenpaarbindung

**A7** Gegeben sind folgende Formeln und, in Klammern, die Siedetemperaturen der entsprechenden Stoffe.
a) Ordne die Stoffe nach steigender Siedetemperatur.

$Ne$ (−246,1); $O_3$ (−112); $N_2$ (−196); $He$ (−268,9);
$CH_4$ (−161); $MgCl_2$ (+1412); $H_2O$ (+100);
$KCl$ (+1407); $O_2$ (−183); $H_2Se$ (−41,3);
$NaCl$ (+1465); $NH_3$ (+78); $H_2S$ (−61);
$Cl_2$ (−34,0); $NaF$ (+1700); $F_2$ (−187,9);
$N_2H_4$ (+113); $HCl$ (−85); $CO_2$ (−78,4); $SO_3$ (+45)

b) Umkreise die Stoffe, deren Teilchen zur gleichen Teilchenart gehören, jeweils mit einer Farbe, rot Ionen, blau Moleküle und schwarz Atome.
c) Welches Prinzip kannst du erkennen? Beschreibe es möglichst genau mit Worten.

**A8** Gegeben sind die Stoffe Ozon $O_3$, Dichlormethan $CH_2Cl_2$, Hydrazin $N_2H_4$, Blausäure (Cyanwasserstoff) $HCN$, Calciumfluorid $CaF_2$ und Formaldehyd $CH_2O$.
Entscheide, welche der Stoffe aus Molekülen aufgebaut sind, und schreibe für diese die Valenzstrichformeln.

**A9** Die folgende Valenzstrichformel ist eine häufige Darstellung der Elektronenverteilung im Schwefelsäure-Molekül $H_2SO_4$.

Was stimmt bei dieser Darstellung nicht mit den gängigen Regeln überein?
Ist die gezeigte Elektronenverteilung grundsätzlich mit der Edelgasregel zu vereinbaren? Bedenke dabei die mögliche Besetzung der Energiestufen.
Zeichne eine Alternative der Elektronenverteilung und vergleiche sie mit der vorgegebenen Skizze. Entscheide, welche Elektronenverteilung bevorzugt verwendet werden sollte, und begründe.

**A10** Ordne die Stoffe Wasserstoffsulfid $H_2S$, Kaliumoxid, Schwefeltrioxid, Magnesium, Schwefel, Messing, Magnesiumchlorid und Chrom(III)-oxid! Begründe deine Ordnungskriterien. Schreibe für die gegebenen Salze die entsprechenden Verhältnisformeln.

### Acetylsalicylsäure – immer aktuell

Das erfolgreichste Medikament aller Zeiten wurde zum ersten Mal 1897 von dem Chemiker FELIX HOFFMANN hergestellt – Acetylsalicylsäure, das bekannteste Schmerzmittel.
Allein in Amerika werden ca. 80 Milliarden Tabletten mit diesem Wirkstoff pro Jahr geschluckt. Hinzu kommt, dass laufend neue Anwendungsmöglichkeiten für diesen Klassiker entdeckt werden.

**A11** Stelle die hier gezeigte fehlerhafte Valenzstrichformel für Acetylsalicylsäure $C_9H_8O_4$, dem bekannten Schmerzmittel, richtig.

**A12** a) Welche verschiedenen Formelschreibweisen hast du kennengelernt? Gib für jede ein Beispiel an.
b) Was sagt jeder Formeltyp über das jeweilige Molekül aus?

# 7 Stoffumsatz chemischer Reaktionen

**Bei chemischen Vorgängen reagiert immer eine bestimmte Anzahl von Teilchen miteinander.**

Wie wird die Masse von Teilchen gemessen?
Wie bestimmt man die Teilchenmenge von Stoffportionen?
Wie kann der Stoffumsatz chemischer Reaktionen berechnet werden?

## 7.1 Die Masse *eines* Teilchens? Unvorstellbar winzig!

| Jede Stoffportion | Quantitäts-größe | Betrachtungs-ebene | Bestimmung durch |
|---|---|---|---|
| ● hat eine bestimmte | Masse $m$ | Stoffebene | Wiegen |
| ● hat ein bestimmtes | Volumen $V$ | Stoffebene | Abmessen |
| ● besteht aus einer bestimmten Anzahl Teilchen, der | Teilchen-anzahl $N$ | Teilchen-ebene | ??? |

**B1** *Stoffportion und Quantitätsgrößen*

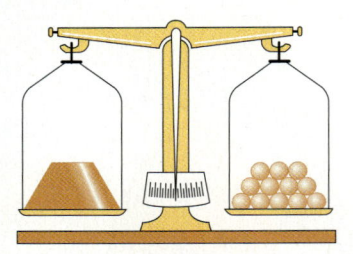

**B2** *Veranschaulichung: Masse (Kupferportion, links) = Anzahl (Kupfer-Atome in der Portion) · Masse (1 Kupfer-Atom)*

Allgemeingültig und genau ist die atomare Masseneinheit 1 u definiert als der 12. Teil der Masse eines Kohlenstoff-Isotops $^{12}$C mit der Atommasse $m_a(^{12}C) = 12{,}0$ u; 1 u = 1/12 $m_a(^{12}C)$. Die Masse eines Wasserstoff-Atoms entspricht also einem Zwölftel der Masse eines Kohlenstoff-Isotops $^{12}$C.

**B3** *Definition der atomaren Masseneinheit 1 u*

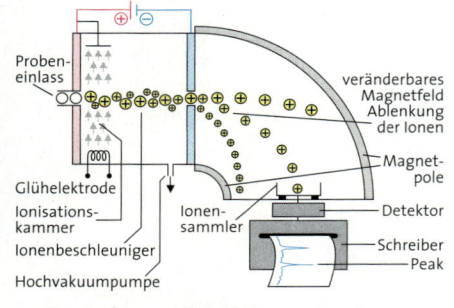

**B4** *Aufbau und Funktionsweise eines Massenspektrometers (schematisch)*

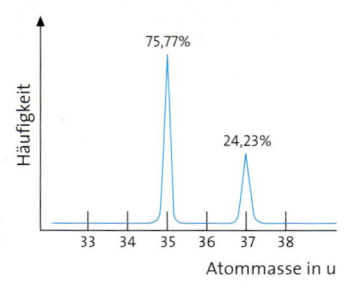

**B5** *Massenspektrum von natürlichem Chlor Cl*

## Atommasse und atomare Masseneinheit

Damit der Kuchen gelingt, *wiegst* du beim Backen die benötigte Mehl- und *misst* die Milchportion ab. Für den Versuch im Labor bestimmst du die für die Reaktion notwendige Masse der Eisen- und Schwefelportion mit der Waage oder das Volumen des Wassers mit dem Messzylinder. Jede **Stoffportion** hat eine **wägbare Masse $m$** und ein **messbares Volumen $V$**.

Jeder Stoff ist aus Teilchen aufgebaut und jede Stoffportion besteht somit aus einer bestimmten Anzahl Teilchen, der **Teilchenanzahl $N$** (B1). Jedes einzelne Teilchen hat ebenfalls ein Volumen und eine Masse; folglich hängt die Masse einer Stoffportion von der Anzahl der in ihr enthaltenen Teilchen und der Masse eines dieser Teilchen ab (B2).

Wie groß ist nun aber die *Teilchenanzahl* in einer Stoffportion? – Das erfährst du im folgenden Kapitel.

Und wie bestimmt man die **Masse *eines* Teilchens**?

*Modellversuch*
Bestimme mithilfe einer Waage a) nacheinander die Massen $m$ von 10, 20 und 30 1-Cent-Stücken und b) nacheinander die Massen $m$ von 10, 20 und 30 10-Cent-Stücken.

*Auswertung*
a) Bestimme aus dem Modellversuch die durchschnittliche Masse eines 1-Cent-Stücks und die eines 10-Cent-Stücks.
b) Bilde die drei Massenverhältnisse $m$(1-Cent-Stücke) / $m$(10-Cent-Stücke) und das Massenverhältnis $m$(1 1-Cent-Stück) / $m$(1 10-Cent-Stück). Was kannst du feststellen?

Sicher gelingt die Bestimmung der Masse eines *Teilchens, eines Atoms*, nicht mit einer gewöhnlichen Waage, denn diese **Atommasse $m_a$** ist viel zu klein. Die Masse eines Wasserstoff-Atoms ist z. B. nur
$m_a(H) = 0{,}000\,000\,000\,000\,000\,000\,000\,001\,67\,37$ g = $1{,}6737 \cdot 10^{-24}$ g!
Die Arbeit mit solchen Zahlenwerten ist sehr mühsam und die Masseneinheit Gramm bei der Angabe von Atommassen folglich ungeeignet. Für den Vergleich von Atommassen legte man daher eine neue Einheit für die Masse eines Wasserstoff-Atoms fest: **1 u**; mit $m_a(H) = 1$ u.

Das **Einheitenzeichen u** für die **atomare Masseneinheit** kommt von *unit* (engl.) = Einheit. Heute ist die Einheit 1 u genauer definiert (B3), für die Masse eines Wasserstoff-Atoms gilt aber weiterhin in etwa $m_a(H) = 1$ u. Mit dieser Einführung wurde es nun möglich, die Massen der Atome anderer Atomarten *durch Vergleich* mit der Masse eines Wasserstoff-Atoms zu ermitteln.

**Beispiel:** *Bestimmung der Masse eines Chlor-Atoms*
*Berechnung:* Wasserstoffchlorid **HCl** entsteht aus Wasserstoff und Chlor im Massenverhältnis $m(H):m(Cl) = 1:35{,}5$. Nach DALTON verbinden sich Wasserstoff- und Chlor-Atome im Anzahlverhältnis $N(H):N(Cl) = 1:1$. In Analogie zum Modellversuch ergibt sich damit das **Atommassenverhältnis** $m_a(H):m_a(Cl) = 1:35{,}5$.
*Ergebnis:* Die Masse eines Chlor-Atoms ist 35,5-mal so groß wie die Masse eines Wasserstoff-Atoms und beträgt somit 35,5 u.

## 7.1 Die Masse *eines* Teilchens? Unvorstellbar winzig!

Das durch Vergleich ermittelte Ergebnis ist heute durch Messung bestätigt: Mithilfe der **Massenspektrometrie** können u. a. Atommassen wesentlich schneller, weniger umständlich und viel genauer bestimmt werden.
In einem **Massenspektrometer** (B4) werden die (verschiedenen) Atome einer Stoffportion zunächst in der Ionisationskammer ionisiert, d. h. in elektrisch einfach positiv geladene Ionen überführt. Diese werden dann stark beschleunigt und durch ein Magnetfeld geleitet, in dem sie unter dem Einfluss einer magnetischen Kraft unterschiedlich stark abgelenkt werden: Ionen mit *kleinerer* Masse werden *stärker* abgelenkt als Ionen mit größerer Masse (bei gleicher Ladung). So werden die Ionen der entsprechenden, in der Probe enthaltenen Atome nach ihrer Masse aufgetrennt und von einem Detektor (Empfänger) als **Peaks** (B4; B5) registriert. (Vgl. auch S. 101.) Man erhält ein **Massenspektrum** (B5), in dem die **Anzahl der Peaks** der Anzahl der verschiedenen Ionen bzw. Atome der Probe entspricht. Die **Lage** eines Peaks gibt Auskunft über die **Masse**, die **Intensität** des Peaks über die **Häufigkeit** des zugehörigen Ions bzw. Atoms.
B5 zeigt das Massenspektrum von natürlichem Chlor. Es weist zwei Peaks auf, demnach gibt es in einer Stoffportion Chlor zwei „Sorten" Chlor-Atome, die sich in ihrer Masse unterscheiden. Dies sind die beiden **Chlor-Isotope** $^{35}Cl$ und $^{37}Cl$ (siehe Kap. 3.1), mit $m_a(^{35}Cl)$ = 34,969 u und $m_a(^{37}Cl)$ = 36,966 u. Aus der Intensität der Peaks ergibt sich die Häufigkeit der beiden Chlor-Isotope: Eine Stoffportion von natürlichem Chlor besteht zu 75,77 % (Massenanteil) aus $^{35}Cl$-Chlor-Atomen und zu 24,23 % (Massenanteil) aus $^{37}Cl$-Chlor-Atomen. Die im Periodensystem angegebene Atommasse für Chlor ist die **mittlere Masse** dieses **Isotopengemischs**, sie berechnet sich aus den oben genannten Atommassen und Häufigkeiten der beiden Isotope: $\overline{m}_a(Cl)$ = 0,7577 · 34,969 u + 0,2423 · 36,966 u = 35,453 u.
Tatsächlich existiert also kein Chlor-Atom mit der Masse 35,453 u, in der Praxis kann man aber in der Regel mit diesem mittleren Masse-Wert $\overline{m}_a(Cl)$ arbeiten, man verfährt also so, als bestünde natürliches Chlor ausschließlich aus Chlor-Atomen dieser gleichen Masse (B6).
Die meisten natürlichen Elemente (Atomarten) sind ein Gemisch aus Isotopen: Sie bestehen aus Atomen mit gleicher Protonen-, aber unterschiedlicher Neutronenzahl und somit unterschiedlicher Atommasse. Man spricht von **Mischelementen**.
Als **Reinelemente** bezeichnet man Elemente, deren Atome alle die gleiche Masse haben, sie bestehen somit aus einem einzigen Isotop.
Im Periodensystem (Buchdeckel) ist die gerundete (mittlere) Atommasse links oben vor dem Atomsymbol angegeben, die Protonenzahl (Ordnungszahl) links unten.
Die **Masse eines Moleküls** kann ebenfalls mithilfe eines Massenspektrometers ermittelt werden. Die **Molekülmasse** ist die Summe der Massen aller in einem Molekül enthaltenen Atome. Die **Masse eines Wasser-Moleküls** berechnet sich zu $m_a(H_2O)$ = 2 · 1,008 u + 15,999 u = 18,015 u und ist durch Messung bestätigt.
Bei **Salzen** arbeiten wir mit der Verhältnisformel und sprechen von der **Masse der Formeleinheit**. Zum Beispiel berechnet sich die Masse einer Formeleinheit Kupferoxid **CuO** in u nach $m_a(CuO) = m_a(Cu) + m_a(O)$ = 63,5 u + 16,0 u = 79,5 u.

| Atomart | Atomsymbol | Atommasse $m_a$ in u |
|---|---|---|
| Wasserstoff | H | 1,0079 |
| Kohlenstoff | C | 12,011 |
| Stickstoff | N | 14,0067 |
| Sauerstoff | O | 15,9994 |
| Magnesium | Mg | 24,305 |
| Aluminium | Al | 26,98154 |
| Schwefel | S | 32,066 |
| Chlor | Cl | 35,453 |
| Eisen | Fe | 55,845 |
| Kupfer | Cu | 63,546 |
| Iod | I | 126,90447 |
| Blei | Pb | 207,2 |

**B6** *Massen einiger Atomarten.*
**A:** Gibt es ein Eisen-Atom mit der Masse 55,845 u? Informiere dich: Ist Eisen ein Reinelement? Wie viele Eisen-Isotope gibt es und welche Massen haben diese? Berechne die mittlere Atommasse und vergleiche mit dem Tabellenwert.

### Aufgaben

**A1** „Ein Chlor-Atom hat die Masse 35,453 u." Richtig? Begründe deine Entscheidung und korrigiere gegebenenfalls die Aussage.

**A2** Recherchiere: a) Wie viele der natürlichen Elemente bestehen aus einem einzigen Isotop? Nenne drei Beispiele für solche Reinelemente. b) Wie viele Isotope kommen in dem Mischelement Zinn **Sn** vor?

**A3** Berechne jeweils die mittlere Masse $\overline{m}_a$ eines Atoms und vergleiche mit B6.
a) Natürlicher Kohlenstoff besteht zu 98,89 % aus Kohlenstoff-Atomen mit $m_a(^{12}C)$ = 12,000 u und zu 1,11 % aus Kohlenstoff-Atomen mit $m_a(^{13}C)$ = 13,033 u.
b) Natürliches Magnesium besteht zu 78,99 % aus Magnesium-Atomen mit $m_a(^{24}Mg)$ = 23,99 u, zu 10 % aus Magnesium-Atomen mit $m_a(^{25}Mg)$ = 24,99 u und zu 11,01 % aus solchen mit $m_a(^{26}Mg)$ = 25,98 u.

**A4** Ermittle mithilfe von B6 a) die Masse eines Glucose-Moleküls $C_6H_{12}O_6$ und b) die Masse einer Formeleinheit Kupfersulfat $CuSO_4$.

Ein theoretisch konstruiertes Zählgerät hat ein fantastisches Zähltempo: In jeder Sekunde kann es 1 Million Wasser-Moleküle abzählen!
Wie lange benötigt es trotzdem, bis es die $3{,}4 \cdot 10^{22}$ Wasser-Moleküle eines Milliliters Wasser gezählt hat?
Antwort: 1 Milliarde Jahre!

**B1** *„Zählgerät" zur besseren Vorstellung der Anzahl der Wasser-Moleküle in 1 Milliliter Wasser.* **A:** *Überprüfe die Antwort.*

**B2** *„Fangfrage": Wird das Rührei mit 12* **Stück** *Eier oder 1* **Dutzend** *Eier reichhaltiger?*

**B3** AMEDEO AVOGADRO *(1776–1856), italienischer Physiker, formulierte im Jahr 1811 die nach ihm benannte Hypothese: Stoffportionen verschiedener Gase bestehen bei gleichem Volumen (bei gleichem Druck und gleicher Temperatur) aus gleich vielen Teilchen. Die Anzahl konnte er allerdings noch nicht angeben (vgl. B4).*

## Stoffmenge und Avogadro-Konstante

Die **Quantität** (Größe) einer Stoffportion lässt sich nicht nur durch ihre Masse und ihr Volumen angeben, sondern auch durch die Anzahl der in ihr enthaltenen Teilchen (vgl. Kap. 1.1 und B1, S. 92). Aber wie viele Teilchen hat eine wägbare Stoffportion, und wie kann man diese **Teilchenanzahl $N$** bestimmen?

Ein tatsächliches *Abzählen* der Teilchen wird nicht gelingen, denn die Teilchenanzahl einer Stoffportion ist viel zu groß. So besteht zum Beispiel ca. 1 ml (1 g) Wasser aus $3{,}4 \cdot 10^{22}$ Wasser-Molekülen (B1)!
Man fasst daher Teilchenanzahlen zusammen, ähnlich wie 12 *Stück* zu 1 *Dutzend* (B2), und führt eine neue Größe ein, die **Stoffmenge $n$**.
Sie ist damit zu der Teilchenanzahl $N$ proportional: $n \sim N$.
Die Stoffmenge $n$ ist eine physikalische Grundgröße (Basisgröße), ihre Grundeinheit (Basiseinheit) ist das **Mol** mit dem Einheitenzeichen **mol** (klein geschrieben).

Die **Definition der Einheit Mol** lautet:
1 Mol ist diejenige Stoffmenge einer Stoffportion, die aus ebenso viel Teilchen besteht, wie Kohlenstoff-Atome in 12 g des Kohlenstoff-Isotops $^{12}$C enthalten sind.

Die Stoffmenge ist also eine Teilchenmenge. Daher muss bei Angabe einer Stoffmenge auch immer die Teilchenart mit genannt werden, auf die sich die Stoffmenge bezieht. Dazu setzt man das Teilchensymbol in Klammern hinter das Größenzeichen $n$.
*Beispiele:*

$n(\mathbf{O})$ = 2 mol  Die Stoffmenge an *Sauerstoff-Atomen* beträgt 2 mol.
$n(\mathbf{O_2})$ = 0,5 mol  Die Stoffmenge an *Sauerstoff-Molekülen* beträgt 0,5 mol.
$n(\mathbf{Fe^{2+}})$ = 4 mol  Die Stoffmenge an zweifach positiv geladenen *Eisen-Ionen* beträgt 4 mol.
$n(\mathbf{NaCl})$ = 1 mol  Die Stoffmenge an *Formeleinheiten Natriumchlorid* beträgt 1 mol.

Die Proportionalität $n \sim N$ kann auch anders ausgedrückt werden: $N/n$ = *konstant*. Dieser Quotient aus der Teilchenanzahl und der Stoffmenge wird zu Ehren von *Amedeo Avogadro* (B3) als **Avogadro-Konstante $N_A$** bezeichnet: $N_A = N/n$. Ihre Einheit ist 1/mol.

Weitere Bezeichnungen für die Avogadro-Konstante $N_A$ sind:
- *stoffmengenbezogene Teilchenanzahl,* aufgrund der Definition;
- *molare Teilchenanzahl,* da die Einheit der im Nenner stehenden Stoffmenge das Mol ist.

## 7.2 Die Anzahl der Teilchen in einer Stoffportion? Unvorstellbar groß!

Zur Bestimmung der Avogadro-Konstante gibt es eine Reihe verschiedener experimenteller Methoden. Ihre Ergebnisse lauten übereinstimmend:
$N_A = 6{,}02 \cdot 10^{23}$ 1/mol.
Diese Gleichung besagt:
**Eine Stoffportion mit der Stoffmenge $n$ = 1 mol besteht aus $6{,}02 \cdot 10^{23}$ Teilchen.**

Von dieser ungeheuer großen Zahl können wir uns mithilfe von B5 eine Vorstellung machen.
Die **Avogadro-Konstante** ist für alle Stoffe **gleich** (Universalkonstante). Das heißt: In jeder Stoffportion mit der Stoffmenge 1 mol sind stets **$6{,}02 \cdot 10^{23}$ Teilchen**.

Mit dieser Konstante können wir nun über die Stoffmenge einer Stoffportion ihre Teilchenanzahl berechnen.
*Beispiel:*
Wie groß ist die Anzahl der Kupfer-Atome in einer Kupferportion mit $n(\mathbf{Cu})$ = 3 mol?
*Berechnung:*
$N(\mathbf{Cu}) = N_A \cdot n(\mathbf{Cu})$
$N(\mathbf{Cu}) = 6{,}02 \cdot 10^{23}$ 1/mol $\cdot$ 3 mol = $18{,}06 \cdot 10^{23}$
Die Kupferportion besteht aus $18{,}06 \cdot 10^{23}$ Kupfer-Atomen.

Meist geben wir die Quantität einer Stoffportion durch ihre Masse oder ihr Volumen an, 10 **g** Eisen oder 50 **ml** Wasser.
Da bei chemischen Vorgängen aber Teilchen miteinander reagieren, ist es notwendig, mit Stoffportionen bekannter Stoffmengen (Teilchenmengen, Teilchenanzahlen) statt mit Stoffportionen bekannter Masse oder bekannten Volumens zu arbeiten. In der Chemie ist daher die „Stoffmenge" mit ihrer Einheit „Mol" eine besonders wichtige Größe.

**B4** *Joseph Loschmidt (1821–1895), österreichischer Physiker, berechnete im Jahr 1865 erstmals die Teilchenanzahl für 1 ml Gas.*

Würde man die Erdoberfläche dicht mit $6 \cdot 10^{23}$ Stecknadelköpfen des Volumens 1 mm³ bedecken, wäre die „Stecknadelkopfschicht" etwa 1,18 m hoch.

**B5** *Veranschaulichung des Zahlenwertes der Avogadro-Konstante.*
*A: Wie lautet der Rechenweg zu B5? Überprüfe das in B5 genannte Ergebnis. (Die Erdoberfläche beträgt etwa 510 000 000 km².)*

### Aufgaben

**A1** Warum kann man bei der Avogadro-Konstante $N_A$ auf die Angabe des Teilchensymbols verzichten?

**A2** Wie groß ist die Teilchenanzahl in a) 8 µmol Wasser, b) 3 mmol Sauerstoff, c) 5 nmol Stickstoff und d) 0,3 mol Wasserstoff?

**A3** Formuliere folgende Angaben mit Worten: a) $n(\mathbf{Mg})$ = 3 mol, b) $n(\mathbf{Al^{3+}})$ = 0,1 mol, c) $n(\mathbf{S})$ = 10 mol, d) $n(\mathbf{O^{2-}})$ = 0,7 mol und e) $n(\mathbf{Fe_2O_3})$ = 2 mol.

**A4** a) Man unterscheidet Grundgrößen und abgeleitete Größen. Kläre mithilfe eines Physikbuches die beiden Begriffe. b) Die Stoffmenge ist eine von 7 Grundgrößen. Finde mithilfe eines Physikbuches die anderen Grundgrößen (Name, Größenzeichen, Grundeinheit, Einheitenzeichen) und mindestens fünf abgeleitete Größen (Name, Größenzeichen, gebräuchliche Einheit).

**A5** Welche drei Kennzeichen beschreiben eine direkte Proportionalität? Nimm dabei ein Physik- oder Mathematikbuch zu Hilfe.

**A6** Wie kann man die Masse eines Teilchens $m_a$ berechnen, wenn die Masse der Stoffportion und ihre Teilchenanzahl bekannt sind?

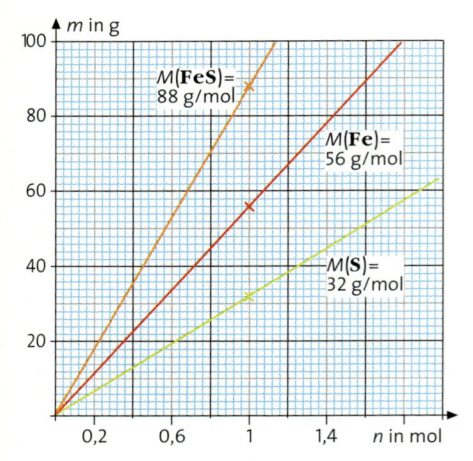

**B1** Grafische Darstellung der molaren Masse im n-m-Diagramm.
**A:** Stelle in einem n-m-Diagramm die molaren Massen von Kupfer, Schwefel und Kupfersulfid grafisch dar. Bestimme aus dem Diagramm die zur Synthese von 100 g Kupfersulfid benötigten Stoffmengen sowie Massen an Kupfer und Schwefel (Maßstab: 10 g = 1 cm, 1 mol = 0,5 cm).
**A:** Wodurch zeichnet sich der Steigungswinkel der Ursprungsgerade im n-m-Diagramm aus? Begründe.

**B2** Lauter Stoffportionen mit n = 1 mol: 18 g Wasser, 32 g Schwefel, 63,5 g Kupfer, 12 g Kohlenstoff, 40 g Magnesiumoxid.
**A:** a) Wie viele Teilchen enthalten die einzelnen Stoffportionen? (Beachte: 1 mol Magnesiumoxid besteht aus 1 mol Magnesium-Ionen und 1 mol Oxid-Ionen.) b) Aus wie viel mol Atomen besteht die Wasserportion mit der Masse von 18 g? Begründe.

**A5** Es ist im Alltag nicht ungewöhnlich, Stückzahlen mit einer Waage zu ermitteln. Beispiel?
**A6** Begründe, warum die molare Masse keine Masse ist.

## Molare Masse und molares Volumen

Um 1 mol, also $6{,}02 \cdot 10^{23}$ Teilchen, mit dem „futuristischen" Zählgerät, das 1 Million Teilchen pro Sekunde erfassen kann (vgl. B1, S. 94), abzuzählen, würde man 19 Milliarden Jahre warten müssen!

Besser, „schlauer", ist es deshalb, statt der unmessbaren Größe Stoffmenge selbst, eine geeignete, messbare Größe zu Hilfe zu nehmen, um die Stoffmenge, die Teilchenanzahl, einer Stoffportion zu erfassen.

Eine Stoffportion mit der Stoffmenge $n = 1$ mol besteht aus $6{,}02 \cdot 10^{23}$ Teilchen, hat also die $6{,}02 \cdot 10^{23}$fache Masse eines einzelnen Teilchens. Die Masse dieser Stoffportion ist mit einer normalen Waage leicht messbar. Die Teilchen, aus denen ein Reinstoff besteht, sind alle von gleicher Masse. Es folgt: Je größer die Masse einer Stoffportion ist, desto größer ist die darin enthaltene Stoffmenge: $m \sim n$ bzw. $m/n$ = konstant.

Diese stoffmengenbezogene Masse wird als **molare Masse M** bezeichnet, sie ist: Masse durch Stoffmenge; $M = m/n$.

Die übliche Einheit der molaren Masse ist 1 g/mol (1 Gramm durch Mol). Das Symbol des Teilchens, auf das sich die molare Masse eines Stoffes bezieht, wird in Klammern hinter das Größenzeichen $M$ gesetzt. Die molare Masse ist experimentell messbar. Sie ist eine Stoffkonstante (B1). Die atomare Masseneinheit (S. 92/93) ist so gewählt, dass die Masse eines Teilchens in u und die molare Masse des entsprechenden Stoffes in g/mol den gleichen Zahlenwert haben:

$m_a(^{12}C) = 12{,}0000$ u $\qquad M(^{12}C) = 12{,}0000$ g/mol
$m_a(H) = 1{,}0079$ u $\qquad M(H) = 1{,}0079$ g/mol.

Die molare Masse eines molekularen Stoffs und die eines Salzes kann man mithilfe der Atommassen berechnen:

$m_a(H_2O) = 2 \cdot 1\,u + 16\,u = 18\,u \quad \Rightarrow \quad M(H_2O) = 18$ g/mol

Eine Wasserportion mit der Stoffmenge $n = 1$ mol hat also eine Masse von 18 g (B2).

$m_a(MgO) = 24\,u + 16\,u = 40\,u \quad \Rightarrow \quad M(MgO) = 40$ g/mol

Die Magnesiumoxidportion mit der Stoffmenge $n = 1$ mol hat die Masse 40 g.

Da die Teilchen einer Stoffportion nicht sichtbar sind, und ihre Zahl zu groß ist, sind sie nicht abzählbar, man „zählt" durch Wiegen; Waagen sind „Zählgeräte". Mit der molaren Masse ist die gemessene Masse einer Stoffportion in deren Stoffmenge (Teilchenmenge) umzurechnen.

### Aufgaben

**A1** Wie groß sind die molaren Massen von Wasserstoffchlorid, Kohlenstoffdioxid, Schwefeldioxid, Kupfer(II)-sulfid und Aluminiumoxid? (Vgl. B6, S. 93.)

**A2** Welche Masse hat eine Eisen(III)-oxidportion mit $n = 3$ mol, welche eine Stickstoffdioxidportion mit $n = 0{,}5$ mol?

**A3** Ein Schmerzmittel-Wirkstoff ist Acetylsalicylsäure $C_8H_8O_4$. Eine Tablette enthält 0,5 g Acetylsalicylsäure. Wie viele Acetylsalicylsäure-Moleküle nimmt man mit einer Tablette Schmerzmittel ein?

**A4** Aus wie viel mol Calcium-Ionen und wie viel mol Chlorid-Ionen besteht 1 mol Calciumchlorid? Begründe.

## 7.3 Zählen? Wer schlau ist wiegt und misst!

Die Masse einer *flüssigen* oder die einer *gasförmigen* Stoffportion lässt sich oft nur sehr aufwendig messen. Zweckmäßiger ist es hier, die Stoffmenge durch Messen des Volumens zu bestimmen.
Das Volumen ist (bei gleicher Temperatur und gleichem Druck) zur Stoffmenge proportional: $V \sim n$.
Das stoffmengenbezogene Volumen heißt **molares Volumen $V_m$** und ist das Volumen durch die Stoffmenge; $V_m = V/n$.
Die gebräuchlichen Einheiten des molaren Volumens sind 1 l/mol (1 Liter durch Mol) oder 1 cm³/mol (1 Kubikzentimeter durch Mol).
Das molare Volumen ist, wie das Volumen, druck- und temperaturabhängig. Volumina und molare Volumina können daher nur bei gleichem Druck und gleicher Temperatur verglichen werden. Hierzu ist der *Normzustand* festgelegt worden:
*Normdruck* $p_n$ = 1013 hPa; *Normtemperatur* $\vartheta_n$ = 0 °C bzw. $T_n$ = 273 K.
Das tiefgestellte „n" weist auf den Normzustand hin.
Das Volumen im Normzustand heißt *Normvolumen* $V_n$. Wird das molare Volumen für den Normzustand angegeben, so spricht man von dem **molaren Normvolumen** $V_{mn} = V_n/n$.
Aus den Gleichungen für die Dichte $\rho = m/V$ und die molare Masse $M = m/n$ lässt sich die Gleichung $V_m = M/\rho$ herleiten. Mit dieser Beziehung ist das molare Volumen von Stoffen zu bestimmen (A3). Dabei zeigt sich:
Für gasförmige Reinstoffe ist das molare Normvolumen stets gleich mit $V_{mn}$ = 22,4 l/mol. Aus dieser Beziehung folgt:
Eine gasförmige Reinstoffportion mit der Stoffmenge $n$ = 1 mol nimmt im Normzustand ein Volumen von 22,4 l ein (B3).

*Beispiele für die Angabe des molaren Volumens:*
$V_m(\mathbf{H_2O})$ = 18 cm³/mol ($\vartheta$ = 25 °C); $V_m(\mathbf{Fe})$ = 7,1 cm³/mol ($\vartheta$ = 25 °C); $V_{mn}(\mathbf{H_2})$ = 22,4 l/mol.
Im Gegensatz zum molaren Normvolumen gasförmiger Reinstoffe sind die molaren Volumina flüssiger und fester Stoffe trotz gleicher Bedingungen von Stoff zu Stoff verschieden.
Man kann die Teilchen einer Stoffportion also auch durch Volumenmessung „zählen". Das molare Volumen erlaubt, das gemessene Volumen einer Stoffportion in deren Stoffmenge (Teilchenmenge) umzurechnen. B4 zeigt den Zusammenhang zwischen den Quantitätsgrößen einer Stoffportion und den entsprechenden Umrechnungsgrößen. In das Schema ist zusätzlich noch die Umrechnung $m \leftrightarrow N$ über die Masse eines Teilchens $m_a$ aufgenommen.

**B3** Eine gasförmige Stoffportion mit $n$ = 1 mol hat im Normzustand das Volumen von 22,4 Liter.

**B3** *Nach AVOGADRO haben Stoffportionen verschiedener Gase bei gleicher Stoffmenge (gleiche Temperatur und gleicher Druck) das gleiche Volumen (vgl. B3, S. 94).*

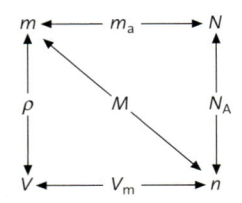

**B4** *Schema zur Umrechnung der Quantitätsgrößen m, V, N und n.* **A:** *Welche Einheit der Teilchenmasse $m_a$ sollte man zweckmäßigerweise bei der Umrechnung $m \leftrightarrow N$ verwenden? Begründe.*

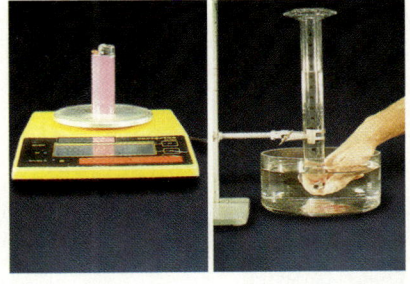

**B5** *So kann man die molare Masse von Gasen bestimmen (A1)!*

### Aufgaben

**A1** 200 ml Gas aus einem Feuerzeug werden unter Wasser in einem Messzylinder aufgefangen (B5). Die Masse des ausgeströmten Gases beträgt 0,486 g. a) Wie kann man die Masse des ausgeströmten Gases experimentell bestimmen? b) Berechne mithilfe der Beziehung $M = \rho \cdot V_m$ (vgl. A3a) die molare Masse des Gases. (Das molare Volumen beträgt bei Raumtemperatur und -druck ca. 22,4 l/mol.) c) Wie groß ist seine Molekülmasse in u? d) Ermittle die Formel desjenigen Moleküls, das nur aus Kohlenstoff- und Wasserstoff-Atomen besteht ($m_a(\mathbf{C})$ = 12 u, $m_a(\mathbf{H})$ = 1 u).

**A2** Begründe, warum das molare Volumen kein Volumen ist.

**A3** a) Bestimme das molare Normvolumen von Wasserstoff, $\rho$ = 0,09 g/l; Sauerstoff, $\rho$ = 1,43 g/l; Stickstoff, $\rho$ = 1,25 g/l und das molare Volumen von Blei ($\vartheta$ = 25 °C), $\rho$ = 11,3 g/cm³. b) Berechne das Normvolumen von 12 mol Methan $\mathbf{CH_4}$ und das von 5 t Chlor.

## Die Berechnung von Stoffumsätzen

Für den Kuchen brauchst du bestimmte Zutaten, Mehl, Zucker, Eier, Milch und Butter. Damit der Kuchen gelingt und lecker wird, nimmst du von jeder Zutat auch eine bestimmte Menge: 500 g Mehl, 200 g Zucker, 3 Eier, 125 ml Milch und 250 g Butter (B1).
Du verrührst also beim Backen bestimmte Zutaten in einem bestimmten Mengenverhältnis miteinander. Und im Labor und der chemischen Technik?
Hier sollst du z. B. eine bestimmte Menge Eisensulfid **FeS** herstellen. Welche Ausgangsstoffe musst du verwenden? Wie viel musst du von jedem Edukt einsetzen, damit die Synthese vollständig abläuft, also keine Eduktreste übrig bleiben (vgl. A6)?

*B1 Alles für den guten Kuchen: Zutaten und Messgerät*

### Versuche

**LV1** Man verreibt 5,08 g Eisenpulver und 2,92 g Schwefelpulver* in der Reibschale, füllt das Gemisch in ein Reagenzglas, fixiert dieses wie in B2 gezeigt und zündet das Gemisch mit der Brennerflamme oder berührt es mit einem dicken, glühenden Eisendraht. (**Schutzbrille! Vorsicht!** Das Reagenzglas kann zerspringen.) Beobachtung? Nach dem Erkalten wird der Teil des Reagenzglases, der das Produkt umschließt, vorsichtig zerschlagen. Man entfernt alle Glasteile mit der Pinzette und wiegt das Produkt auf dem Rundfilter. Beobachtung?

**V2** Gib in ein senkrecht fixiertes Reagenzglas, in dem sich ca. 5 ml Wasserstoffperoxid*-Lösung $H_2O_2(aq)$ mit $w$ = 3 % befinden, eine Spatelspitze Mangandioxid* $MnO_2(s)$ (Braunstein*). Beobachtung? Führe einen glimmenden Span in den Gasraum des Reagenzglases ein. Beobachtung?

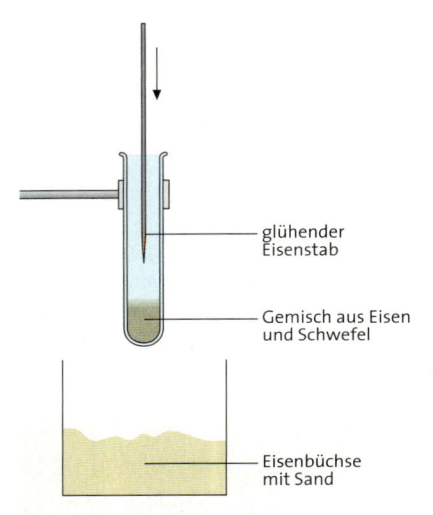

*B2 Vorrichtung zur Synthese von Eisensulfid*

### Auswertung

a) Protokolliere alle Beobachtungen zu den durchgeführten Versuchen.
b) Welche Aufgabe hat die bei LV1 zugeführte Wärme bzw. der glühende Eisendraht?
c) Welche Masse Eisensulfid erwartest du bei LV1? Begründe.
d) Welches gasförmige Produkt weist du bei V2 nach?
e) Das zweite Reaktionsprodukt bei V2 ist Wasser. Welche Art von Reaktion liegt vor? (Mangandioxid wirkt als Katalysator.)
f) Schlage Experimente vor, die zeigen, dass Mangandioxid als Katalysator wirkt.

*B3 Airbags schützen Fahrer und Beifahrer.*
**A:** *Durch plötzliche Krafteinwirkung auf einen Airbag wird Natriumazid $NaN_3$ elektrisch gezündet. Es entstehen für den Fahrerairbag ca. 60 l, für den Beifahrerairbag ca. 140 l Stickstoff (Normzustand). Das gleichzeitig gebildete Natrium $Na$ reagiert mit weiteren Stoffen zu ungefährlichen Produkten. Wie viel g Natriumazid enthält ein Fahrerairbag?*

## 7.4 Wie viel wovon? Und wie viel entsteht?

Ähnlich wie beim Backen ist es auch bei der Durchführung chemischer Reaktionen in Labor und Technik notwendig, die einzelnen Portionen der Ausgangsstoffe abzumessen. Hierzu muss man die Massen oder Volumina der Stoffportionen, die bei chemischen Reaktionen verbraucht werden, berechnen können. Ebenso wichtig ist es, die Massen oder Volumina neu entstehender Stoffportionen vorhersagen zu können (vgl. A6).
In LV1 haben wir 5,08 g Eisen und 2,92 g Schwefel eingesetzt und 8,00 g Eisensulfid sind entstanden.
Woher weiß man, welche Masse Eisen und welche Masse Schwefel eingesetzt werden müssen, um 8,00 g Eisensulfid zu erhalten?
Wie kann man die notwendigen Massen der Portionen von Ausgangsstoffen ermitteln, wenn man eine bestimmte Masse an Produkt erzeugen will?
Der Rechenweg zur Beantwortung solcher und ähnlicher Fragen ist immer gleich!

**B4** *Roheisen fließt aus dem Hochofen.*

1. Zusammenstellen der **gegebenen Größen** und der **gesuchten Größen**:
$m(FeS) = 8,00$ g; $M(Fe) = 55,8$ g/mol; $M(FeS) = 87,8$ g/mol
(Molare Massen ermittelt man mithilfe der entsprechenden Atommassen (Periodensystem). Meist genügt der bis zur ersten Stelle nach dem Komma gerundete Zahlenwert der molaren Masse.)

2. Aus der Reaktionsgleichung $Fe + S \rightarrow FeS$ ist das zutreffende **Stoffmengenverhältnis** abzulesen:
$$\frac{n(Fe)}{n(FeS)} = \frac{1}{1} \text{ oder } n(Fe) = n(FeS)$$

3. Für die direkt nicht messbare Stoffmenge $n$ setzt man **geeignete Quotienten** $m/M$, $V/V_m$ oder $V_n/V_{mn}$ ein und löst nach der gesuchten Größe auf:
$$\frac{m(Fe)}{M(Fe)} = \frac{m(FeS)}{M(FeS)}; \quad m(Fe) = M(Fe) \cdot \frac{m(FeS)}{M(FeS)}$$

4. Jetzt **setzt** man die gegebenen Größen **ein** und **rechnet** die gesuchte Größe **aus**:
$$m(Fe) = 55,8 \text{ g/mol} \cdot \frac{8,00 \text{ g}}{87,8 \text{ g/mol}} = 5,08 \text{ g}.$$

Die Masse der Schwefelportion beträgt dann nach dem *Satz von der Erhaltung der Masse*: $m(S) = m(FeS) - m(Fe) = 2,92$ g.

Um sinnvolle Genauigkeitsangaben zu machen, muss beim Runden von Rechenergebnissen mit dem Taschenrechner bedacht werden, dass alle gegebenen Zahlenwerte auf *Messwerte* zurückgehen!

### Aufgaben

**A1** Wie viele l Sauerstoff erhält man im Normzustand bei der Zersetzung von 5,0 g Wasserstoffperoxid (vgl. V2)?

**A2** Bei der Reaktion von Eisenoxid $Fe_3O_4$ mit Aluminium entstehen Eisen und Aluminiumoxid (vgl. B5, S. 71). Wie viel g Eisenoxid ist zur Herstellung von 100 g Eisen nötig?

**A3** Ein Bauunternehmer fordert bei einer Kalkbrennerei 20 t Branntkalk $CaO$ an. Wie viele t Kalkstein $CaCO_3$ müssen zu diesem Zweck im Ofen gebrannt werden? Wie viele t Kohlenstoffdioxid entstehen gleichzeitig?

**A4** Bei der Reaktion von Eisen(III)-oxid mit Kohlenstoffmonooxid entstehen im Hochofen (B4) Eisen und Kohlenstoffdioxid (vgl. S. 71).
a) Wie viele kg Kohlenstoffmonooxid sind nötig, um 12 000 t Eisen herzustellen? b) Wie viele kg Koks (Kohlenstoff) müssen eingesetzt werden (vgl. S. 71)?

**A5** Ammoniak $NH_3$ ist ein Ausgangsstoff für die Herstellung von Düngemitteln. In einer chemischen Fabrik beträgt die tägliche Produktion von Ammoniak eine Tonne. Von wie vielen m³ Wasserstoff täglich muss bei der Bildung von Ammoniak aus Wasserstoff und Stickstoff ausgegangen werden?

**A6** a) Warum ist es sinnvoll und wichtig, dass eine Reaktion vollständig abläuft, also alle Edukte verbraucht werden?
b) Und warum ist es besser, Masse und Volumina der Produkte voraussagen zu können?

Stoffumsatz chemischer Reaktionen

## GRUNDWISSEN

### 1. Atomare Masseneinheit

Die Masse eines Teilchens kann in der Einheit Gramm oder in der **atomaren Masseneinheit u** angegeben werden.
Es gilt: $1\,u = 1{,}66 \cdot 10^{-24}$ **g**.
Die Teilchenmasse (z. B. die Atom- oder die Molekülmasse) wird mit dem **Massenspektrometer** gemessen.

### 2. Quantitätsgrößen und Umrechnungen

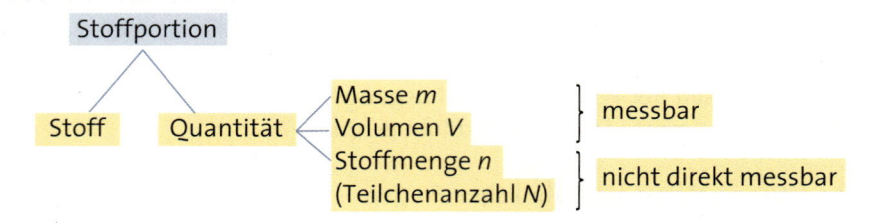

Stoffportion
- Stoff
- Quantität
  - Masse $m$ ⎫
  - Volumen $V$ ⎬ messbar
  - Stoffmenge $n$ ⎫
  - (Teilchenanzahl $N$) ⎬ nicht direkt messbar

Eine Stoffportion ist gekennzeichnet durch den Stoff, aus dem sie besteht, und durch ihre Quantität. Stoffe sind durch verschiedene Kenneigenschaften, wie Dichte, Schmelz- und Siedetemperatur, bestimmt. Die Quantität einer Stoffportion kann durch die Größen **Masse $m$**, **Volumen $V$** und **Stoffmenge $n$** (Teilchenanzahl $N$) angegeben werden.

Da alle chemischen Reaktionen zwischen den Teilchen der Stoffe stattfinden, wird in der chemischen Praxis bevorzugt die Größe Stoffmenge (Teilchenmenge) verwendet. Die Einheit der Stoffmenge ist 1 **Mol**.

**Eine Stoffportion mit der Stoffmenge $n = 1$ mol besteht aus $6{,}022 \cdot 10^{23}$ Teilchen.**

Die Stoffmenge ist nicht direkt messbar. Man berechnet sie aus den leicht bestimmbaren Quantitätsgrößen Masse oder Volumen.

| Umrechnung | Umrechnungsgröße | Beziehung | Abhängigkeit der Beziehung |
|---|---|---|---|
| Masse $m$ ⟷ Volumen $V$ | Dichte $\rho$ | $\rho = m/V$ | Stoffart |
| Masse $m$ ⟷ Stoffmenge $n$ | molare Masse $M$ | $M = m/n$ | Stoffart |
| Volumen $V$ ⟷ Stoffmenge $n$ | molares Volumen $V_m$ | $V_m = V/n$ | Stoffart $V_{mn}$ (Gas) = 22,4 l/mol |
| Teilchenanzahl $N$ ⟷ Stoffmenge $n$ | AVOGADRO-Konstante (molare Teilchenanzahl) | $N_A = N/n$ | $N_A = 6{,}02 \cdot 10^{23}$ 1/mol Universalkonstante |
| Teilchenanzahl $N$ ⟷ Masse $m$ | Teilchenmasse $m_a$ | $m_a = m/N$ | Teilchenart |

### 3. Schritte bei der Berechnung von Stoffumsätzen:

- Auflisten der gegebenen und gesuchten Größen
- Aufstellen der Reaktionsgleichung
- Bilden des entsprechenden Stoffmengenverhältnisses der Reaktionspartner
- Ersetzen der Größe Stoffmenge $n$ durch geeignete Quotienten $m/M$, $V/V_m$ oder $V_n/V_{mn}$ und Auflösen nach der gesuchten Größe
- Einsetzen der gegebenen Größen und Ausrechnen

## Stoffumsatz chemischer Reaktionen

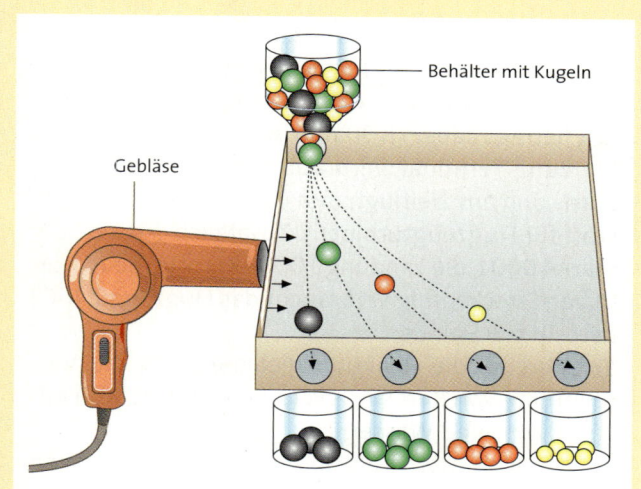

*Modellversuch zur Massenspektrometrie. Bläst man mit einem Fön gegen unterschiedlich schwere Kugeln, die über eine schiefe Ebene rollen, werden die Kugeln mit kleinerer Masse stärker abgelenkt.*

**A1** Erkundige dich, wozu die Massenspektrometrie heute – außer zur Atom- oder Molekülmassenbestimmung – vor allem genutzt wird.

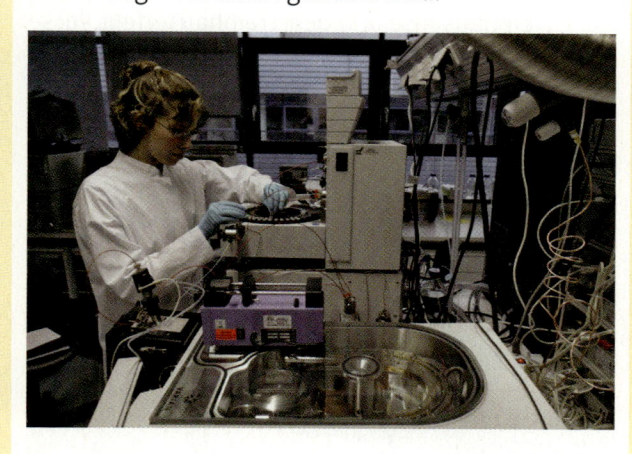

**A2** Erkläre, warum im Periodensystem (Buchdeckel hinten) Argon **Ar** vor Kalium **K** steht, obwohl Argon-Atome eine größere Masse als Kalium-Atome haben.

**A3** Für welche Größe hat man beim Umgang mit Elektronen eine besondere Einheit eingeführt und festgelegt? Vergleiche B4, Kap. 3.2, nenne Größe, Einheit und Definition und erläutere, weshalb dies „praktisch" ist.

**A4** In der Astronomie verwendet man die Einheit **Lichtjahr**. Finde Informationen über diese Einheit, für welche Größe ist das Lichtjahr eine Einheit? Erläutere, warum man diese Einheit eingeführt hat. Denke dabei an die Einführung der Einheiten für die Atommasse, die kinetische Energie eines Elektrons und die Stoffmenge!

**A5** Die Atome eines menschlichen Körpers mit der Masse $m = 75$ kg enthalten zusammen etwa $2,5 \cdot 10^{28}$ Elektronen. Berechne die Gesamtmasse in g der Elektronen dieses Körpers.

### Lauter interessante Rechnereien

**A6** Eine **Feinunze** Gold sind 31,1 g Gold.
Wie viele Gold-Atome bilden drei Feinunzen Gold?
Auch interessant zu wissen:
Wo und wobei wird die Einheit *Unze* verwendet?
Woher stammt der Name *Unze*?

*Münze mit dem Wert einer Unze (1 OZ.) Feingold (fine gold)*

**A7** Die Verpackung eines Kaugummis enthält etwa 80 mg Aluminium. Berechne die Anzahl Aluminium-Atome einer Kaugummi-Verpackung.

**A8** 2,04 g Kohlenstoffdioxid nehmen ein Normvolumen von 1,04 l ein. Berechne die molare Masse von Kohlenstoffdioxid.

**A9** In einer bestimmten Sorte Kohle liegt der Massenanteil an Schwefel bei $w = 1,8\%$. Welche Stoffmenge Schwefeldioxid $SO_2$ entsteht, wenn 1 t Kohle verbrennt?
Zum Thema Umwelt: Warum ist Schwefeldioxid ein problematisches Verbrennungsprodukt? Ein Stichwort für deine Erläuterungen ist z.B. „saurer Regen".

**A10** Eine von Onkel Ottos Zigaretten enthält 0,9 mg Nikotin. Berechne die Anzahl der Nikotin-Moleküle $C_{10}N_2H_{14}$ pro Zigarette.

## Stoffumsatz chemischer Reaktionen

**Chemisches Rechnen kann ganz schön wichtig sein!**

**A11** Bei einer Gasheizung wird Erdgas, Methan $CH_4$, zu Kohlenstoffdioxid und Wasser verbrannt.
a) Wie viele Liter Sauerstoff müssen pro Minute in die Brennkammer eingesaugt werden, wenn pro Minute 20 l Methan vollständig verbrannt werden sollen? ($V_m$ ($CH_4$, 20 °C) = 24 l/mol)
b) Wie viele Liter Luft werden zur vollständigen Verbrennung von 20 l Methan benötigt?

**A12** Aluminium wird durch Elektrolyse von flüssigem Aluminiumoxid $Al_2O_3$ (l) gewonnen. Dabei entsteht auch Sauerstoff.
a) Wie viel g Aluminiumoxid werden benötigt, um ausreichend Aluminium für die Herstellung einer Bierdose mit der Masse m = 5,0 g zu erzeugen, wenn die Ausbeute an Aluminium bei der Elektrolyse maximal 90 % beträgt?
b) Aus wie vielen Aluminium-Atomen besteht die Dose?

**A13** Ausdauersportler, wie Triathleten, Marathonläufer oder Mountainbiker, essen während des Sports häufig „Energieriegel", die Traubenzucker $C_6H_{12}O_6$ (s) enthalten.
a) Berechne die Anzahl der Traubenzucker-Moleküle, die ein Sportler beim Verzehr eines „Energieriegels" zu sich nimmt, der laut Packungsaufschrift 14 g Traubenzucker enthält.
b) Traubenzucker wird in den Zellen unter Energiefreisetzung zu Kohlenstoffdioxid und Wasser verbrannt. Wie viele Liter Sauerstoff benötigt ein Sportler, um bei Raumtemperatur ($\vartheta$ = 22 °C) und Normdruck die innere Energie von 14 g Traubenzucker nutzen zu können? ($V_m$ ($O_2$, 22 °C) = 24 l/mol)

**A14** Ein modernes Mittelstreckenflugzeug mit 150 Sitzplätzen braucht für den Flug von Nürnberg nach Palma de Mallorca 1 h 50 min; die reine Flugzeit beträgt dabei 1 h 30 min. Beim Rollen vom bzw. bis zum Terminal verbraucht das Flugzeug am Start- und am Zielflughafen je 600 l Kerosin (Treibstoff für Flugzeugturbinen). Zusätzlich „kostet" der Start 4 000 l, die Landung 1 000 l Kerosin. Beim normalen Streckenflug verbraucht das Flugzeug 2 400 l Kerosin pro Stunde.
a) Schreibe die Reaktionsgleichung für die Verbrennung von Kerosin, z. B. $C_{12}H_{26}$ (l), zu Kohlenstoffdioxid und Wasser.
b) Wie viele Liter Kerosin werden beim Flug von Nürnberg nach Palma de Mallorca insgesamt verbraucht? Berechne die Masse des verbrauchten Kerosins. ($\rho$ (Kerosin) = 0,8 kg/l)
c) Wie viele Liter Kohlenstoffdioxid werden im Normzustand beim Flug von Nürnberg nach Palma de Mallorca gebildet?
d) Kohlenstoffdioxid ist ein Treibhausgas und damit umweltschädlich. Informiere dich im Internet über Treibhausgase und den Treibhauseffekt, fasse deine Ergebnisse zusammen und trage sie den Klassenkameraden vor.

## Stoffumsatz chemischer Reaktionen

**A15** Erdgas (Methan $CH_4$) verbrennt zu Kohlenstoffdioxid und Wasser.
a) Welche Masse und welches Volumen Kohlenstoffdioxid entstehen bei der Verbrennung von 10 kg Erdgas? ($V_m(CH_4, 20\,°C) = 24$ l/mol)
b) Pflanzen stellen bei der Photosynthese aus Kohlenstoffdioxid und Wasser Traubenzucker $C_6H_{12}O_6$ und Sauerstoff her. Eine 100-jährige Buche produziert im Sommer bei 20 °C täglich 10 kg Traubenzucker. Wie viele Tage muss diese Buche Photosynthese treiben, um das bei a) gebildete Kohlenstoffdioxid vollständig aus der Luft zu entfernen?

**A16** Chemie in der Tageszeitung

### Undichte Gasflasche

SPARDORF – Aus einer undichten Fünf-Liter-Gasflasche im Chemieraum des Emil-Gymnasiums ist am vergangenen Montag Chlorgas entwichen. Die Feuerwehren aus Erlangen, Uttenreuth und Spardorf, die alle ausgerückt waren, konnten das Problem schnell lösen. Verletzt wurde niemand, da sich zu diesem Zeitpunkt keine Lehrer und Kinder in der Schule aufhielten.

Die undicht gewordene Chlorgasflasche im Emil-Gymnasium hatte glücklicherweise nicht 5 l, sondern nur 1 l Fassungsvermögen und war ursprünglich mit 1,2 kg Chlor gefüllt. Wie viele Liter Chlor hätten am 17. Juni 2002 bei Raumtemperatur entweichen können, wenn angenommen werden kann, dass die 1 1/2 Jahre alte Flasche noch 1 kg Chlor enthielt? ($V_m = 24$ l/mol)

**A17** Backpulver enthält Natriumhydrogencarbonat $NaHCO_3$ (s). Beim Backvorgang entstehen Natriumcarbonat $Na_2CO_3$ (s), Wasser (g) und Kohlenstoffdioxid.
a) Wie viele Liter Kohlenstoffdioxid entstehen im Normzustand aus 5,0 g Natriumhydrogencarbonat?
b) Wie viele Liter Kohlenstoffdioxid entstehen bei der Backtemperatur $T = 473$ K ($\vartheta = 273\,°C$) und Normdruck? Verwende für die Berechnung des Volumens die allgemeine Gasgleichung (vgl. Physikbücher).

### Homöopathie

Der deutsche Arzt und Chemiker SAMUEL HAHNEMANN (1755 bis 1843) formulierte um 1810 die Grundlagen einer alternativen Heilmethode, der Homöopathie[1]. Im Rahmen dieses Heilverfahrens mit dem Grundsatz „Ähnliches werde durch Ähnliches geheilt" erhalten Patienten (Kranke) in starker Verdünnung ein Mittel, welches bei einem gesunden Menschen Symptome (Krankheitszeichen) hervorruft, die den Beschwerden dieses Patienten ähnlich sind. Die Verdünnung wird mit Milchzucker oder Alkohol erzielt.
Die Verdünnungsgrade werden durch die Dezimalpotenzen (D) angegeben. Die Potenz **D5** besagt, dass die Verdünnung 1 : $10^5$ vorliegt: In 1 g des verabreichten Mittels sind $10^{-5}$ g Wirkstoff enthalten.

**A18** In einem älteren Buch über homöopathische Krankheitsbehandlung wird gegen Rippenfellentzündung unter anderem Argentum (Silber) D20 verordnet.
a) Wie viele Silber-Teilchen werden dem Erkrankten pro Tag zugeführt, wenn dieser täglich 0,1 g Argentum D20 erhält?
b) Wie groß ist jeweils die Anzahl der Silber-Teilchen bei den heute üblichen Verdünnungen D6, D4 und D3?
c) Früher wurde manchmal auch die Verdünnung D30 verwendet. Welche Bedenken muss man gegen diese Verdünnung erheben?

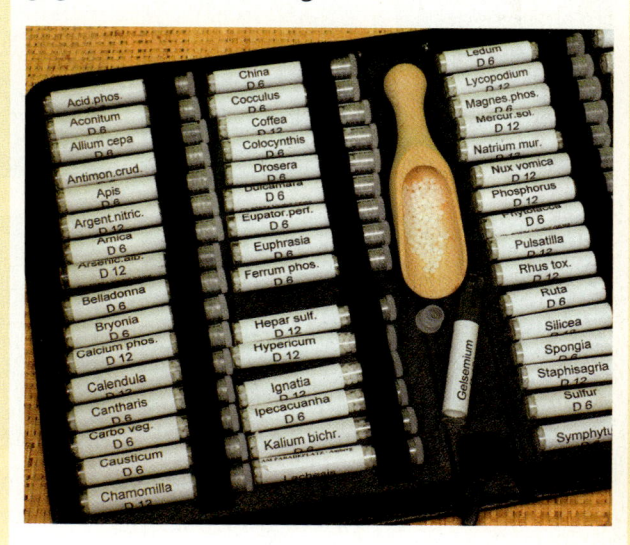

[1] von *homoio* (griech.) = gleich und *pathos* (griech.) = Krankheit

# Prüfe dein Wissen

## Stoffumsatz chemischer Reaktionen

**Bist du schon Experte?**
Weißt du schon „alles" zum Thema „Molare Größen, Stoffe und Reaktionen"? Wenn ja, dann löst du die folgende Aufgabe spielend!

**A19** Entscheide bei jeder Aussage im obenstehenden Labyrinth, ob sie stimmt (**Ja**) oder falsch (**Nein**) ist. Beginne bei START. Nach der jeweiligen Entscheidung folgst du dem zutreffenden Buchstaben (Pfeil) zur nächsten Aussage – bis zum ZIEL.
Ob du Experte bist, verrät dir die Kontrolle: Verfolge dazu deinen Weg vom Ziel aus zurück und notiere dabei (in dieser Reihenfolge) die Buchstaben, die sich rechts unten in den Feldern befinden. Und: Was ergibt die Kontrolle?

---

**Lösung (Kontrolle, vom Ziel aus rückwärts gelesen):**

ueb – ung – mac – htd – enm – eis – ter

→ **„Übung macht den Meister."**

## Gefahrensymbole

**T** Giftig

giftige Stoffe (T, T+)
krebserzeugende Stoffe (T, Xn)

Erhebliche Gesundheitsschäden durch Einatmen, Verschlucken oder Aufnahme durch die Haut. Keine Schülerexperimente!

**Xn** Gesundheitsschädlich

gesundheitsschädliche Stoffe (Xn, Xi)

Gesundheitsschäden durch Einatmen, Verschlucken oder Aufnahme durch die Haut.

**T** Giftig    **Xn** Gesundheitsschädlich

erbgutverändernde Stoffe

Erbgutverändernde Wirkung oder Verdacht auf erbgutverändernde Wirkung.

**T** Giftig    **Xn** Gesundheitsschädlich

fortpflanzungsgefährdende Stoffe

Stoffe können die Fortpflanzungsfähigkeit schädigen oder fruchtschädigend wirken.

**T** Giftig    **Xn** Gesundheitsschädlich

krebserzeugende Stoffe

Krebserzeugende Wirkung oder Verdacht auf krebserzeugende Wirkung.

**F** Entzündlich

leicht- und hochentzündliche Stoffe (F bzw. F+)

Entzünden sich selbst an heißen Gegenständen, mit Wasser entstehen leichtentzündliche Gase.

**O** Brandfördernd

brandfördernde Stoffe

Andere brennbare Stoffe werden entzündet, ausgebrochene Brände werden gefördert.

**E** Explosionsgefährlich

explosionsgefährliche Stoffe

Explosion unter bestimmten Bedingungen möglich. Keine Schülerexperimente!

**Xi** Reizend

reizende Stoffe (Xn, Xi)

Reizwirkung auf die Haut, die Atmungsorgane und die Augen.

**N** Umweltgefährlich

umweltgefährliche Stoffe

Sehr giftig, giftig oder schädlich für Wasserorganismen, Pflanzen, Tiere und Bodenorganismen, schädliche Wirkung auf die Umwelt.

**C** Ätzend

ätzende Stoffe

Hautgewebe und Geräte werden nach Kontakt zerstört.

## Liste der gefährlichen Stoffe zu den Versuchen

Gefahrenhinweise (**R**-Sätze), Sicherheitsratschläge (**S**-Sätze), Entsorgungsratschläge (**E**-Sätze)

*Alkohol (Spiritus), siehe Ethanol*

*Aluminium (Pulver),* **Al**, *nicht stabilisiert,* **F**, R: 15-17, S: (2)-7/8-43, E: 6-9

*Aluminium (Pulver),* **Al**, *phlegmatisiert,* **F**, R: 10-15, S: (2)-7/8-43, E: 3

*Ammoniak-Lösung,* $NH_3(aq)$, *5 % ≤ w < 10 %,* **Xi**, R: 36/37/38, S: (1,2)-26-36/37/39-45-61, E: 2

*Ammoniak-Lösung,* $NH_3(aq)$, *10 % ≤ w < 25 %,* **C**, R: 34, S: (1/2)-26-36/37/39-45-61, E: 2

*Calciumhydroxid,* $Ca(OH)_2$, **Xi**, R: 41, S: 22-24-26-39, E: 2

*Calciumoxid,* **CaO**, **C**, R: 34, S: 26-36, E: 2

*Chlor,* $Cl_2$, **T**, **N**, R: 23-36/37/38-50, S: (1/2)-9-45-61, E: 16

*Citronensäure (2-Hydroxy-1,2,3-propantricarbonsäure),* $C_6H_8O_7$, **Xi**, R: 36, S: 26, E: 1

*Essigsäure (Ethansäure),* $CH_3COOH$, *25 % ≤ w < 90 %,* **C**, R: 10-34, S: (1/2)-23-26-45, E: 2-10

*Essigsäureethylester (s. Ethylacetat)*

*Ethanol (Ethylalkohol),* $C_2H_5OH$, **F**, R: 11, S: (2)-7-16, E: 1-10

*Ethylacetat (Ethylethanoat),* $CH_3COOC_2H_5$, **F**, **Xi**, R: 11-36-66-67, S: (2)-16-26-33, E: 10-12

*Iod,* $I_2$, **Xn**, **N**, R: 20/21-50, S: (2)-23-25-61, E: 1-16

*Kalium,* **K**, **F**, **C**, R: 14/15-34, S: (1/2)-5-8-43-45, E: 6-12-16

*Kaliumchromat,* $K_2CrO_4$, **T**, **N**, R: 49-46-36/37/38-43-50/53, S: 53-45-60-61, E: 12-16

*Kaliumnitrat,* $KNO_3$, **O**, R: 8, S: 16-41, E: 1

*Kaliumpermanganat,* $KMnO_4$, **O**, **Xn**, **N**, R: 8-22, 50/53, S: (2)-60-61, E: 1-6

*Kupfer(II)-sulfat,* $CuSO_4$, **Xn**, **N**, R: 22-36/38, 50/53, S: (2)-22-60-61, E: 11

*Lithium,* **Li**, **F**, **C**, R: 14/15-34, S: (1,2)-8-43-45, E: 15

*Magnesium (Pulver), nicht stabilisiert,* **Mg**, **F**, R: 15-17, S: (2)-7/8-43, E: 6-9

*Mangandioxid (Braunstein),* $MnO_2$, **Xn**, R: 20/22, S: (2)-25, E: 3

*Natrium,* **Na**, **F**, **C**, R: 14/15-34, S: (1/2)-5-8-43-45, E: 6-12-16

*Natriumcarbonat,* $Na_2CO_3$, *wasserfrei, – Monohydrat, – Decahydrat,* **Xi**, R: 36, S: 22-26, E: 1

*Natriumethylat (Natriumacetat),* $CH_3COONa$, **F**, **C**, R: 11-14-34, S: (1,2)-8-16-26-43, 45, E: 10

*Salzsäure,* $HCl(aq)$, *w ≥ 25 %,* **C**, R: 34-37, S: (1/2)-9-26-45, E: 2

*Salzsäure,* $HCl(aq)$, *10% ≤ w < 25 %,* **Xi**, R: 36/37/38, S: (2)-28, E: 2

*Schwefel, sublimiert,* E: 3

*Schwefelsäure,* $H_2SO_4$, *5 % ≤ w < 15 %,* **Xi**, R: 36/38, S: (2), 26, E: 2

*Silbernitrat,* $AgNO_3$, **C**, **N**, R: 34-50/53, S: (1,2)-26-45-60-61, E: 12-13-14

*Silberoxid,* $Ag_2O$, **O**, **X**, R: 8-41-44, S: (1,2)-26-39, E: 14

*Wasserstoff,* $H_2$, **F**, R: 12, S: (2)-9-16-33, E: 7

*Zink (Pulver),* **Zn**, *nicht stabilisiert,* **F**, R: 15-17, S: (2)-7/8-43, E: 3

*Zink (Pulver),* **Zn**, *phlegmatisiert,* **F**, R: 10-15, S: (2)-7/8-43, E: 3

*Zinkbromid,* $ZnBr_2$, **C**, R: 34, S: 7/8-26-36/37/39-45-60-61, E: 1-11

## R-Sätze[1]

[1] von *risque* (franz.) = Risiko

**R 1** In trockenem Zustand explosionsfähig.
**R 2** Durch Schlag, Reibung, Feuer oder andere Zündquellen explosionsfähig.
**R 3** Durch Schlag, Reibung, Feuer oder andere Zündquellen leicht explosionsfähig.
**R 4** Bildet hochempfindliche explosionsfähige Metallverbindungen.
**R 5** Beim Erwärmen explosionsfähig.
**R 6** Mit und ohne Luft explosionsfähig.
**R 7** Kann Brand verursachen.
**R 8** Feuergefahr bei Berührung mit brennbaren Stoffen.
**R 9** Explosionsgefahr bei Mischung mit brennbaren Stoffen.
**R 10** Entzündlich.
**R 11** Leichtentzündlich.
**R 12** Hochentzündlich.
**R 13** Hochentzündliches Flüssiggas.
**R 14** Reagiert heftig mit Wasser.
**R 15** Reagiert mit Wasser unter Bildung leicht entzündlicher Gase.
**R 16** Explosionsfähig in Mischung mit brandfördernden Stoffen.
**R 17** Selbstentzündlich an der Luft.
**R 18** Bei Gebrauch Bildung explosiver/leicht entzündlicher Dampf-Luftgemische möglich.
**R 19** Kann explosionsfähige Peroxide bilden.
**R 20** Gesundheitsschädlich beim Einatmen.
**R 21** Gesundheitsschädlich bei Berührung mit der Haut.
**R 22** Gesundheitsschädlich beim Verschlucken.
**R 23** Giftig beim Einatmen.
**R 24** Giftig bei Berührung mit der Haut.
**R 25** Giftig beim Verschlucken.
**R 26** Sehr giftig beim Einatmen.
**R 27** Sehr giftig bei Berührung mit der Haut.
**R 28** Sehr giftig beim Verschlucken.
**R 29** Entwickelt bei Berührung mit Wasser giftige Gase.
**R 30** Kann bei Gebrauch leicht entzündlich werden.
**R 31** Entwickelt bei Berührung mit Säure giftige Gase.
**R 32** Entwickelt bei Berührung mit Säure hochgiftige Gase.
**R 33** Gefahr kumulativer Wirkungen.
**R 34** Verursacht Verätzungen.
**R 35** Verursacht schwere Verätzungen.
**R 36** Reizt die Augen.
**R 37** Reizt die Atmungsorgane.
**R 38** Reizt die Haut.
**R 39** Ernste Gefahr irreversiblen Schadens.
**R 40** Irreversibler Schaden möglich.
**R 41** Gefahr ernster Augenschäden.
**R 42** Sensibilisierung durch Einatmen möglich.
**R 43** Sensibilisierung durch Hautkontakt möglich.
**R 44** Explosionsgefahr bei Erhitzen unter Einschluss.
**R 45** Kann Krebs erzeugen.
**R 46** Kann vererbbare Schäden verursachen.
**R 47** Kann Missbildungen verursachen.
**R 48** Gefahr ernster Gesundheitsschäden bei längerer Exposition.
**R 49** Kann Krebs erzeugen beim Einatmen.
**R 50** Sehr giftig für Wasserorganismen.
**R 51** Giftig für Wasserorganismen.
**R 52** Schädlich für Wasserorganismen.
**R 53** Kann in Gewässern längerfristig schädliche Wirkungen haben.
**R 54** Giftig für Pflanzen.
**R 55** Giftig für Tiere.
**R 56** Giftig für Bodenorganismen.
**R 57** Giftig für Bienen.
**R 58** Kann längerfristig schädliche Wirkungen auf die Umwelt haben.
**R 59** Gefährlich für die Ozonschicht.
**R 60** Kann die Fortpflanzungsfähigkeit beeinträchtigen.
**R 61** Kann das Kind im Mutterleib schädigen.
**R 62** Kann möglicherweise die Fortpflanzungsfähigkeit beeinträchtigen.
**R 63** Kann möglicherweise das Kind im Mutterleib schädigen.
**R 64** Kann Säuglinge über die Muttermilch schädigen.
**R 65** Gesundheitsschädlich: Kann beim Verschlucken Lungenschäden verursachen.
**R 66** Wiederholter Kontakt kann zu spröder und rissiger Haut führen.
**R 67** Dämpfe können Schläfrigkeit und Benommenheit verursachen.
**R 14/15** Reagiert heftig mit Wasser unter Bildung leicht entzündlicher Gase.
**R 15/29** Reagiert mit Wasser unter Bildung giftiger und leicht entzündlicher Gase.
**R 20/21** Gesundheitsschädlich beim Einatmen und bei Berührung mit der Haut.
**R 20/22** Gesundheitsschädlich beim Einatmen und Verschlucken.
**R 20/21/22** Gesundheitsschädlich beim Einatmen, Verschlucken und Berührung mit der Haut.
**R 21/22** Gesundheitsschädlich bei Berührung mit der Haut und beim Verschlucken.
**R 23/24** Giftig beim Einatmen und bei Berührung mit der Haut.
**R 24/25** Giftig beim Einatmen und Verschlucken.
**R 23/24/25** Giftig beim Einatmen, Verschlucken und Berührung mit der Haut.
**R 23/24** Giftig bei Berührung mit der Haut und beim Verschlucken.
**R 26/27** Sehr giftig beim Einatmen und bei Berührung mit der Haut.
**R 26/28** Sehr giftig beim Einatmen und Verschlucken.
**R 26/27/28** Sehr giftig beim Einatmen, Verschlucken und Berührung mit der Haut.
**R 27/28** Sehr giftig bei Berührung mit der Haut und beim Verschlucken.
**R 36/37** Reizt die Augen und die Atmungsorgane.
**R 36/38** Reizt die Augen und die Haut.
**R 36/37/38** Reizt die Augen, Atmungsorgane und die Haut.
**R 37/38** Reizt die Atmungsorgane und die Haut.
**R 39/23** Giftig: ernste Gefahr irreversiblen Schadens durch Einatmen.
**R 39/24** Giftig: ernste Gefahr irreversiblen Schadens bei Berührung mit der Haut.
**R 39/25** Giftig: ernste Gefahr irreversiblen Schadens durch Verschlucken.
**R 39/23/24** Giftig: ernste Gefahr irreversiblen Schadens durch Einatmen und bei Berührung mit der Haut.
**R 39/23/25** Giftig: ernste Gefahr irreversiblen Schadens durch Einatmen und durch Verschlucken.
**R 39/24/25** Giftig: ernste Gefahr irreversiblen Schadens bei Berührung mit der Haut und durch Verschlucken.
**R 39/23/24/25** Giftig: ernste Gefahr irreversiblen Schadens durch Einatmen, bei Berührung mit der Haut und durch Verschlucken.
**R 39/26** Sehr giftig: ernste Gefahr irreversiblen Schadens durch Einatmen.
**R 39/27** Sehr giftig: ernste Gefahr irreversiblen Schadens bei Berührung mit der Haut.
**R 39/28** Sehr giftig: ernste Gefahr irreversiblen Schadens durch Verschlucken.
**R 39/26/27** Sehr giftig: ernste Gefahr irreversiblen Schadens durch Einatmen und bei Berührung mit der Haut.
**R 39/26/28** Sehr giftig: ernste Gefahr irreversiblen Schadens durch Einatmen und durch Verschlucken.
**R 39/27/28** Sehr giftig: ernste Gefahr irreversiblen Schadens bei Berührung mit der Haut und durch Verschlucken.
**R 39/26/27/28** Sehr giftig: ernste Gefahr irreversiblen Schadens durch Einatmen, bei Berührung mit der Haut und durch Verschlucken.
**R 40/20** Gesundheitsschädlich: Möglichkeit irreversiblen Schadens durch Einatmen.
**R 40/21** Gesundheitsschädlich: Möglichkeit irreversiblen Schadens bei Berührung mit der Haut.
**R 40/22** Gesundheitsschädlich: Möglichkeit irreversiblen Schadens durch Verschlucken.
**R 40/20/21** Gesundheitsschädlich: Möglichkeit irreversiblen Schadens durch Einatmen und bei Berührung mit der Haut.
**R 40/20/22** Gesundheitsschädlich: Möglichkeit irreversiblen Schadens durch Einatmen und durch Verschlucken.
**R 40/21/22** Gesundheitsschädlich: Möglichkeit irreversiblen Schadens bei Berührung mit der Haut und durch Verschlucken.
**R 40/20/21/22** Gesundheitsschädlich: Möglichkeit irreversiblen Schadens durch Einatmen, bei Berührung mit der Haut und durch Verschlucken.
**R 42/43** Sensibilisierung durch Einatmen und Hautkontakt möglich.
**R 48/20** Gesundheitsschädlich: Gefahr ernster Gesundheitsschäden bei längerer Exposition durch Einatmen.
**R 48/21** Gesundheitsschädlich: Gefahr ernster Gesundheitsschäden bei längerer Exposition durch Berührung mit der Haut.
**R 48/22** Gesundheitsschädlich: Gefahr ernster Gesundheitsschäden bei längerer Exposition durch Verschlucken.
**R 48/20/21** Gesundheitsschädlich: Gefahr ernster Gesundheitschäden bei längerer Exposition durch Einatmen und bei Berührung mit der Haut.
**R 48/20/22** Gesundheitsschädlich: Gefahr ernster Gesundheitschäden bei längerer Exposition durch Einatmen und durch Verschlucken.
**R 48/21/22** Gesundheitsschädlich: Gefahr ernster Gesundheitsschäden bei längerer Exposition durch Berührung mit der Haut und durch Verschlucken.
**R 48/20/21/22** Gesundheitsschädlich: Gefahr ernster Gesundheitsschäden bei längerer Exposition durch Einatmen, bei Berührung mit der Haut und durch Verschlucken.
**R 48/23** Giftig: Gefahr ernster Gesundheitsschäden bei längerer Exposition durch Einatmen.
**R 48/24** Giftig: Gefahr ernster Gesundheits-schäden bei längerer Exposition durch Berührung mit der Haut.
**R 48/25** Giftig: Gefahr ernster Gesundheitsschäden bei längerer Exposition durch Verschlucken.
**R 48/23/24** Giftig: Gefahr ernster Gesundheitsschäden bei längerer Exposition durch Einatmen und durch Berührung mit der Haut.
**R 48/23/25** Giftig: Gefahr ernster Gesundheitsschäden bei längerer Exposition durch Einatmen und durch Verschlucken.
**R 48/24/25** Giftig: Gefahr ernster Gesundheitsschäden bei längerer Exposition durch Berührung mit der Haut und durch Verschlucken.
**R 48/23/24/25** Giftig: Gefahr ernster Gesundheitsschäden bei längerer Exposition durch Einatmen, Berührung mit der Haut und durch Verschlucken.
**R 50/53** Sehr giftig für Wasserorganismen, kann in Gewässern längerfristig schädliche Wirkungen haben.
**R 51/53** Giftig für Wasserorganismen, kann in Gewässern längerfristig schädliche Wirkungen haben.
**R 52/53** Schädlich für Wasserorganismen, kann in Gewässern längerfristig schädliche Wirkungen haben.

## S-Sätze[2]   [2] von *sécurité* (franz.) = Sicherheit

**S 1** Unter Verschluss aufbewahren.
**S 2** Darf nicht in die Hände von Kindern gelangen.
**S 3** Kühl aufbewahren.
**S 4** Von Wohnplätzen fernhalten.
**S 5** Unter ... aufbewahren (geeignete Flüssigkeit vom Hersteller anzugeben).
**S 6** Unter ... aufbewahren (inertes Gas vom Hersteller anzugeben).
**S 7** Behälter dicht geschlossen halten.
**S 8** Behälter trocken halten.
**S 9** Behälter an einem gut gelüfteten Raum aufbewahren.
**S 10** Inhalt feucht halten.
**S 11** Zutritt von Luft verhindern.
**S 11** Behälter nicht gasdicht verschließen.
**S 13** Von Nahrungsmitteln, Getränken und Futtermitteln fernhalten.
**S 14** Von ... fernhalten (inkompatible Substanzen sind vom Hersteller anzugeben).
**S 15** Vor Hitze schützen.
**S 16** Von Zündquellen fernhalten – Nicht rauchen.
**S 17** Von brennbaren Stoffen fernhalten.
**S 18** Behälter mit Vorsicht öffnen und handhaben.
**S 20** Bei der Arbeit nicht essen und trinken.
**S 21** Bei der Arbeit nicht rauchen.
**S 22** Staub nicht einatmen.
**S 23** Gas/Rauch/Dampf/Aerosol nicht einatmen.
**S 24** Berührung mit der Haut vermeiden.
**S 25** Berührung mit den Augen vermeiden.
**S 26** Bei Berührung mit den Augen gründlich mit Wasser spülen und Arzt konsultieren.
**S 27** Beschmutzte getränkte Kleidung sofort ausziehen.
**S 28** Bei Berührung mit der Haut sofort abwaschen mit viel ... (vom Hersteller anzugeben).
**S 29** Nicht in die Kanalisation gelangen lassen.
**S 30** Niemals Wasser hinzugießen.
**S 31** Von explosionsfähigen Stoffen fernhalten.
**S 33** Maßnahmen gegen elektrostatische Aufladungen treffen.
**S 34** Schlag und Reibung vermeiden.
**S 35** Abfälle und Behälter müssen in gesicherter Weise beseitigt werden.
**S 36** Bei der Arbeit geeignete Schutzkleidung tragen.
**S 37** Geeignete Schutzhandschuhe tragen.
**S 38** Bei unzureichender Belüftung Atemschutzgerät anlegen.
**S 39** Schutzbrille/Gesichtsschutz tragen.
**S 40** Fußboden und verunreinigte Gegenstände mit ... reinigen (Material vom Hersteller angeben).
**S 41** Explosions- und Brandgase nicht einatmen.
**S 42** Bei Räuchern/Versprühen geeignetes Atemschutzgerät anlegen.
**S 43** Zum Löschen ... (vom Hersteller anzugeben) verwenden (wenn Wasser die Gefahr erhöht, anfügen: „Kein Wasser verwenden").
**S 44** Bei Unwohlsein ärztlichen Rat einholen (wenn möglich dieses Etikett vorzeigen).
**S 45** Bei Unfall oder Unwohlsein sofort Arzt hinzuziehen (wenn möglich dieses Etikett vorzeigen).
**S 46** Bei Verschlucken sofort ärztlichen Rat einholen und Verpackung oder Etikett vorzeigen.
**S 47** Nicht bei Temperaturen über ... °C aufbewahren (vom Hersteller anzugeben).
**S 48** Feucht halten mit ... (geeignetes Mittel vom Hersteller anzugeben).
**S 49** Nur im Originalbehälter aufbewahren.
**S 50** Nicht mischen mit ... (vom Hersteller anzugeben).
**S 51** Nur in gut gelüfteten Bereichen verwenden.
**S 52** Nicht großflächig in Wohn- und Aufenthaltsräumen zu verwenden.
**S 53** Exposition vermeiden – vor Gebrauch besondere Anweisungen einholen.
**S 56** Diesen Stoff und seinen Behälter der Problemabfallentsorgung zuführen.
**S 57** Zur Vermeidung einer Kontamination der Umwelt geeigneten Behälter verwenden.
**S 59** Information zur Wiederverwendung/Wiederverwertung beim Hersteller/Lieferanten erfragen.
**S 60** Dieser Stoff und sein Behälter sind als gefährlicher Abfall zu entsorgen.
**S 61** Freisetzung in der Umwelt vermeiden. Besondere Anweisungen einholen/Sicherheitsdatenblatt zu Rate ziehen.
**S 62** Bei Verschlucken kein Erbrechen herbeiführen. Sofort ärztlichen Rat einholen und Verpackung oder dieses Etikett vorzeigen.
**S 63** Bei Unfall durch Einatmen: Verunfallten an die frische Luft bringen und ruhig stellen.
**S 64** Bei Verschlucken Mund ausspülen (nur wenn Verunfallter bei Bewusstsein ist).

**S 1/2** Unter Verschluss und für Kinder unzugänglich aufbewahren.
**S 3/7** Behälter dicht geschlossen halten und an einem kühlen Ort aufbewahren.
**S 3/7/9** Behälter dicht geschlossen halten und an einem kühlen, gut gelüfteten Ort aufbewahren.
**S 3/9** Behälter an einem kühlen, gut gelüfteten Ort aufbewahren.
**S 3/9/14** An einem kühlen, gut gelüfteten Ort, entfernt von ... aufbewahren (die Stoffe, mit denen Kontakt vermieden werden muss, sind vom Hersteller anzugeben).
**S 3/9/14/49** Nur im Originalbehälter an einem kühlen, gut gelüfteten Ort, entfernt von ... aufbewahren (die Stoffe, mit denen Kontakt vermieden werden muss, sind vom Hersteller anzugeben).
**S 3/9/49** Nur im Originalbehälter an einem kühlen, gut gelüfteten Ort aufbewahren.
**S 3/14** An einem kühlen, von ... entfernten Ort aufbewahren (die Stoffe, mit denen Kontakt vermieden werden muss, sind vom Hersteller anzugeben).
**S 7/8** Behälter trocken und dicht geschlossen halten.
**S 7/9** Behälter dicht geschlossen an einem gut gelüfteten Ort aufbewahren.
**S 7/47** Behälter dicht geschlossen und nicht bei Temperaturen über ... °C aufbewahren (vom Hersteller anzugeben).
**S 20/21** Bei der Arbeit nicht essen, trinken, rauchen.
**S 24/25** Berührung mit den Augen und der Haut vermeiden.
**S 29/56** Nicht in die Kanalisation gelangen lassen.
**S 36/37** Bei der Arbeit geeignete Schutzhandschuhe und Schutzkleidung tragen.
**S 36/37/39** Bei der Arbeit geeignete Schutzkleidung, Schutzhandschuhe und Schutzbrille/Gesichtsschutz tragen.
**S 36/39** Bei der Arbeit geeignete Schutzkleidung und Schutzbrille/Gesichtsschutz tragen.
**S 37/39** Bei der Arbeit geeignete Schutzhandschuhe und Schutzbrille/Gesichtsschutz tragen.
**S 47/49** Nur im Originalbehälter bei einer Temperatur von nicht über ... °C aufbewahren (vom Hersteller anzugeben).

## Entsorgungsempfehlungen

**E1** Verdünnen, in den Ausguss geben (WGK 0 bzw. 1).
**E2** Neutralisieren, in den Ausguss geben.
**E3** In den Hausmüll geben, gegebenfalls in PE-Beutel (Stäube).
**E4** Als Sulfid fällen.
**E5** Mit Calcium-Ionen fällen, dann E1 oder E3.
**E6** Nicht in den Hausmüll geben.
**E7** Im Abzug entsorgen, wenn möglich verbrennen.
**E8** Der Sondermüllbeseitigung zuführen (Adresse bei der Kreis- oder Stadtverwaltung erfragen). Abfallschlüssel beachten.
**E9** Unter größter Vorsicht in kleinsten Portionen reagieren lassen (z. B. offen im Freien verbrennen).
**E10** In gekennzeichneten behältern sammeln:
1. „Organische Abfälle – halogenhaltig"
2. „Organische Abfälle halogenfrei" dann E8.
**E11** Als Hydroxid fällen (pH 8), den Niederschlag zu E8.
**E12** Nicht in die Kanalisation gelangen lassen.
**E13** Aus der Lösung mit unedlerem Metall (z. B. Eisen) als Metall abscheiden (E14, E3).
**E14** Recyclinggeeignet (Redestillation oder einem Recyclingunternehmen zuführen).
**E15** Mit Wasser vorsichtig umsetzen, evtl. freiwerdende Gase verbrennen oder absorbieren oder stark verdünnt ableiten.
**E16** Entsprechend den Ratschlägen in Anlage 5.1 der „Richtlinien zur Sicherheit im naturwissenschaftlichem Unterricht" beseitigen.

In einem **Versuchsprotokoll** skizzieren wir den Versuchsaufbau und nennen die verwendeten Geräte und Stoffe. Wir beschreiben die **Durchführung** und die **Beobachtungen** und formulieren die **Erklärungen** dazu.

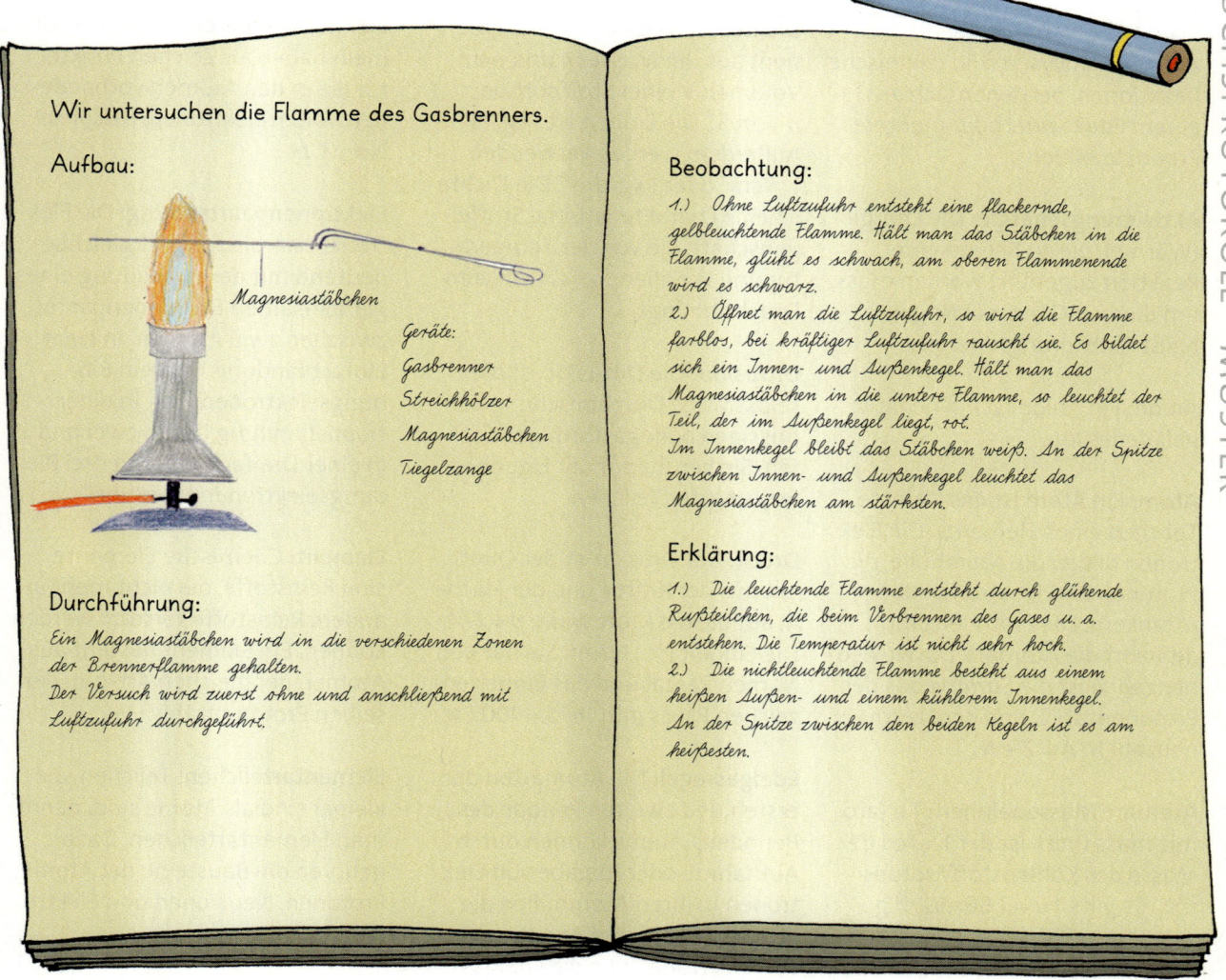

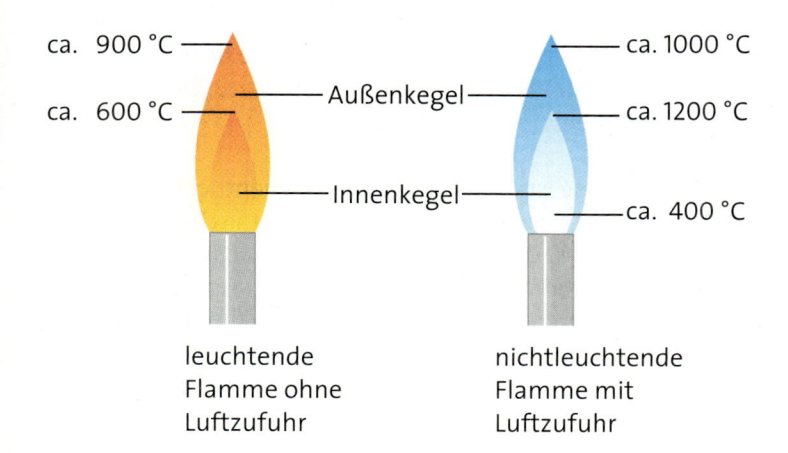

---

Wir untersuchen die Flamme des Gasbrenners.

Aufbau:

*Magnesiastäbchen*

Geräte:
Gasbrenner
Streichhölzer
Magnesiastäbchen
Tiegelzange

Durchführung:
Ein Magnesiastäbchen wird in die verschiedenen Zonen der Brennerflamme gehalten.
Der Versuch wird zuerst ohne und anschließend mit Luftzufuhr durchgeführt.

Beobachtung:
1.) Ohne Luftzufuhr entsteht eine flackernde, gelbleuchtende Flamme. Hält man das Stäbchen in die Flamme, glüht es schwach, am oberen Flammenende wird es schwarz.
2.) Öffnet man die Luftzufuhr, so wird die Flamme farblos, bei kräftiger Luftzufuhr rauscht sie. Es bildet sich ein Innen- und Außenkegel. Hält man das Magnesiastäbchen in die untere Flamme, so leuchtet der Teil, der im Außenkegel liegt, rot.
Im Innenkegel bleibt das Stäbchen weiß. An der Spitze zwischen Innen- und Außenkegel leuchtet das Magnesiastäbchen am stärksten.

Erklärung:
1.) Die leuchtende Flamme entsteht durch glühende Rußteilchen, die beim Verbrennen des Gases u. a. entstehen. Die Temperatur ist nicht sehr hoch.
2.) Die nichtleuchtende Flamme besteht aus einem heißen Außen- und einem kühlerem Innenkegel. An der Spitze zwischen den beiden Kegeln ist es am heißesten.

---

ca. 900 °C
ca. 600 °C
— Außenkegel —
— Innenkegel —
ca. 1000 °C
ca. 1200 °C
ca. 400 °C

leuchtende Flamme ohne Luftzufuhr

nichtleuchtende Flamme mit Luftzufuhr

Untersucht man die Brennerflamme mit einem Temperaturmessgerät, so erhält man die in den Skizzen angegebenen Temperaturen.

Für glühende Festkörper gilt:
Rotglut    ab ca.   600 °C
Gelbglut   ab ca. 1000 °C
Weißglut   ab ca. 1200 °C

# KLEINES LEXIKON DER CHEMIE

**Aggregatzustand:** Der Aggregatzustand gibt an, ob ein Stoff fest, flüssig oder gasförmig vorliegt. Symbole: s (fest), l (flüssig), g (gasförmig).

**Analyse:** Analysen sind chemische Reaktionen, bei denen sich aus einem Edukt zwei oder mehrere Produkte bilden.

**Aktivierungsenergie:** Die Energie (Wärme), die zu Beginn einer Reaktion zugeführt werden muss, um diese in Gang zu bringen, heißt Aktivierungsenergie.

**Anion:** Ein Anion ist ein negativ geladenes Ion.

**Atom:** Ein Atom ist das kleinste Teilchen eines Elements. Die Elektronen bilden die Atomhülle, die Protonen und Neutronen den Atomkern. Die Protonenzahl definiert die Atomart. Die Nukleonenzahl $A$ ist die Summe aus der Protonenzahl $Z$ und der Neutronenzahl $N$: $A = Z + N$.

**Atomare Masseneinheit:** 1 u (atomic mass unit) ist der 12. Teil der Masse des Kohlenstoff-Isotops $^{12}C$. Es gilt: $1 u = 1{,}66 \cdot 10^{-24}$ g.

**Atommasse:** Die Atommasse $m_a$ wird in der Masseneinheit 1 g oder 1 u angegeben. Man kann den Zahlenwert der Atommasse in u dem Periodensystem entnehmen.

**Avogadro-Konstante:** Die Avogadro-Konstante $N_A$ ist der Quotient aus der Teilchenanzahl $N$ und der Stoffmenge $n$ einer Stoffportion: $N_A = N/n$. Die Einheit ist 1/mol. Die Avogadro-Konstante hat für alle Reinstoffe den gleichen Wert: $N_A = 6{,}02 \cdot 10^{23}$ 1/mol.

**Bindigkeit:** Die Bindigkeit (Wertigkeit) ist die Anzahl der Elektronenpaarbindungen, die ein Atom in einem Molekül ausbildet.

**Dichte:** Die Dichte $\rho$ ist der Quotient aus der Masse $m$ und dem Volumen $V$ einer Stoffportion: $\rho = m/V$. Die Einheit ist $1$ kg/m$^3$. Außerdem werden verwendet: 1 g/cm$^3$ oder 1 kg/dm$^3$. Die Dichte ist eine charakteristische Stoffeigenschaft, die von der Temperatur und vor allem bei Gasen vom Druck abhängt.

**Diffusion:** Die Diffusion ist die selbsttätige Durchmischung von flüssigen oder gasförmigen Stoffen. Sie beruht auf der Eigenbewegung der Teilchen.

**Druck:** Der Druck $p$ ist der Quotient aus der Kraft $F$ und der Fläche $A$, auf die die Kraft wirkt: $p = F/A$. Die Einheit ist 1 N/m$^2$. Sie hat den Namen Pascal und das Einheitenzeichen Pa. Es gilt: 1hPa = 100 Pa.

**Edelgasregel:** Die Atomarten der ersten und zweiten Periode des Periodensystems können durch Aufnahme oder Abgabe von Elektronen in ihren Atomhüllen die gleiche Anzahl und Anordnung von Elektronen wie die Edelgas-Atome erreichen. Man spricht dann von Edelgaskonfiguration. Metall-Atome sind Elektronendonatoren, Nichtmetall-Atome sind Elektronenakzeptoren.

**Elektrolyse:** Eine Elektolyse ist eine Reaktion, die bei Zufuhr von elektrischer Energie abläuft. Die positiv geladenen Ionen (Kationen) werden dabei am Minuspol (Kathode) durch Aufnahme von Elektronen, die negativ geladenen Ionen (Anionen) am Pluspol (Anode) durch Abgabe von Elektronen entladen.

**Elektron:** Elektronen sind negativ geladene Elementarteilchen. Sie sind Bausteine der Atome und bilden die Atomhülle. Symbol: $e^-$

**Elektronenformel:** Elektronenformeln haben als Zeichen Punkte für die in den Atomen vorhandenen Valenzelektronen. Beispiele: **Na·**, **:Cl·**.

**Elektronenpaarbindung:** Die Elektronenpaarbindung ist gleichbedeutend mit der Ausbildung eines gemeinsamen Elektronenpaares zwischen zwei Atomen. In einer Einfachbindung liegt ein Bindungselektronenpaar, in einer Doppelbindung liegen zwei und in einer Dreifachbindung drei Bindungselektronenpaare vor.

**Element:** Chemische Elemente sind Reinstoffe, die nicht mehr in andere Reinstoffe zersetzt werden können. Ein Element besteht aus Atomen der gleichen Art, d. h. derselben Protonenzahl.

**Elementarteilchen:** Teilchen, die kleiner sind als Atome sind, nennt man Elementarteilchen. Dazu gehören die Bausteine der Atome: Protonen, Neutronen und Elektronen.

**Emulsion:** Eine Emulsion ist ein heterogenes Gemisch aus zwei Flüssigkeiten, die nicht ineinander löslich sind, wie z. B. Öl und Wasser.

**Endotherm:** Endotherme Reaktionen sind chemische Reaktionen, die nur unter ständiger Zufuhr von Wärme $Q$ ablaufen. Der Betrag der Wärme bekommt ein positives Vorzeichen: $Q > 0$. Die Einheit der Wärme ist 1 kJ.

**Energiestufenmodell der Atomhülle:** Die Atomhülle ist in Energiestufen gegliedert. Die Energiestufen werden mit den Buchstaben K, L, ..., Q oder den Hauptquantenzahlen n = 1, 2, 3, ..., 7 gekennzeichnet.

**Exotherm:** Exotherme Reaktionen sind chemische Reaktionen, die Wärme abgegeben. Der Betrag der Wärme bekommt ein negatives Vorzeichen: $Q < 0$. Die Einheit der Wärme ist 1 kJ.

**Innere Energie:** Der gesamte Energievorrat im Inneren einer Stoffportion wird als innere Energie $E_i$ der Stoffportion bezeichnet. Die Einheit ist 1 kJ.

**Ionen:** Ionen sind elektrisch geladene Atome.

**Ionenbindung:** Die chemische Bindung, die im Ionengitter eines Salzes als Anziehungskraft zwischen Kationen und Anionen wirkt, nennt man Ionenbindung.

**Ionengitter:** In einem Ionengitter sind die Kationen und Anionen regelmäßig in allen drei Raumrichtungen angeordnet.

**Ionisierungsenergie:** Die Ionisierungsenergie ist die Energie, die aufgewendet werden muss, um ein Elektron aus einem Atom zu entfernen.

**Isotope:** Isotope sind Atomarten ein- und desselben Elements mit gleicher Protonenzahl, aber unterschiedlicher Neutronenzahl und damit unterschiedlicher Masse.

**Katalysator:** Ein Katalysator ist ein Stoff, der die Aktivierungsenergie einer chemischen Reaktion herabsetzt und sie dadurch beschleunigt. Er wird dabei selbst nicht verbraucht.

**Kation:** Ein Kation ist ein positiv geladenes Ion.

**Ladungszahl:** Die Ladungszahl z eines Ions wird als rechte Hochzahl an das Ion geschrieben, wobei das Vorzeichen der Ladung hinter der Zahl steht. Die 1 wird nicht geschrieben. Beispiele: $Na^+$, $Al^{3+}$, $Cl^-$, $O^{2-}$.

**Masse:** Jede Stoffportion hat die Eigenschaft, schwer und träge zu sein. Man sagt dazu, sie hat eine Masse $m$. Die Einheit ist 1 kg. Außerdem werden verwendet: 1 g oder 1 t.

**Metallbindung:** Die chemische Bindung, die in den Metallen zwischen den positiv geladenen Atomrümpfen und dem Elektronengas wirkt, wird Metallbindung genannt.

**Mol:** 1 mol ist die Einheit der Stoffmenge. Eine Stoffportion mit der Stoffmenge $n = 1$ mol besteht aus $6{,}02 \cdot 10^{23}$ Teilchen (Atome, Moleküle, Ionen).

**Molare Masse:** Die molare Masse $M$ ist der Quotient aus der Masse $m$ und der Stoffmenge $n$ der Stoffportion: $M = m/n$. Die gebräuchliche Einheit ist 1 g/mol. Die molare Masse ist eine Stoffkonstante. Die molare Masse in g/mol und die Masse eines Teilchens in u haben gleiche Zahlenwerte. Beispiel: $m_a(H_2O) = 18$ u, $M(H_2O) = 18$ g/mol.

**Molares Normvolumen:** Das molare Normvolumen $V_{mn}$ ist der Quotient aus dem Normvolumen $V_n$ und der Stoffmenge n der Stoffportion: $V_{mn} = V_n/n$. Die Einheit ist l/mol. Das molare Normvolumen kennzeichnet feste und flüssige Reinstoffe. Für gasförmige Reinstoffe ist das molare Normvolumen von der Stoffart unabhängig und beträgt $V_{mn} = 22{,}4$ l/mol.

**Molekül:** Moleküle sind aus zwei oder mehreren fest miteinander verbundenen Atomen zusammengesetzter Atomverbände. Diese bestehen bei Elementen aus gleichartigen, bei Verbindungen aus verschiedenartigen Atomen.

**Molekülformel:** Molekülformeln beschreiben die genaue atomare Zusammensetzung von Molekülen. Beispiele: $H_2$, $O_2$, $H_2O$.

**Molekülmasse:** Die Masse eines Moleküls $m_a$ ergibt sich aus der Summe der Atommassen. Die Einheit ist 1 g oder 1 u.

**Neutron:** Das Neutron ist ein ungeladenes Elementarteilchen und Baustein des Atomkerns. Symbol: n.

**Normzustand:** Der Normzustand ist durch den Normdruck $p_n = 1013$ hPa und die Normtemperatur $\vartheta_n = 0\,°C$ bzw. $T_n = 273$ K festgelegt.

**Normvolumen:** Das Normvolumen $V_n$ ist das Volumen im Normzustand.

**Periodensystem:** Im Periodensystem sind die Atomarten so nach steigender Protonenzahl angeordnet, dass die Atome mit gleicher Anzahl der Valenzelektronen untereinander stehen. Die Gruppennummer im Periodensystem gibt die Anzahl der Valenzelektronen der entsprechenden Atomarten an. Die Periodennummer gibt die Anzahl der durch die Hauptquantenzahl n charakterisierten Energiestufen an, auf denen die

Elektronen der betreffenden Atomart angeordnet sind. Vor den Atomarten stehen links oben die gerundeten Zahlenwerte der Atommassen $m_a$ in u, links unten die Protonenzahlen.

**Proton:** Das Proton ist ein positiv geladenes Elementarteilchen und Baustein des Atomkerns. Symbol: $p^+$.

**Quantitätsgrößen:** Die Quantität einer Stoffportion kann durch die Größen Masse $m$, Volumen $V$ und Stoffmenge $n$ (Teilchenanzahl $N$) angegeben werden.

**Reaktion:** Chemische Reaktionen sind Stoff- und Energieumwandlungen, bei denen aus Reinstoffen neue Reinstoffe entstehen. Die Teilchen werden dabei umgruppiert bzw. verändert.

**Reaktionsenergie:** Die Änderung der inneren Energie $\Delta E_i$, die bei einer chemischen Reaktion auftritt, wird als Reaktionsenergie bezeichnet. Es gilt: $\Delta E_i = E_i$(Produkte) $- E_i$(Edukte). Die Einheit ist 1 kJ. Die Reaktionsenergie wird als Wärme, Arbeit oder Licht beobachtbar.

**Reaktionsgleichung:** Die Reaktionsgleichung gibt an, welche Teilchen in welchem kleinstmöglichen Teilchenanzahlverhältnis miteinander reagieren bzw. entstehen.
Beispiel: $\mathbf{CH_4(g) + 2O_2(g) \rightarrow CO_2(g) + 2H_2O(g)}$ bedeutet: Methan-Moleküle und Sauerstoff-Moleküle reagieren miteinander im Anzahlverhältnis 1:2 zu Kohlenstoffdioxid-Molekülen und Wasser-Molekülen im Anzahlverhältnis 1:2. Hinter den chemischen Formeln können die Aggregatzustände der entsprechenden Stoffe angegeben werden.

**Reinstoff:** Reinstoffe haben bei gleichen Bedingungen (Temperatur, Druck) bestimmte Kenneigenschaften (Schmelz- und Siedetemperatur, Dichte).

**Salz:** Salze bestehen aus Kationen und Anionen. Diese können einfach oder mehrfach elektrisch geladen sein. Das Anzahlverhältnis der Ionen in einem Salz ist durch die Verhältnisformel gegeben. Salze sind aufgrund dieses Anzahlverhältnisses nach außen stets elektrisch neutral.

**Schmelztemperatur:** Die Temperatur $\vartheta$, bei der ein Reinstoff schmilzt, ist seine Schmelztemperatur $\vartheta_m$. Die Einheit ist 1 °C. Die Schmelztemperatur ist eine Kenneigenschaft von Reinstoffen.

**Siedetemperatur:** Die Temperatur $\vartheta$, bei der ein Reinstoff siedet, ist seine Siedetemperatur $\vartheta_b$. Die Einheit ist 1 °C. Die Siedetemperatur ist eine Kenneigenschaft von Reinstoffen.

**Stoffebene:** Unter Stoffebene versteht man Beobachtungen an Stoffen und Reaktionen.

**Stoffmenge** (Teilchenmenge): Die Stoffmenge $n$ ist proportional der Teilchenanzahl $N$: $n \sim N$. Der Proportionalitätsfaktor ist $1/N_A$.

**Stoffportion:** Eine Stoffportion ist ein abgegrenzter Stoffbereich. Die Angabe einer Stoffportion enthält mindestens eine Aussage über die Quantität (Größe) und den Stoff, aus dem sie besteht.

**Suspension:** Eine Suspension ist ein heterogenes Gemisch aus einem Feststoff in einer Flüssigkeit.

**Synthese:** Synthesen (Bildungsreaktionen) sind Reaktionen, bei denen aus zwei oder mehreren Edukten ein Produkt entsteht.

**Teilchenanzahl:** Die Teilchenanzahl $N$ gibt die Anzahl der Teilchen (Atome, Moleküle, Ionen) in einer Stoffportion an.

**Teilchenebene:** Unter Teilchenebene versteht man die Erklärung der Stoffe durch die Vorstellung von der Existenz von Teilchen und Teilchenverbänden. Stoffe werden bestimmt durch die Art, die Anordnung (Bau) und den Zusammenhalt der Teilchen (chemische Bindung).
Chemische Reaktionen werden durch die Vorstellung von der Umordnung und Veränderung von Teilchen und Teilchenverbänden erklärt.

**Teilchenmasse:** Die Masse eines Teilchens $m_a$ (Atom, Molekül, Ion, Elementarteilchen) kann in der Einheit Gramm oder in der atomaren Masseneinheit u angegeben werden. Es gilt: $1\ u = 1{,}66 \cdot 10^{-24}$ g.

**Valenzelektronen:** Die Elektronen in der jeweils äußeren Energiestufe nennt man Außenelektronen oder Valenzelektronen. Sie sind an der Ausbildung von chemischen Bindungen beteiligt.

**Valenzstrichformel:** Die Valenzstrichformel enthält Striche zur Symbolisierung bindender und nicht bindender Elektronenpaare. Beispiele: $\mathbf{H-H}$, $\mathbf{\overline{O}=\overline{O}}$, $\mathbf{|N \equiv N|}$.

**Verbindung:** Chemische Verbindungen sind Reinstoffe, die in andere Reinstoffe zersetzt werden können. Eine Verbindung ist ein Verband aus verschiedenartigen Teilchen.

**Verhältnisformel:** Die Verhältnisformel gibt das Ionenanzahlverhältnis im Salz an. Beispiele: **NaCl, CaCl$_2$, CuO, Fe$_2$O$_3$**.

**Volumen:** Jede Stoffportion hat die Eigenschaft, Raum einzunehmen. Man sagt, sie hat ein Volumen $V$. Die Einheit ist 1 m$^3$. Weitere Einheiten sind 1 dm$^3$, 1 cm$^3$, 1 l oder 1 ml.

**Wertigkeit:** Unter der Wertigkeit versteht man die Anzahl der Wasserstoff-Atome, die eine Atomart bindet oder ersetzt. Sie ist ein Hilfsmittel zur Erstellung von Molekül- und Verhältnisformeln.

# STICHWORTVERZEICHNIS

## A
abgeschlossener Reaktionsraum ... 31
Acetylsalicylsäure ... 90
Aggregatzustand ... 11, 16, 25, 36
Airbag ... 98
Aktivierungsenergie ... 29, 39, 75
Aktivierungswärme ... 29
Alchemie ... 38
Alchemist ... 41
Alchemist Henning Brand ... 38
Alkalimetall ... 74, 75
Alkalimetall-Atom ... 51, 75
Alkalimetall-Atom, Radius des ... 75
Alkohol ... 9f, 13
Alkohol-Teilchen ... 13
Alpha(α)-Teilchen ... 44
Aluminium ... 20, 71, 77
Aluminiumchlorid ... 35
Aluminiumoxid ... 35, 64
Aluminium-Teilchen ... 35
Analyse ... 27, 64
Anion ... 57, 61, 66
Anis ... 20
Anode ... 57
Anzahlverhältnis ... 34
Anziehungskraft ... 13, 33
Anziehungskraft, elektrische ... 46, 47, 48, 61
Apatit ... 60
Arbeit, mechanische ... 41
Argon ... 9, 59
Argyrodit ... 53
Atom ... 32f, 44, 45, 51, 52, 57, 58, 66, 84
Atom, freies ... 33
atomare Masseneinheit ... 92, 96, 100
Atomart ... 35, 50, 52, 54, 93
Atomarten, Periodensystem der ... 50
Atomaufbau ... 46
Atombau ... 43f, 50, 52
Atombilanz ... 36
Atombindung ... 84
Atomhülle ... 44f, 52, 66
Atomhülle, Energiestufenmodell ... 48
Atomhülle, Radius der ... 45
Atomium ... 43
Atomkern ... 44f, 52, 66
Atomkern, Radius eines ... 45
Atommasse ... 92, 93, 96
Atommodell ... 45
Atomrumpf ... 50
Atomsymbol ... 34, 35, 39, 59, 84, 92, 93
Atomtheorie ... 32
Atomumgruppierung ... 36
Atomverband ... 32, 33
Ausgangsstoff ... 31, 99
Außenelektron ... 50, 51, 73, 75, 85
Auto-Abgaskatalysator ... 29
Avogadro, Amedeo ... 94, 97
Avogadro-Konstante ... 94, 95

## B
Barium ... 75
Basiseinheit ... 94
Basisgröße ... 94
Batterie ... 28
Beobachtung ... 15
Berechnung, von Stoffumsätzen ... 98, 100
Beryllium-Atom ... 51
Bildungsreaktion ... 23, 29
Bindigkeit ... 85
Bindung, chemische, in Salzen ... 61
Bindungselektronenpaar ... 84, 85
Biokatalysator ... 29, 87
Blattgrün ... 8
Blaukraut ... 14
Brand, Henning, Alchemist ... 38
Brausetablette ... 20, 23
Brom ... 27, 57
Brom, Diffusion ... 13
Brom-Atom ... 57

Bromid-Ion ... 57
Brom-Molekül ... 85

## C
Caesium ... 74, 75
Calcium-Atom ... 49
Calcium-Ion ... 65
Chemie, medizinische ... 38
chemische Bindung in Salzen ... 61
chemische Formel ... 34, 35, 39
chemische Reaktion ... 21f, 31, 32f, 91f, 99, 100
chemische Reaktion, Stoffumsatz ... 100
chemische Verbindung ... 27, 29, 32
chemisches Element ... 27, 32
Chlor ... 37, 58, 59, 82, 83, 92, 93
Chlor, Gewinnung von ... 83
Chlor, natürliches ... 93
Chlor-Atom ... 35, 37, 59, 62, 83, 85
Chlorid-Ion ... 37, 59, 61
Chlor-Isotop ... 45, 93
Chlor-Molekül ... 84
Chlorophyll ... 65
Chromatographie ... 8
Coulomb, Charles A. de ... 47
Coulombsches Gesetz ... 47

## D
Dalton, John ... 32
Definition, der Einheit Mol ... 94
Demokrit ... 32
Desoxyribonukleinsäure ... 87
Destillationsapparatur ... 10
Destillieren ... 11
destilliertes Wasser ... 9
Deutung ... 15
Diamant ... 89
Dichte ... 11, 16, 80, 97
Diffusion ... 13
Diffusion, von Brom ... 13
Ding ... 5
Donator-Akzeptor-Reaktion ... 59
Doppelbindung ... 85
Dosis, tödliche (letale) ... 4
Dreifachbindung ... 85
Durchführung ... 15
dynamisches Farbspiel ... 12

## E
Ebene der Teilchen ... 16, 32
Edelgas ... 9, 33, 34, 39, 51
Edelgas-Atom ... 51, 85
Edelgaskonfiguration ... 51, 59, 84, 85
Edelgasregel ... 59, 63
Edelmetall ... 75
edle Metalle ... 74
Edukt ... 23, 30, 31, 36, 39, 41, 98
Eigenschaften ... 3f, 73
Eigenschaften, der Metalle ... 80
Eigenschaftsänderung ... 22
Eigenschaftsunterschiede ... 11
einbindig ... 85
Eindampfen ... 11
Einheit Mol ... 95
Einheit Mol, Definition der ... 94
Einheitenzeichen ... 94
einwertig ... 35, 59
Eisen ... 5, 70f, 99
Eisenerz ... 71
Eisenoxid ... 71
Eisenpulver ... 98
Eisensulfid ... 98, 99
Eisenwolle ... 23
elektrisch ... 33
elektrisch negativ geladenes Teilchen ... 33
elektrisch positiv geladenes Teilchen ... 33
elektrische Anziehungskraft ... 46, 47, 48, 61
elektrische Energie ... 28, 29, 41
elektrische Energiequelle ... 29, 57
elektrische Leitfähigkeit ... 73, 80

elektrische Spannung ... 57
elektrischer Strom ... 56
Elektrode ... 57
Elektrolyse ... 28, 29, 39, 56, 57, 67, 82, 83
Elektron ... 45f, 57, 59, 62, 63, 66, 73
Elektronenabgabe ... 57, 62
Elektronenakzeptor ... 59
Elektronenaufnahme ... 62
Elektronenaustausch ... 62
Elektronenbilanz ... 63
Elektronendonator ... 59
Elektronenduett ... 51
Elektronenformel ... 84
Elektronengas ... 73, 78
Elektronengas-Modell ... 73
Elektronenhülle ... 63
Elektronenkonfiguration ... 50, 51, 63
Elektronenleiter ... 57
Elektronenmangel ... 57
Elektronenoktett ... 51, 85
Elektronenpaar ... 84
Elektronenpaar, freies ... 85
Elektronenpaar, nichtbindendes ... 85
Elektronenpaarbindung ... 81f, 88
Elektronensauger ... 57
Elektronenspender ... 57
Elektronenübergang ... 59, 62, 63
Elektronenüberschuss ... 57
Elektronenzahl ... 52, 62
Elektronenzahl, maximale ... 49
Elektronvolt ... 47
Element ... 26, 29, 32, 39, 45, 66
Element, chemisches ... 27, 32
Elementarladung ... 45, 59
Elementarteilchen ... 45
Elemente, Periodensystem der ... 50
Elementnamen ... 34
Emulsion ... 7, 17
endotherm ... 25, 71
endotherme Reaktion ... 25
Endstoff ... 31
Energie ... 37
Energie, elektrische ... 29, 41
Energie, innere ... 25, 39
Energiediagramm ... 25
Energieerhaltungssatz ... 25
Energieminimum, Prinzip vom ... 50
Energiequelle, elektrische ... 29, 57
Energiestufe ... 48, 49, 50
Energiestufenmodell, der Atomhülle ... 48
Energiestufenschema ... 49, 50
Energiestufenschemata ... 59
Energieübertragung ... 25
Energieumwandlung ... 25, 28, 39
Energiezustand ... 48
Enzym ... 29, 87
Erdrinde ... 27
Ergebnis ... 15
Erhaltung der Masse, Satz von der ... 99
erstarren ... 11, 16
Erstarrungstemperatur ... 11
erwärmen ... 16
Erz ... 71, 76
exotherm ... 25, 59, 71
exotherme Reaktion ... 25, 39
Experiment ... 15

## F
Falsifizierung ... 15
Farbe ... 7
Farbspiel, dynamisches ... 12
Farbstoff ... 9, 89
Farbstofftröpfchen ... 13
Feinunze ... 101
fest ... 11, 16
Fett ... 86, 87
Feuerwerk ... 30
Film, fotografischer ... 44
Filtrieren ... 10, 11

115 STICHWORTVERZEICHNIS


Filzstiftfarbstoff 8, 9
Flüchtigkeit 61
Fluorchlorkohlenwasserstoff 83
Fluorit 60
Fluor-Molekül 85
Flussdiagramm 15
flüssig 11, 16
Form 5
Formel, chemische 34, 35, 39
Formeleinheit, Masse der 93
fotografischer Film 44
Fotosynthese 65
Fragestellung 15
freies Atom 33
freies Elektronenpaar 85

**G**
Galilei, Galileo 38
Galvanisierung 67
gasförmig 11, 16
gasförmiger Reinstoff 97
Gasgemisch 9, 17
Gebrauchsmetall 71, 76
Gemenge 7, 17
Gemisch 8, 9, 10
Gemisch, heterogenes 7
Gemisch, homogenes 9
Germanium 5, 33, 53
Geruch 7
geschlossener Raum 30
geschlossener Reaktionsraum 31
Geschmacksprobe 7
Gesetz, von der Erhaltung der Masse 32, 36
Gewinnung von Chlor 83
Gichtgas 71
Gift 4
Gitterebene 61
Gittermodell 61
Gitterstruktur 78
Gletschermumie 76
Glimmspanprobe 27
Glühbirne 40
Gold 19, 38, 72, 101
Gold-Atom 32, 44
Goldfolie 44
Goldwäscher 19
Graphit 57, 89
Grundeinheit 94
Grundgröße 94
Gruppe 50, 51
Gruppennummer 50, 52
Gusseisen 71

**H**
Hahnemann, Samuel 103
Halbmetall 62, 63
Halogen-Atom 85
Halophyten 64
Hämoglobin 65
Hämoglobin-Molekül 87
Härte 61, 73
Hauptenergiestufe 52
Hauptquantenzahl 49, 50
Heizung 24
Helium-Atom 44, 51
heterogen 7, 17
heterogenes Stoffgemisch 6, 7, 16, 26
Hochofen 71, 99
Hoffmann, Felix 90
Hofmannscher Zersetzungsapparat 28, 29
Hohenheim, Theophrastus Bombastus von 38
Holzkohle 23
homogen 9, 17
homogenes Stoffgemisch 8, 9, 16, 26
Homöopathie 103
Hypothese 15

**I**
Impfkristall 60
Indexzahl 34, 36
innere Energie 25, 39
Iod 27
Iod-Molekül 85
Iodoxid 27
Ion 32, 33, 39, 47, 55f, 61, 63, 66
Ionen, Wanderung der 57
Ionenanzahlverhältnis 34
Ionenbildungsreaktion 59
Ionenbindung 60, 61, 66
Ionengitter 60, 61, 66, 75, 84
Ionenladungszahl 63
Ionenleiter 57
Ionenverband 37
Ionenwanderung 66
Ionenwertigkeit 63
Ionisierungsenergie 46, 47, 48, 49
Isotop 45, 93
Isotopengemisch 93

**K**
Kalisalz 65
Kalium 74, 75
Kaliumaluminiumalaun 60
Kalium-Ion 65
Kaliumnitrat 57
Kaliumnitrat-Schmelze 56
Kalk 71
Kalkalpen 65
Kalkstein 65
Karamelle 23
Katalysator 28, 29, 39
Katalyse 29
Kathode 57
Kation 57, 61, 66
Kenneigenschaft 16
Kenneigenschaften, von Reinstoffen 10
Kernabstand 48
Kern-Hülle-Modell 44, 45, 49
Kernladung 47
Kerosin 102
Knallgasprobe 29
Kochen 22
Kochsalz 6, 13, 33, 34, 58, 61, 64, 65
Kochsalz-Kristall 60, 61
Koeffizientenzahl 36
Kohlenhydrat 86, 87
Kohlenstoff 23, 71
Kohlenstoff-Atom 35
Kohlenstoffdioxid 9, 71
Kohlenstoff-Isotops 94
Kohlenstoffmonooxid 71
Koks 71
Kondensationstemperatur 11
kondensieren 11, 16
Konstante 95
Kossel, W. 59
Kraftwerk 41
Kristall 60, 61
Kristallform 61
Kristallisieren 11
Kristallzüchtung 60
Kugelpackung 61
Kunststoff 86
Kupfer 22, 23, 72, 76
Kupferoxid 34, 70
Kupfersulfat 25
Kupfersulfid 23
Kupfervitriol 24, 25
Kupferzeit 76

**L**
Ladungszahl 45, 59
Lagerfeuer 30
Lavoisier, Antoine Laurent 31
Legierung 9, 17, 79
Leitfähigkeit 8, 56
Leitfähigkeit, elektrische 73, 80
Leitfähigkeitsmessung 56
Leitungswasser 9
Leuchtröhre 9
Leuchtstoffröhre 9
Levi, Primo 53, 54
Lewis, G. N. 59
Licht 25
Lichtjahr 101
Lithium 74, 75
Loschmidt, Joseph 95
Lösevorgang 13
Lösung 9, 17
Lotuseffekt 64
Luft 9, 17, 23
Luft, Zusammensetzung 9

**M**
Magnesium 23, 62
Magnesium-Atom 62
Magnesium-Ion 63
Magnesiumoxid 62
Makromolekül 86, 87
Malachit 76
Markl, Hubert 4
Marmor 65
Masse 5, 16, 30, 92f, 99, 100
Masse, der Formeleinheit 93
Masse, eines Teilchens 92, 100
Masse, mittlere 93
Masse, molare 96, 97, 99
Masseneinheit, atomare 92, 96, 100
Massenspektrometer 92, 100
Massenspektrometrie 92, 101
Massenspektrum 92, 93
maximale Elektronenzahl 49
mechanische Arbeit 41
medizinische Chemie 38
Meersalz 26, 58, 65
Meerwasser 10, 13, 64
Mendelejew, Dimitri 50
Mengenverhältnis 98
Metall 23, 27, 33, 39, 62, 63, 69f, 77, 78
Metall-Atom 63
Metall-Atomrumpf 73
Metallbindung 72, 73
Metallcharakter 75
Metall, edles 74
Metall, Eigenschaften 80
Metall, unedles 74, 75
Metallgewinnung 71
Metallgitter 73, 84
Metall-Ion 63, 71, 75
Metalloxid 23, 71, 75, 76
Metallschaum 20, 64
Methan-Molekül 35
Meyer, Lothar 50
Microscale-Gasentwickler 82
Mineral 60
Mineralwasser 64
Minuspol 57
Mischelement 93
mittlere Masse 93
Modell 13, 36
Modelleisenbahn 45
Modellversuch 13
Mol 94, 95, 100
molare Masse 96, 97, 99
molare Teilchenanzahl 94
molares Normvolumen 97
molares Volumen 96, 97
Molekül 32f, 66, 81f, 86, 88
Molekül, zweiatomiges 33
molekular gebauter Stoff 39
molekulare Verbindung 41
Molekülformel 34, 35, 39, 83
Molekülmasse 93
Molekülsymbol 39

116 STICHWORTVERZEICHNIS


**N**

Naphthalin 19
Natrium 37, 58, 59, 74, 75
Natriumacetat 58
Natrium-Atom 37, 50, 59, 62
Natriumazid 98
Natriumchlorid 26, 35, 58f, 65, 83
Natriumchlorid-Gitter 78
Natriumchlorid-Kristall 61
Natrium-Gitter 78
Natrium-Ion 61, 65
Natrium-Teilchen 35
Natur 4
natürliches Chlor 93
Naturwissenschaft 4
Naturwissenschaftler 4
Nebel 7, 17
Neon 59
Neon-Atom 48, 49, 63
Neutron 45, 52, 66
Neutronenzahl 45, 52
NEWTON, ISAAC 38
nichtbindendes Elektronenpaar 85
Nichtleiter 61
Nichtmetall 23, 27, 62, 63, 72, 82
Nichtmetall-Atom 33, 63
Nichtmetalloxid 23
Normdruck 97
Normtemperatur 97
Normvolumen 97
Normvolumen, molares 97
Normzustand 97
Nukleinsäure 86, 87
Nukleon 45
Nukleonenzahl 45, 52

**O**

Obstsalat 6, 7
offener Reaktionsraum 31
Oktett 85
Oktettregel 63
Olivin 60
Ordnungszahl 50
Ötzi 76
Oxid 23
Oxid-Ion 63, 75
Ozon-Molekül 37

**P**

Packungsmodell 61, 78
PARACELSUS 38
Pastis 20
Peaks 93
Periode 50, 51
Periodennummer 50, 52
Periodensystem, der Atomarten 50
Periodensystem, der Elemente 50
Periodensystem 43f, 50, 51, 52, 63, 75, 93
periodisches System 53
Phosphor 38
physikalischer Vorgang 23
Planetenmodell 46
Platin 23, 72
Pluspol 57
Polyvinylchlorid 83
Prinzip, vom Energieminimum 50
Problem 15
Produkt 23, 30, 31, 36, 39, 41, 99
Protein 86, 87
Proton 45, 46, 50, 52, 66
Protonenzahl 45, 50, 52, 62
Punkt-Schreibweise 51, 52
Purpur 89
Purpurschnecke 89
Pyrolyse 27

**Q**

Quantität 5, 16, 94, 95, 100
Quantitätsgröße 92, 97, 100
Quecksilber 27
Quecksilberoxid 27

**R**

radioaktiver Zerfall 44
Radium-Atom 44
Radiumchlorid 44
Radius, der Atomhülle 45
Radius, des Alkalimetall-Atoms 75
Radius, eines Atomkerns 45
Rastertunnelmikroskop 5, 87
Rauch 7, 17
Raum, geschlossener 30
Reaktion 37
Reaktion, chemische 21f, 31f, 39, 91f, 99, 100
Reaktion, endotherme 25
Reaktion, exotherme 25, 39
Reaktionsbedingung 27
Reaktionsenergie 25, 28, 39
Reaktionsgleichung 36, 39, 99
Reaktionspfeil 23, 36
Reaktionsraum 31
Reaktionsraum, geschlossener 31
Reaktionsraum, offener 31
Reaktionsraum, abgeschlossener 31
Reaktionsschema 23, 29, 36
Recycling 77
Reinelement 93
Reinstoff 8, 10, 11, 16, 23 27, 32, 33, 39, 96
Reinstoff, gasförmiger 97
Reinstoff, Kenneigenschaft 10
resublimieren 11
Riechschwelle 7
Roheisen 71, 99
ROSA, SALVATOR 32
Rost 5
Rostbildung 74
Rotkohl 14
Rotkraut 14, 15
Rotkraut-Extrakt 14
Rubidium 74, 75
RUTHERFORD, ERNEST SIR 44, 45, 46

**S**

Salz 13, 33, 39, 41, 55f, 59, 61f, 78, 93
Salzbergwerk 58
Salzbildung 62, 63
Salzgewinnung 58
Salzkristall 61, 78
Salzlösung 57
Salz, Natriumchlorid 59
Salzsäure 82, 83
Salzschmelze 57
Salzstraße 65
Salzverband 66
Satz, von der Erhaltung der Energie 39
Satz, von der Erhaltung der Masse 7, 31, 39, 99
Sauerstoff 9, 23, 27, 29, 36, 75
Sauerstoff-Atom 36, 63, 85
Sauerstoff-Molekül 36, 63, 85
Sauerstoff-Teilchen 35
Schlacke 71
Schlussfolgerung 15
schmelzen 11, 16
Schmelztemperatur 11, 16, 80
Schwefel 22, 23, 99
Schwefelpulver 98
Schwimmbadwasser 82
Sedimentieren 11
Sieben 11
Siedekurve, von Alkohol (Ethanol) 8
Sieden 13
Siedetemperatur 11, 16, 33
Silber 72
Silberoxid 26
Sinnesorgan 7
Spannung 56
Spannung, elektrische 57
spröde 61
Stahl 71, 79
Stein der Weisen 38
Steinsalz 26, 58, 65
Stickstoff 9, 71
Stickstoff-Molekül 85
Stoff 3f, 16, 21, 22, 88, 92
Stoff, molekular gebauter 39
Stoffänderung 21
Stoffe, Eigenschaften 3f
Stoffeigenschaft 7, 11, 22
Stoffgemisch 7, 11, 16, 26
Stoffgemisch, heterogenes 6, 16, 26
Stoffgemisch, homogenes 8, 16
Stoffkonstante 96
Stoffmenge 94f, 100
stoffmengenbezogene Teilchenanzahl 94
stoffmengenbezogenes Volumen 97
Stoffmengenverhältnis 99
Stoffportion 5, 7, 13, 16f, 39, 92f, 99
Stoffumsatz, chemischer Reaktionen 100
Stoffumsätze, Berechnung von 98, 100
Stoffumwandlung 23, 24, 28, 29
Stoff- und Energieumwandlung 39
$\alpha$-Strahler 44
Streuung 44
Streuversuch 44, 45
Strom, elektrischer 56
sublimieren 11
Suspension 7, 10, 17
Süßwassergewinnung 58
Synthese 23, 98
System, periodisches 53

**T**

Technik 4
Teilchen 5, 37, 66, 88, 95, 96
Teilchen, elektrisch negativ geladenes 33
Teilchen, elektrisch positiv geladenes 33
$\alpha$-Teilchen 44
Teilchenanzahl 5, 92, 94, 95, 96, 100
Teilchenanzahl, molare 94
Teilchenanzahl, stoffmengenbezogene 94
Teilchenanzahlverhältnis 36
Teilchenebene 73
Teilchenmenge 94
Teilchenmodell 12, 17, 61
Teilchensymbol 94
Teilchenumgruppierung 37
Teilchenverband 5, 13, 16, 66
Teilchenzahl 16
Teilchenzahlverhältnis 39
Thermitreaktion 70
Thermitschweißen 71
Thermitverfahren 71
Titanhydrid 64
tödliche (letale) Dosis 4
Transmutation 38
Trennverfahren 11
TUT-ENCH-AMON 74

**U**

umkehrbar 25
Umrechnung 100
unedle Metalle 74, 75
Universalkonstante 95

**V**

Valenzelektron 50, 51, 52, 63, 84, 85
Valenzelektronenpaar 51, 85
Valenzstrichformel 84, 85
Valenzstrich-Schreibweise 51, 52
Verbindung 26, 32, 39, 41, 66
Verbindung, chemische 27, 29, 32
Verbindung, molekulare 41
Verbrennen 40
Verbrennung 23, 25, 30
Verbrennungsreaktion 24
verdampfen 11, 16

Verdampfungswärme ..................................... 13
Verdunsten ........................................................ 13
Verhältnisformel ............................... 35, 39, 63
Verhüttungsprozess ....................................... 76
Verifizierung .................................................... 15
Vermutung ....................................................... 15
Volumen ................................. 5, 16, 92f, 99, 100
Volumen, molares .................................... 96, 97
Volumen, stoffmengenbezogenes ............. 97
Vorgang, physikalischer ............................... 23

## W

Waage ................................................................ 31
Wanderung der Ionen ................................... 57
Wärme ........................................ 24, 25, 27, 29, 39
Wärmekissen ................................................... 58
Wärmeleitfähigkeit .................................. 73, 80
Wärmeumsatz ................................................. 25
Wasser ................................................ 9, 13, 25, 29, 36
Wasser, destilliertes ........................................ 9
Wasser-Molekül ............................... 35, 36, 85
Wasserstoff .............................. 28, 29, 36, 82
Wasserstoff-Atom ............. 35, 36, 46, 50, 84
Wasserstoffchlorid-Molekül ....................... 35
Wasserstoff-Molekül ............................... 36, 84
Wasserstoffoxid .............................................. 29
Wasser-Teilchen ............................................. 13
Wein .................................................................... 9
Weingeist ......................................................... 38
Weltraum ......................................................... 27
Wertigkeit ........................................... 35, 41, 63
Winkler, Clemens ......................................... 53

## Z

Zerfall, radioaktiver ....................................... 44
Zersetzung ...................................................... 29
Zersetzungsreaktion ............................... 27, 29
Zink-Atom ........................................................ 57
Zinkbromid-Lösung ................................ 56, 57
Zink-Ion ........................................................... 57
Zucker .................................................. 6, 20, 23
Zusammensetzung ......................................... 9
Zuschlagstoff ................................................... 71
zweiatomiges Molekül ................................. 33
zweibindig ....................................................... 85
zweiwertig ................................................. 35, 63

## Bildquellen

Agentur laif, Köln – S. 58; Ägyptisches Museum, Kairo – S. 74; alimdi.net/Ulrich Niehoff/Michael Jäger, München – S. 24 (2), S. 77; Astrophoto, Sörth – S. 46; Bavaria Verlag, Gauting – S. 89; Bayer research 16, Leverkusen – S. 91; Bild der Wissenschaft 12/2002 – S. 94; Bildagentur-online/ Harald Theis, Burgkunstadt – S. 20 (2); Karl Bögler, Nürnberg – S. 20; Claudia Bohrmann-Linde, Wuppertal – S. 3 (2), S. 5, S. 6 (3), S. 8, S. 12, S. 14 (2), S. 15 (2), 17, S. 21, S. 26, S. 28, S. 34 (2), S. 36, S. 69, S. 80 (6), S. 84; Daimler-Benz Aerospace AG, Bremen – S. 91; Das Fotoarchiv/ Yavuz Arslan, Essen – S. 98; Wolfgang Deuter, Willich – S. 77; Deutsches Museum, München – S. 32, S. 45, S. 94, S. 95; DIZ / SV-Bilderdienst, München – S. 102; DPA Picture-Alliance, Frankfurt – S. 82, S. 86; Eurelios, Agence de Presse, Montreuil – S. 32; Fotoagentur AURA, Luzern – S. 71; Fotograf Peter Arnold, Berlin – S. 33, S. 81, S. 87; Dr. Francisco Garcia-Moreno, TU und HMI Berlin – S. 64; Jürgen Grzesina, Neumarkt – S. 80 (2); Waltraud Habelitz-Tkotz, Erlangen – S. 4 (3), S. 12, S. 27, S. 60, S. 62 (2), S. 76 (3); Images.de digital photo GmbH, Berlin – S. 5, S. 94; Keystone Pressedienst, Hamburg – S. 72; Holger Kropf, HMI Berlin – S. 64; Matthias Lederle, München – S. 69, S. 79; Johannes Lieder, Lauterstein – S. 60 (2); Elisa & Leonie Malchow, Hamburg – S. 24 (2); Mauritius, Mittenwald – S. 87; Brigitte Neubauer, Kreuzschuh – S. 45; Bildarchiv OKAPIA, Frankfurt – S. 101, S. 103; Daniela Paulus, Nürnberg – S. 86; Birger Pistohl, Deggendorf – S. 68; Reisefotografie Werner Otto, Oberhausen – S. 83; Science Photo Library/ Agentur Focus, Hamburg – S. 55, S. 87; StockFood/Francis Hammond, München – S. 98; StockFood/Peter Rees, München – S. 22; TruePixel/Rudolf Wichert, Neuss – S. 77; Ullstein-Bild, Berlin – S. 58; Verlagsarchiv, Bamberg; VISUM Foto GmbH/ Sven Doering, Hamburg – S. 101; VISUM Foto GmbH/ Marc Steinmetz, Hamburg – S. 26; Paul Wright, Cornwall – S. 55; www.wikipedia.de – S. 64; Zentrale Farbbild-Agentur ZEFA, Düsseldorf – Titel, S. 21, S. 23 (2), S. 30 (2), S. 72, S. 76 (3), S. 86.

*Trotz entsprechender Bemühungen ist es uns nicht in allen Fällen gelungen, den Rechtsinhaber ausfindig zu machen. Gegen Nachweis der Rechte zahlt der Verlag für die Abdruckerlaubnis die gesetzlich geschuldete Vergütung*

# Tabellen

## Schmelztemperaturen einiger Salze

| Salz, Formel | Schmelztemperatur in °C |
|---|---|
| Bleichlorid, $PbCl_2$ | 501 |
| Bleibromid, $PbBr_2$ | 488 |
| Bleiiodid, $PbI_2$ | 412 |
| Eisen(II)chlorid, $FeCl_2$ | 677 |
| Eisen(III)chlorid, $FeCl_3$ | 304 |
| Kaliumchlorid, $KCl$ | 770 |
| Kaliumbromid, $KBr$ | 742 |
| Kaliumiodid, $KI$ | 682 |
| Kupferchlorid, $CuCl_2$ | 620 |
| Lithiumchlorid, $LiCl$ | 605 |
| Magnesiumchlorid, $MgCl_2$ | 712 |
| Natriumchlorid, $NaCl$ | 801 |
| Natriumbromid, $NaBr$ | 747 |
| Natriumiodid, $NaI$ | 662 |
| Natriumcarbonat, $Na_2CO_3$ | 852 |
| Natriumnitrat, $NaNO_3$ | 310 |
| Silberchlorid, $AgCl$ | 455 |
| Zinkchlorid, $ZnCl_2$ | 313 |
| Zinkbromid, $ZnBr_2$ | 394 |
| Zinkiodid, $ZnI_2$ | 446 |

## Stoffkonstanten einiger Gase

| Stoffname, Formel | Dichte bei 20°C (1013 hPa) in $\frac{g}{L}$ | Siedetemperatur in °C (1013 hPa) | Löslichkeit in 1 L Wasser in g | Löslichkeit in 1 L Wasser in L |
|---|---|---|---|---|
| Ammoniak $NH_3$ | 0,71 | −33 | 480 | 680 |
| Wasserstoffchlorid $HCl$ | 1,52 | −85 | 700 | 466 |
| Wasserstoffsulfid $H_2S$ | 1,42 | −62 | 3,38 | 2,41 |
| Schwefeldioxid $SO_2$ | 2,67 | −10 | 94 | 35 |
| Kohlenstoffmonooxid $CO$ | 1,17 | −190 | 0,026 | 0,023 |
| Kohlenstoffdioxid $CO_2$ | 1,83 | −78 | 1,45 | 0,80 |
| Methan $CH_4$ | 0,67 | −162 | 0,021 | 0,032 |
| Ethan $C_2H_6$ | 1,25 | −89 | 0,054 | 0,043 |
| Propan $C_3H_8$ | 1,84 | −42 | 0,11 | 0,06 |
| n-Butan $C_4H_{10}$ | 2,47 | −1 | 0,34 | 0,14 |
| Ethen $C_2H_4$ | 1,17 | −104 | 0,11 | 0,13 |

## Siedetemperaturen einiger Flüssigkeiten

| Stoff, Formel | Siedetemperatur in °C |
|---|---|
| Wasser, $H_2O$ | 100 |
| Kohlenstoffdisulfid, $CS_2$ | 46 |
| Salpetersäure, $HNO_3$ | 86 |
| Ethanol, $C_2H_5OH$ | 78,4 |
| Methanol, $CH_3OH$ | 65 |
| i-Propanol, $C_3H_7OH$ | 92 |
| Glycol, $C_2H_4(OH)_2$ | 197 |
| Essigsäure, $H_3CCOOH$ | 118 |
| Schwefelsäure, $H_2SO_4$ | >200 (Zersetzung) |
| Diethylether, $(C_2H_5)_2O$ | 35 |
| Aceton, $(CH_3)_2CO$ | 56 |
| n-Pentan, $C_5H_{12}$ | 36 |
| n-Heptan, $C_7H_{16}$ | 98 |